CSS

网页布局与浏览器兼容

张晓景 ◎ 编著

人民邮电出版社

北京

图书在版编目（CIP）数据

CSS网页布局与浏览器兼容 / 张晓景 编著. -- 北京 : 人民邮电出版社，2018.10
ISBN 978-7-115-48944-9

Ⅰ．①C… Ⅱ．①张… Ⅲ．①网页制作工具 Ⅳ．①TP393.092

中国版本图书馆CIP数据核字(2018)第175816号

内 容 提 要

本书全面、系统地讲解了 CSS3 的属性、核心技术和应用，并根据目前浏览器对 CSS3 的支持情况，在介绍 CSS3 属性的同时有针对性地讲解了浏览器兼容性及适配浏览器的方法。

全书共 12 章，内容由浅入深、从易到难，详细讲解了 CSS3 语法、选择器、文字处理、背景设置、颜色设置、边框设置、盒模型、布局、变形动画和响应式设计等知识，还为每一个知识点都提供了浏览器兼容性分析及适配方法，并在梳理知识点的过程中配合了大量实践案例进行应用说明，帮助读者提高实际应用的能力。

本书附带所有案例制作过程的教学视频，以及素材文件和源文件（HTML 文件和 CSS 文件），适合 CSS 设计人员和网页前端开发人员参考，同时也适合作为高等院校相关专业和相关培训机构的培训教材。

◆ 编　　著　张晓景
责任编辑　杨　璐
责任印制　陈　犇

◆ 人民邮电出版社出版发行　　北京市丰台区成寿寺路 11 号
邮编　100164　　电子邮件　315@ptpress.com.cn
网址　http://www.ptpress.com.cn
北京印匠彩色印刷有限公司印刷

◆ 开本：787×1092　1/16
印张：22
字数：626 千字　　　　　　　2018 年 10 月第 1 版
印数：1—2 800 册　　　　　　2018 年 10 月北京第 1 次印刷

定价：89.00 元

读者服务热线：(010)81055410　印装质量热线：(010)81055316
反盗版热线：(010)81055315
广告经营许可证：京东工商广登字 20170147 号

对于一个网站页面来说，HTML和CSS样式都是基础，HTML用于表现页面的内容，而CSS样式负责页面外观的表现。CSS3是全新的CSS技术，能够为用户带来更加高效、美观的网页表现效果。

到目前为止，CSS3还没有正式发布成熟的规范，其中的模块也在不断地更新，特别是浏览器对CSS3属性的支持也在不断地变化，所以我们也希望通过本书来帮助读者更好地掌握CSS3的新特性，并且实现跨浏览器、跨设备的高效的CSS开发。

本书内容

CSS3为我们带来了全新的网页视觉表现效果，本书全面介绍了CSS3的核心知识点及传统CSS属性，通过案例与知识点相结合的方式，使读者能够更容易地理解知识点并轻松应用，重要的是详细介绍了每个CSS3属性的浏览器兼容性及适配不同浏览器的具体方法，从而使读者能够将新技术运用到实际的开发中。全书共分为12章，每章的主要内容如下。

第1章　揭开CSS的神秘面纱。本章主要介绍了有关Web标准和CSS样式的基础知识，重点介绍了浏览器对CSS3的支持情况、跨浏览器的CSS样式及浏览器私有属性前缀等内容，使读者对CSS样式有更深入的了解，掌握跨浏览器CSS样式的应用方法。

第2章　从全新的CSS3选择器开始。本章介绍了传统的CSS基础选择器和全新的CSS3选择器，并通过案例的制作使读者轻松地理解并掌握CSS3选择器的使用方法和技巧。

第3章　CSS3炫目的文字效果。本章介绍了用于设置文字、段落和列表的基础CSS属性，还介绍了CSS3新增的用于设置溢出文本、文本换行、文字阴影和嵌入Web字体的新属性，并详细讲解了每种属性的实用方法和浏览器兼容性。

第4章　更加便捷的网页背景设置。在本章中，读者不仅能够温故用于设置背景的基础CSS属性，还能够学习到CSS3新增的用于设置元素背景的相关属性，包括背景图像尺寸、背景原点、背景裁切和多背景图像设置，使网页元素背景的设置更加丰富、便捷。

第5章　CSS3丰富的颜色设置方法。CSS3中对于网页元素的颜色设置更加丰富，不仅可以设置半透明色彩，还可以设置线性或径向渐变颜色，本章详细介绍了CSS3中新增的各种颜色设置方法及各种颜色设置方法在实际项目中的应用。

第6章　个性的边框设置属性。本章主要介绍了基础的border属性，以及CSS3新增的多种颜色边框、圆角边框、图像边框、元素阴影等属性，从而帮助用户在网页中实现特殊的边框效果。

第7章　揭开CSS3盒模型的秘密。本章详细介绍了W3C标准的盒模型，以及浮动布局和定位技术的相关知识，并且还介绍了CSS3新增的内容溢出、自由缩放、外轮廓等属性，使读者能够更好地理解并应用CSS盒模型。

第8章　CSS3伸缩布局盒模型。本章详细介绍了全新的CSS3伸缩布局盒模型的原理、相关属性和使用方法，结合案例的制作使读者能够轻松掌握使用伸缩布局盒模型对页面进行布局制作的方法。

第9章　轻松实现多列布局。本章详细介绍了CSS3新增的多列布局的相关属性及使用方法，并且通过案例制作的讲解，使读者能够轻松实现网页内容的多列布局效果。

第10章　出色的CSS3变形动画效果。元素变形和动画效果是CSS3最突出的亮点，通过相关CSS属性的设置即可轻松地在网页中实现各种2D、3D变形效果和元素动画效果。本章详细介绍了CSS3中各种2D、3D变形属性及动画属性的使用方法。

第11章　媒体查询和响应式设计。随着移动互联网的发展，网站页面不仅要适应传统PC的浏览器，也要能够适应手机、平板等智能设备的浏览，这就需要网页采用响应式设计。本章详细介绍了CSS样式中的媒体查询功能，使读者能够轻松地实现响应式设计。

第12章　综合案例实战。本章对3个实用的网站页面案例进行制作讲解，通过案例的制作练习，使读者能够更好地综合运用CSS样式来实现网页的布局制作。

本书特点

本书最大特点就是将CSS3属性按功能模块进行分类，通过理论、图解、实战相结合的方式向读者介绍CSS3各个属性的功能。

- 内容全面、丰富

全面介绍了CSS3属性的语法、特性及使用技巧，涵盖了CSS3众多功能模块，如CSS3选择器、文本、背景、颜色、边框、分列布局、盒模型、伸缩盒模型、变形与动画及CSS媒体查询等。

- 图文结合、直观易懂

每个CSS3属性的讲解过程都采用了图文结合的表现方式，甚至每一个步骤都配有相应的效果图，使读者更容易理解。

- 针对性强

目前各浏览器对CSS3属性的支持情况不一，针对这一特点，在讲解CSS3属性的过程中都介绍了相应的浏览器兼容性，以及适配不同浏览器的说明和操作方法，使读者在现阶段能够在项目中更好地应用CSS3属性。

- 结合案例、实用性强

每个CSS3属性的讲解都配合了实战练习，通过实践来加强读者对CSS3属性的理解和应用，更好地掌握CSS3中的每个知识点。

资源下载及其使用说明

本书采用图文结合的方式对CSS3的知识点进行了全面讲解，同时，还随书附赠了配套学习资源，包含500多分钟的书中所有案例操作过程的视频讲解，以及案例需要的源文件及最终文件，方便读者学习和参考。读者扫描右侧或封底二维码即可获得文件下载方式。

如果大家在阅读或使用过程中遇到任何与本书相关的技术问题或者需要什么帮助，请发邮件至szys@ptpress.com.cn，我们会尽力为大家解答。

由于水平所限，书中难免有错误和疏漏之处，希望广大读者朋友批评、指正。

编者

目录

▶ **第12章 综合案例实战** ······ **329**

第 1 章

揭开 CSS 的神秘面纱

新的网站制作技术虽然层出不穷，但是技术的发展讲究循序渐进和向上兼容，网站前端的基本技术框架与互联网大潮刚刚兴起时的框架并无不同。因此，在学习新的标准和特性时，对一些基本的概念仍需要有清晰的理解和认识，这样才能够帮助我们更好地消化新知识。

本章知识点

- 了解 Web 标准
- 了解 CSS 样式的发展及 CSS3 的突出特性
- 了解各浏览器对 CSS3 的支持情况
- 理解 CSS 样式的语法
- 掌握实现跨浏览器 CSS 样式的方法
- 理解浏览器的私有 CSS 属性
- 掌握在网页中应用 CSS 样式的 4 种方法

▶▶▶ 1.1 了解 Web 标准

Web 标准由一系列的规范组成，由于 Web 设计越来越趋向于整体与结构化，对于网页设计制作来说，理解 Web 标准首先要理解结构和表现分离的意义。刚开始的时候理解结构和表现的不同之处可能很困难，特别是不习惯思考文档的语义结构。但是理解这一点是很重要的，因为当结构和表现分离后，使用 CSS 样式来控制网页表现就是一件很容易的事了。

1.1.1 W3C 组织

W3C 是万维网联盟（World Wide Web Consortium）的英文简写，这是一个非营利组织。万维网联盟创建于 1994 年，是国际上最著名的标准化组织之一，主要致力于实现 Web 技术的标准化。

为了解决 Web 应用中由于平台、技术和开发者不同所带来的不兼容问题，保障 Web 信息的顺利和完整流通，W3C 制定了一系列标准，并负责督促 Web 应用开发者和内容提供者遵循这些标准。标准的内容包括使用语言的规范、开发中使用的导则和解释引擎的行为等。W3C 也制定了包括 HTML5 和 CSS3 等众多影响深远的标准规范，有效促进了Web技术的互相兼容，对互联网技术的发展和应用起到了基础性和根本性的支撑作用。

1.1.2 Web标准的组成

Web标准并不是强制性的，它只是W3C提出的一个建议性的文档。Web标准不是某一个标准，而是一系列标准的集合。这些标准大部分是由W3C起草和发布，也有一些是由其他标准组织制定的标准，例如ECMA（European Computer Manufacturers Association，欧洲计算机制造联合会）的ECMAScript标准。

网页主要由3个部分组成：结构（Structure）、表现（Presentation）和行为（Behavior）。与之对应的标准分为以下3个方面。

- 结构化标准语言，主要包括HTML（HyperText Markup Language，超文本标记语言）和XML（Extensible Markup Language，可扩展标置语言）；
- 表现标准语言，主要包括CSS（Cascading Style Sheets，层叠样式表）；
- 行为标准，主要包括对象模型（如W3C DOM、ECMAScript等）。

1.1.3 什么是HTML

HTML是为了显示网页浏览器中的信息而设计的一种标记语言。HTML文档最常用的扩展名为.html，但是有些旧操作系统限制扩展名最多为3个字符，所以.htm扩展名也被允许使用。

HTML本质上与Word是一样的，都是用于编辑文档，它采用不同的标签来表达不同的意义，如下面的代码。

```
<html>
  <body>
    <h1>CSS属性与浏览器兼容性</h1>
    <p>CSS是Cascading Style Sheets的缩写，中文称为层叠样式表，是一种用于为HTML等结构化文档
添加样式的标记语言。</p>
  </body>
</html>
```

<h1>标签表示大标题，<h2>标签表示二级标题，<p>标签表示段落内容。多数完整的HTML标签由开头的起始标签和结尾的闭合标签组成，闭合标签需要在内部加上"/"符号，如上面代码中的<p>…</p>。

> **提示**
>
> 虽然大部分的标签是成对出现的，但也有一些标签是单独存在的，这些单独存在的标签称为空标签，这类标签只有起始标签而没有闭合标签，如<img>标签、
标签等。

1.1.4 什么是CSS样式

在HTML中，虽然<b>、<u>、<i>和<p>等标签可以控制文本或图像等内容的显示效果，但这些标签的功能非常有限，而且对有些特定的网站需求，用这些标签是不能完成的，所以需要引入CSS样式。

CSS是一种用于为HTML等结构化文档添加样式的标记语言。通俗来讲，CSS完成的工作与在Word里为文档修改样式是一样的，如在Word中可以指定大标题的字号、字体、上下间距、对齐方式，对应到CSS样式就是修改HTML中<h1>标签的样式。

1.1.5 HTML+CSS之最佳拍档

在HTML页面中引用CSS样式，其目的是将"网页结构代码"和"网页格式风格代码"分离开，从而使设计者可以对网页的布局进行更多控制。利用CSS样式可以让站点上的所有网页都指向某个CSS文件，设计者只需要修改CSS样式中的代码，整个网页上对应的样式都会随之发生改变。

CSS样式是一组格式设置规则，用于控制Web页面的外观。通过使用CSS样式设置页面，可以将页面的内容与表现形式分离。页面内容存放在HTML文档中，而用于定义表现形式的CSS规则存放在另一个文件中。将内容与表现形式分离，不仅可以使维护站点的外观更加容易，而且还可以使HTML文档代码更加简练，缩短浏览器的加载时间。

1.1.6 Web标准的发展趋势

在相当长的一段时间内，Web前端开发的三大技术HTML、CSS、JavaScript仍然会是主要的技术基础。虽然整体基础保持稳定并向上兼容，但Web技术仍然在不断发展以适应人们的需要，以下根据个人的经验总结了几条Web标准的发展趋势。

1. 去Adobe化

从过去到现在，Web前端开发除了三大基础技术外，图片和Flash动画也是构造精美页面和内嵌视频所必备的，Adobe公司开发了一系列强大的图片和Flash动画制作软件，来帮助设计师完成这些工作。但是在网页中使用大量图片和动画，一方面会增大带宽压力，降低网站的访问速度；另一方面Flash动画等的运行必须依赖浏览插件，这会消耗大量系统资源。

上述两个方面极大影响网站的用户体验，故让Web技术本身取代过去使用Adobe软件才能完成的工作就成为Web发展的趋势之一。例如，可以使用CSS3来实现渐变背景颜色、按钮的圆角效果、元素的阴影，甚至可以制作出简单的动画效果。

2. 基础功能集成

更多的基础功能被集成到HTML5和CSS3中，开发者无须不断地重复实现一些基础功能，如HTML5新增了<video>、<audio>等多媒体标签，可以直接在网页中嵌入视频或音频等多媒体元素，而无需任何插件；对邮件、日期选择表单的支持，无须再像过去一样编写JavaScript脚本代码来实现它们。

3. 客户端执行更多的逻辑和渲染任务

相对于浏览器来说，服务器有更加强大的计算能力，因此往往将所有的逻辑放在服务器端执行，每次执行都需要网络I/O并重新刷新页面。但是随着个人电脑性能的不断提升和浏览器引擎的不断发展，在客户端执行更多的逻辑计算和画面渲染成为可能，这有两方面好处，一方面降低服务器和带宽的压力，另一方面极大提高了用户体验。

4. 适应移动设备的发展

过去台式电脑几乎是唯一的Web浏览终端，随着智能移动设备（手机、平板电脑等）的发展，Web开发也必须顺应这一潮流。目前最新的HTML5和CSS3在智能移动设备的浏览器中都能够获得很好的支持。

▶▶▶ 1.2　CSS样式简介

CSS样式是对HTML语言的有效补充，通过使用CSS样式，能够节省许多重复性的格式设置，如网页文字的大小和颜色等。通过CSS样式可以轻松地设置网页元素的显示位置和格式，还可以使用CSS样式在网页中实现动画效果，大大提升了网页的美观性。

1.2.1 CSS样式的发展

随着CSS应用得越来越广泛,CSS技术也越来越成熟。CSS现在有3个不同层次的标准,即CSS1、CSS2和CSS3。CSS1主要定义了网页的基本属性,如字体、颜色和空白边等。CSS2在此基础上添加了一些高级功能,如浮动和定位,以及一些高级选择器,如子选择器和相邻选择器等。CSS3开始遵循模块化开发,这将有助于理清模块化规范之间的不同关系,减少完整文件的大小。

● CSS1

CSS1是CSS的第一层次标准,它正式发布于1996年12月,在1999年1月进行了修改。该标准提供简单的CSS样式表机制,使网页的编写者可以通过附属的样式对HTML文档的表现进行描述。

● CSS2

CSS2于1998年5月正式作为标准发布,CSS2基于CSS1,包含了CSS1的所有特点和功能,并在多个领域进行完善,将样式文档与文档内容相分离。CSS2支持多媒体样式表,使网页设计师能够根据不同的输出设备为文档制定不同的表现形式。

● CSS3

随着互联网的发展,网页的表现方式更加多样化,需要新的CSS规则来适应网页的发展,所以从1999年开始,W3C就已经开始着手CSS3标准的制定,直到2011年才最终发布为W3C推荐规范。目前许多CSS3属性已经得到了高版本浏览器的广泛支持,让我们可以领略到CSS3的强大功能和效果。

1.2.2 CSS3的突出特性

CSS3规范并不是独立的,它重复了CSS的部分内容,但在其基础上进行了很多增补与修改。CSS3与之前的几个版本相比,其变化是革命性的,虽然它的部分属性还不能被浏览器完美地支持,但是却让我们看到网页样式发展的前景,让我们更具有方向感、使命感。

CSS3的新特性非常多,这里挑一些被浏览器支持得较为完美、更具有实用性的新特性进行简单介绍。

1. 强大的CSS3选择器

使用过jQuery的人都知道,jQuery的选择器功能强大、使用方便,CSS3选择器和jQuery选择器非常类似。CSS3允许设计师通过选择器直接指定需要的HTML元素,而不需要在HTML中添加不必要的类名称、ID名称等。使用CSS3选择器,能够在网页制作中更完美地实现结构与表现分离,使设计师能够轻松地设计出简洁、轻量级的Web页面,并且能够更好地维护和修改样式。

2. 抛弃图片的视觉效果

网页中最常见的效果有圆角、阴影、渐变背景、半透明、图片边框等。而这样的视觉效果在CSS3发布之前都是依赖于设计师制作图片或者JavaScript脚本来实现的。CSS3的一些新增属性可以用来创建这些特殊的视觉效果,在后面的章节中将为大家详细展现如何使用新增属性来实现这些特殊的视觉效果。

3. 背景的变革

过去,CSS中的背景给设计师带来了太多限制,CSS3的出现则带来革命性的变化。CSS3不再局限于背景色、背景图像的运用,新增了许多有关背景设置的新属性,如background-origin、background-clip、background-size。此外,还可以在一个元素上设置多个背景图像。这样,如果要设计比较复杂的Web页面效果,就不再需要使用一些多余的标签来辅助实现了。

4. 盒模型变化

盒模型在CSS中是重中之重,CSS中的盒模型只能实现一些基本的功能,对于一些特殊的功能需要基于JavaScript来实现。而在CSS3中这一点得到了很大的改善,设计师可以直接通过CSS3来实现。例如,CSS3

中的弹性盒子，这个属性引入了一种全新的布局概念，能够轻而易举地实现各种布局，特别是对于移动端的布局，它的功能更是强大。

5. 阴影效果

阴影主要分为两种：文本阴影（text-shadow）和盒子阴影（box-shadow）。文本阴影在CSS中已经存在，但没有得到广泛应用。CSS3延续了这个特性，并进行了新的定义，该属性提供了一种新的跨浏览器方案，使文本看起来更加醒目。盒子阴影在CSS中实现起来较为困难，需要新增标签、图片，而且效果还不一定完美。CSS3中新增的box-shadow属性将打破这种局面，可以轻易地为任何元素添加盒子阴影。

6. 多列布局与弹性盒模型布局

CSS3引入了几个新的模块，使在网页中创建多列布局更为方便。

"多列布局"模块描述了如何像报纸、杂志那样，把一个简单的区块拆分成多列，从而实现多列布局效果。"弹性盒模型布局"模块能够让区块在水平、垂直方向对齐，且能自适应屏幕大小，相对于CSS的浮动布局、inline-block布局、绝对定位布局来说，它显得更加方便、灵活。

7. Web字体和Web Font图标

浏览器对Web字体有诸多限制，Web Font图标对于设计师来说更是奢侈。CSS3重新引入@font-face规则，对于设计师来说无疑是件好事。@font-face规则是链接服务器字体的一种方式，这些嵌入的字体能够变成浏览器的安全字体，不必再担心用户由于没有这些字体而无法正常显示的问题，从而告别用图片代替特殊字体的时代。

8. 颜色与透明度

CSS3颜色模块的引入，实现了制作Web效果时不再局限于RGB和十六进制两种模式。CSS3新增了HSL、HSLA、RGBA几种新的颜色模式。在Web设计中，能够轻松地使某个颜色变亮或者变暗。其中HSLA和RGBA还增加了透明通道，能够轻松改变任何一个元素的透明度。另外，还可以使用opacity属性来设置元素的不透明度，从而使网页中的半透明效果不再依赖图片或者JavaScript脚本了。

9. 圆角与边框的新方法

圆角是CSS3中使用最多的一个属性，原因很简单：圆角比直线更美观，而且不会与设计产生任何冲突。与CSS制作圆角不同之处在于，CSS3无须添加任何标签元素与图片，也不需借助任何JavaScript脚本，一个属性就能搞定。对于边框，在CSS中仅局限于边框的线型、粗细、颜色的设置，如果需要特殊的边框效果，只能使用背景图片来模仿。CSS3新增的border-image属性使元素边框的样式变得丰富起来，还可以使用该属性实现类似background的效果，对边框进行扭典、拉伸和平铺等。

10. 盒容器的变形

在CSS时代，让某个元素变形是一个可望而不可即的想法，为了实现这样的效果，需要写大量的JavaScript代码。CSS3引进了一个变形属性，可以在2D或者3D空间里操作盒容器的位置和形状，如旋转、扭曲、缩放或者位移，我们可以将这些效果称之为"变形"。

11. CSS3过渡与动画交互效果

CSS3的过渡（transition）属性能够在网页中实现一些简单的动画效果，让某些效果变得更具流线性、平滑性。而CSS3的动画（animation）属性能够实现更加复杂的样式变化，以及一些交互效果，且不需要任何JavaScript脚本代码。

12. 媒体特性与Reponsive布局

CSS3的媒体特性可以实现一种响应式（Responsive）布局，使布局可以根据用户的显示终端或设备特征选择对应的样式文件，从而在不同的显示分辨率或设备下具有不同的布局渲染效果，特别是在移动端上。

▶▶▶ 1.3 检查浏览器是否支持CSS3

虽然在理想情况下，CSS3对设计师和用户都很友好，但最让人纠结的事情是，还有很多用户使用老版本的浏览器，或者使用系统自带的IE浏览器，这种情况在我国尤其严重。很可能我们做了一个很华丽的页面，但是一些使用IE6、IE7的用户看到的却是一片混乱的布局。

没有关系，在这种情况下可以先检查用户的浏览器对新属性的支持情况，再根据支持情况执行不同的代码。例如，设计师可以为使用低版本浏览器的用户呈现一个提示浏览器升级的画面。

1.3.1 使用Modernizr检查支持情况

Modernizr是一个检测浏览器对HTML5标签和CSS3属性是否支持的JavaScript库，它是一个开源项目，托管在GitHub。

Modernizr的功能其实很简单，就是使用JavaScript检测浏览器对HTML5和CSS3的特性支持情况。支持某个属性，就在页面的<html>标签上添加一个相应的class，不支持某个属性就添加一个带"no-"前缀的class。例如，如果被检测的浏览器支持<video>标签，Moderniar就会在<html>标签上添加video类，否则，添加no-video类。

Modernizr除了添加相应的class到HTML元素以外，还提供一个全局的Modernizr JavaScript对象，该对象提供了不同的属性来表示当前浏览器是否支持某种新特性。例如，下面的代码可以用来判断浏览器是否支持canvas和local storage。

```
$(document).ready(function() {
  if(Modernizr.canvas) {
    //这里添加canvas代码
  }
if(Modernizr.localstorage) {
  //这里添加本地存储代码
}
});
```

Modernizr官方站点提供了一个自定义工具来选择需要的检测功能，这样可以使下载的脚本最小化。

Modernizr的用法很简单，只需要在HTML页面中引用库的.js文件即可，代码如下。

```
<script type="text/javascript" src="modernizr-1.5.js"></script>
```

1.3.2 各浏览器对CSS3的支持情况

现在，各大主流浏览器对CSS3的支持越来越完善，曾经让多少前端开发人员心碎的IE也开始拥抱CSS3标准。当然，即使CSS3标准制定完成，现代浏览器普及到大部分用户也是一个相当漫长的过程。如果现在就使用CSS3来美化你的网站，那么有必要对各大主流浏览器对CSS3新技术的支持情况有一个全面的了解。

目前，五大主流浏览器对CSS3属性的支持情况见表1-1。

从表1-1中可以看出，CSS3中的Overflow Scrolling属性还没有浏览器支持，其他属性在采用WebKit核心的Chrome和Safari浏览器中表现非常优秀，其次是Firefox和Opera，同时，IE也迎头追赶，最新的IE11浏览器能够支持绝大多数的CSS3属性。

表1-1　　　　　　　　　　　各浏览器对CSS3的支持情况

	Safari 5.1	Safari 6	Chrome 25	Firefox 15	Opera 12	IE 6	IE 7	IE 8	IE 9	IE 10	IE 11
RGBA	√	√	√	√	√	×	×	×	√	√	√
HSLA	√	√	√	√	√	×	×	×	√	√	√
Box Sizing	√	√	√	√	√	×	×	√	√	√	√
Background Size	√	√	√	√	√	×	×	×	√	√	√
Multiple Backgrounds	√	√	√	√	√	×	×	×	√	√	√
Border Image	√	√	√	√	√	×	×	×	×	×	√
Border Radius	√	√	√	√	√	×	×	×	√	√	√
Box Shadow	√	√	√	√	√	×	×	×	√	√	√
Text Shadow	√	√	√	√	√	×	×	×	×	√	√
Opacity	√	√	√	√	√	×	×	×	√	√	√
CSSAnimations	√	√	√	√	√	×	×	×	×	√	√
CSSColumns	√	√	√	√	√	×	×	×	×	√	√
CSSGradients	√	√	√	√	√	×	×	×	×	√	√
CSSReflections	√	√	√	×	×	×	×	×	×	×	×
CSSTransforms	√	√	√	√	√	×	×	×	√	√	√
CSSTransforms 3D	√	√	×	√	×	×	×	×	×	√	√
CSSTransitions	√	√	√	√	√	×	×	×	×	√	√
CSSFontFace	√	√	√	√	√	√	√	√	√	√	√
FlexBox	√	√	√	√	×	×	×	×	×	×	×
Generated Content	√	√	√	√	√	×	×	√	√	√	√
DataURI	√	√	√	√	√	×	×	√	√	√	√
Pointer Events	√	√	√	√	×	×	×	×	×	×	√
Display:table	√	√	√	√	√	×	×	√	√	√	√
Overflow Scrolling	×	×	×	×	×	×	×	×	×	×	×
Media Queries	√	√	√	√	√	×	×	×	√	√	√

提示

　　差别各异的浏览器致使页面在不同的浏览器中的渲染效果并不一致，特别是在当今这个信息发达的时代，设备、屏幕、浏览器的形态越来越丰富，人们的习惯设置也不尽相同，因此想再创建一个在任何地方都表现一致的页面就更加不可能。只要你关注如何提供实用、易用、好用的页面，一些表面上的差异就显得不重要了。

▶▶▶ 1.4 CSS样式语法

CSS样式是纯文本格式文件，在编辑CSS时，可以使用一些简单的纯文本编辑工具，如记事本，也可以使用专业的CSS编辑工具，如Dreamweaver。CSS样式是由若干条样式规则组成的，这些样式规则可以应用到不同的元素或文档中来定义它们所显示的外观。

1.4.1 CSS样式基本语法

CSS样式由选择器和属性构成，CSS样式的基本语法如下。

```
CSS选择器 {
  属性1：属性值1；
  属性2：属性值2；
  属性3：属性值3；
  ……
  }
```

下面是在HTML页面内直接引用CSS样式，这个方法必须把CSS样式信息放在<style>和</style>标签中，为了使样式在整个页面中产生作用，应把该组标签及内容放到<head>和</head>标签中去。

例如，将HTML页面中所有<p>标签中的文字都显示为红色，其代码如下。

```
<!doctype html>
<html>
<head>
<meta charset="utf-8">
<title>CSS基本语法</title>
<style type="text/css">
p {color: red;}
</style>
</head>
<body>
<p>这里是页面的正文内容</p>
</body>
</html>
```

> **提示**
>
> <style>标签中包括了type="text/css"属性设置代码，这是让浏览器知道<style>与</style>标签之间的内容为CSS样式代码。

在使用CSS样式的过程中，经常会遇到几个选择器用到同一个属性的情况，如规定页面中凡是粗体字、斜体字和1号标题字都显示为蓝色，按照上面介绍的写法应该将CSS样式写为如下形式。

```
B {color: blue;}
I {color: blue;}
H1{color: blue;}
```

这样书写十分麻烦，在CSS样式中引进了分组的概念，可以将相同属性的样式写在一起，这样CSS样式的代码就会简洁很多，其代码形式如下。

```
B,I,H1 {color: blue ;}
```

用逗号分隔各CSS样式选择器，将3行代码合并为1行。

1.4.2 CSS样式规则构成

CSS规则是所有CSS样式的基础，每一条规则都是一条单独的语句，确定应该如何设计样式，以及应该如何应用这些样式。因此，CSS样式由规则列表组成，浏览器用它来确定页面的显示效果。

CSS由两个部分组成：选择器和声明，其中声明由属性和属性值组成，所以简单的CSS规则形式如下。

- 选择器

选择器用于指定对文档中的哪个对象进行定义，最简单的选择器类型是"标签选择器"，直接输入HTML标签的名称，便可以对其进行定义。如定义HTML中的<p>标签，只要给出< >尖括号内的标签名称，用户就可以编写标签选择器了。

- 声明

声明包含在大括号"{}"内，在大括号中首先给出属性名，接着是冒号"："，然后是属性值，结尾分号是可选项，推荐使用结尾分号，整条规则以结尾大括号结束。

- 属性

属性由官方CSS规范定义。用户可以定义特有的样式效果，与CSS兼容的浏览器会支持这些效果，尽管有些浏览器识别不是正式语言规范部分的非标准属性，但是大多数浏览器很可能会忽略一些非CSS规范部分的属性，最好不要依赖这些专有的扩展属性，不识别它们的浏览器只是简单地忽略它们。

- 属性值

声明的值放置在属性名和冒号之后。它确切定义应该如何设置属性。每个属性值的范围也由CSS规范定义。

▶▶▶ 1.5　跨浏览器的CSS

由于W3C标准的发展及浏览器厂商出于商业利益的考量，使得低版本的浏览器（尤其是IE浏览器）存在着大量和W3C标准不一致的情况。一个在Chrome浏览器中显示效果十分美观的网站，在IE6中浏览很可能惨不忍睹，对此我们不得不进行大量的兼容性设计。

1.5.1　渐进增强与优雅降级

首先思考一个问题：网站页面是否需要在每个浏览器中看起来都是一样的？带着这个问题来看渐进增强。

渐进增强并不是一种技术，而是一种开发的方式，更是一种Web设计理念。在制作Web页面时，首先需要保证网站最核心功能的实现，让任何低端的浏览器都能够看到网站内容，然后再考虑使用高级但非必要的CSS和JavaScript等增强功能，为高版本的浏览器提供更好的支持，给用户带来更好的体验。

在设计的时候，先考虑低端设备用户能否看到所有内容，然后在此基础上为高端用户进行设计。不仅要为高端设备用户提供完美的应用，也要为不同性能级别设备的用户设计不同级别的不那么完美的应用，这称为"优雅降级"。

目前而言，虽然对"渐进增强"有所了解的人很多，但是还远远没有普及或深入。在大家平时的设计思维中有一种极强的固定思维，也就是想让网站页面在每一个浏览器中表现效果一致。这种出发点本身并没有什么问题，但是这样会让高版本浏览器的优势无法充分显示出来。

因此，从今天开始要改变制作网站的思维，让网站能够优雅降级，目标是"为尽可能多的用户提供尽可能优质的用户体验"。这与用户访问网站使用的方式无关，无论是通过传统的电脑、还是通过智能移动设备，用户都能够得到尽可能独特且完美的体验。

1.5.2 跨浏览器适配的通用方法

根据不同的开发需求，跨浏览器设计有多种解决方案，如果仅仅是要求在低版本IE浏览器中能够正常显示页面布局和内容，可以采用渐变增强的设计，仅使用一套代码，在布局方面采用一些兼容性的措施，保证不出现布局错乱即可。

而如果要保证所有的浏览器显示效果一致的话，一方面不得不放弃一些很炫酷的效果，如使用CSS3实现的元素变形与动画效果；另一方面不得不使用更多的图片，降低页面加载的性能；甚至我们可能必须针对不同的浏览器编写多套代码。

兼容性问题五花八门，这里先向大家介绍一种通用的方法，那就是通过条件注释让不同的浏览器加载不同的CSS样式，示例代码如下。

```
<!--[if IE]> 所有的IE浏览器都可以识别 <![endif]-->
<!--[if IE6]> 仅IE6浏览器可以识别 <![endif]-->
<!--[if lte IE6]> IE6及IE6以下版本浏览器可以识别 <![endif]-->
<!--[if get IE6]> IE6及IE6以上版本浏览器可以识别 <![endif]-->
<!--[if ! IE]><!--> 除IE浏览器以外都可以识别 <!--<![endif]-->
```

条件注释的控制符说明见表1-2。

表1-2 条件注释的控制符说明

控制符	范例	说明
!	[if !IE]	"非"运算符
lt	[if lt IE6]	小于运算符
lte	[if lte IE6]	小于等于运算符
gt	[if gt IE6]	大于运算符
gte	[if gte IE6]	大于等于运算符
()	[if (lte IE6)]	用于子表达式，以配合布尔运算符
&	[if (lte IE9)&(gt IE6)]	AND运算符
|	[if (gt IE10)|(! IE)]	OR运算符

▶▶▶ 1.6 浏览器的私有CSS属性

当一个新的CSS属性被开发出来后，由于W3C标准的申请和审核流程十分严格和漫长，浏览器厂商往往会暂时绕开这一流程，通过添加前缀的方式让自己的浏览器率先支持新的属性，本节将向大家介绍各种不同浏览器的私有属性前缀。

1.6.1 不同核心的浏览器的私有CSS属性前缀

不同核心的浏览器都定义了自己的私有CSS属性前缀，以下是在网站的制作过程中经常用到的私有CSS属性的前缀。

- –webkit：WebKit核心浏览器的私有CSS属性前缀，包括Chrome、Safari浏览器等。
- –moz：Gecko核心浏览器的私有CSS属性前缀，主要是Firefox浏览器。
- –ms：Trident核心浏览器的私有CSS属性前缀，主要是IE浏览器。
- –o：Presto核心浏览器的私有CSS属性前缀，主要是Opera浏览器。

在实际的网站页面制作和开发过程中，对于大多数CSS3属性来说，考虑到浏览器兼容性，往往需要把所有的浏览器私有属性都写上，如下面的CSS样式设置代码。

```
.transform {
    -webkit-transform: rotate(-30deg);      /*Chrome、Safari浏览器的私有属性前缀 */
    -moz-transform: rotate(-30deg);         /*Firefox浏览器的私有属性前缀 */
    -ms-transform: rotate(-30deg);          /*IE浏览器的私有属性前缀 */
    -o-transform: rotate(-30deg);           /*Opera浏览器的私有属性前缀 */
    transform: rotate(-30deg);              /*W3C标准语法，无属性前缀 */
}
```

1.6.2 CSS属性前缀的排序

即使W3C标准得到了一致通过和广泛推广，但浏览器厂商为了兼容老的内容，还是不得不继续支持带有前缀的私有CSS属性，而开发者面对一些使用低版本浏览器的用户时，也不得不继续在编写CSS样式代码时写上所有的属性前缀。

但是问题随之产生：W3C标准属性在某些情况下与带有前缀的属性具有不同的表现形式，那有什么解决方法呢？

这一方面需要依赖网站开发者的知识和经验，另一方面也可以采取通用的方法，即把W3C的标准语法放在CSS规则的最后面，如下面的CSS样式设置代码。

```
.btn1 {
    -webkit-border-radius: 5px;
    -moz-border-radius: 5px;
    -ms-border-radius: 5px;
    -o-border-radius: 5px;
    border-radius: 5px;                     /*W3C标准语法，无属性前缀 */
}
```

这样即使出现不一致的情况，后写的符合W3C标准的属性会覆盖前面带有属性前缀的定义，更好地保证显示效果在所有浏览器中一致。

▶▶▶ 1.7 在HTML页面中使用CSS样式的4种方式

CSS样式能够很好地控制页面的显示，以达到分离网页内容和样式代码的目的。CSS样式可以用来改变从文本样式到页面布局的一切，并且能够与JavaScript结合以产生动态显示效果。在网页中应用CSS样式有4种方式：内联CSS样式、内部CSS样式、链接外部CSS样式表文件和导入外部CSS样式表文件。

1.7.1 内联CSS样式

内联CSS样式是所有CSS样式中比较简单和直观的方法，就是直接把CSS样式代码添加到HTML的标签中，即作为HTML标签的属性存在。通过这种方法可以很简单地对某个元素单独定义样式。

使用内联样式方法是直接在HTML标签中使用style属性，该属性的内容就是CSS的属性和值，其应用格式如下。

```
<p style="font-family:宋体; font-size:14px; color:#CCCCCC;">内联样式</p>
```

内联CSS样式由HTML文件中元素的style属性支持，只需要将CSS代码用分号";"隔开输入在style=""中，便可以完成对当前标签的样式定义，是CSS样式定义的一种基本形式。

> **提示**
>
> 内联CSS样式仅仅是HTML标签对于style属性的支持所产生的一种CSS样式表编写方式，并不符合表现与内容分离的设计模式，用内联CSS样式与表格布局从代码结构上来说完全相同，仅仅利用了CSS对于元素的精确控制优势，并没有很好的实现表现与内容的分离，所以这种书写方式应当尽量少用。

1.7.2 内部CSS样式

内部CSS样式就是将CSS样式代码添加到HTML页面的<head>与</head>标签之间，并且用<style>与</style>标签进行声明。这种写法虽然没有完全实现页头同内容与CSS样式表现的完全分离，但可以将内容与HTML代码分离在两个部分进行统一的管理。代码如下。

```
<html>
    <head>
    <title>内部样式表</title>
    <style type="text/css">
    body{
        font-family: "宋体";
        font-size: 12px;
        color: #333333;
    }
    </style>
    </head>
    <body>
    内部CSS样式
    </body>
</html>
```

内部CSS样式是CSS样式的初级应用形式，它只针对当前页面有效，不能跨页面执行，因此达不到CSS代码多用的目的，在实际的大型网站开发中，很少会用到内部CSS样式。

> **提示**
>
> 内部CSS样式中，所有的CSS代码都编写在<style>与</style>标签之间，方便了后期对页面的维护，相对于内联CSS样式的方式，页面大大瘦身了。但是如果一个网站拥有很多页面，当不同页面中的<p>标签都采用同样的CSS样式设置时，内部CSS样式的方法都显得有些烦琐了。该方法只适合为单一页面设置单独的CSS样式。

1.7.3 链接外部CSS样式表文件

外部CSS样式表文件是CSS样式中较为理想的一种形式。将CSS样式代码单独编写在一个独立文件之中，由网页进行调用，多个网页可以调用同一个外部CSS样式表文件，因此能够实现代码的最大化重用及网站文件的最优化配置。

链接外部CSS样式是指在外部定义CSS样式并形成以.css为扩展名的文件，在网页中通过<link>标签将外部的CSS样式文件链接到网页中，而且该语句必须放在页面的<head>与</head>标签之间，其语法格式如下。

```
<link rel="stylesheet" type="text/css" href="CSS样式表文件">
```

— 提示 —
rel属性指定链接到CSS样式，其值为stylesheet，type属性指定链接的文件类型为CSS样式表，href属性指定所定义链接的外部CSS样式文件的路径，可以使用相对路径和绝对路径。

— 提示 —
推荐使用链接外部CSS样式文件的方式在网页中应用CSS样式，其优势主要有：① 独立于HTML文件，便于修改；② 多个文件可以引用同一个CSS样式文件；③ CSS样式文件只需要下载一次，就可以在其他链接了该文件的页面内使用；④ 浏览器会先显示HTML内容，然后再根据CSS样式文件进行渲染，从而使访问者可以更快地看到内容。

1.7.4 导入外部CSS样式表文件

导入外部CSS样式表文件与链接外部CSS样式表文件基本相同，都是创建一个独立的CSS样式表文件，然后再引入到HTML文件中，只不过在语法和运作方式上有所区别。采用导入的CSS样式，在HTML文件初始化时会被导入到HTML文件内，成为文件的一部分，类似于内部CSS样式。链接CSS样式表是在HTML标签需要CSS样式风格时才以链接方式引入。

导入的外部CSS样式表文件是指在嵌入样式的<style>与</style>标签中，使用@import命令导入一个外部CSS样式表文件。

— 提示 —
导入外部CSS样式表与链接外部CSS样式表相比，其最大的优点是可以一次导入多个外部CSS样式文件。导入外部CSS样式表文件相当于将CSS样式表文件导入到内部CSS样式中，这种方式更有优势。导入外部CSS样式表文件必须在内部CSS样式开始部分，即其他内部CSS样式代码之前。

◤ **实战**　在网页中链接外部CSS样式表文件
最终文件：最终文件\第1章\1-7-4.html　　视频：视频\第1章\1-7-4.mp4

01 执行"文件>打开"命令，打开页面"源文件\第1章\1-7-4.html"，可以看到页面的HTML代码，如图1-1所示。在IE浏览器中预览该页面，可以看到该页面目前没有应用任何效果，如图1-2所示。

02 在Dreamweaver中执行"文件>新建"命令，新建一个外部CSS样式表文件，如图1-3所示，并将其保存为"源文件\第1章\style\1-7-4.css"。返回到HTML页面中，在<head>与</head>标签之间添加<link>标签，在该标签中添加相应的属性设置以链接刚创建的外部CSS样式表文件1-7-4.css，如图1-4所示。

```
<!doctype html>
<html>
<head>
<meta charset="utf-8">
<title>在网页链接外部CSS样式表文件</title>
</head>

<body>
<div id="menu">
  <img src="images/17402.png" width="189" height="75" alt=""/><br>
  <br>
  网站首页<br>
  工作<br>
  信息<br>
  博客<br>
</div>
<div id="text"><p>很久很久以前，有一个充满神秘色彩的童话王国。那是一个糖果的世界，
糖果铺的街道，糖果做的路灯，糖果盖的房子，人们把这个传说中的世界称之
为：糖果城堡......。</p>
  <p>据说糖果城堡里的居民世代以酿糖为乐，新酿制出最甜蜜、最有趣、最可爱的糖果，就可
以获得无上的荣耀。在千百种糖果中，糖是公认的极品。QQ糖很像一个充满清水的钻石球，会
闪耀无比美丽的七彩光环，让人目眩神迷。</p>
  <p>其实糖的神奇之处还不在于此。表面看上去美丽异常的糖，实际上却是非常不稳定的，在
外界的刺激下会发生剧烈的爆炸。</p></div>
</body>
</html>
```

图1-1 页面HTML代码

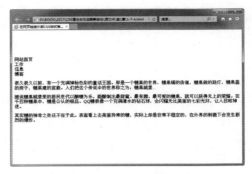

图1-2 预览页面效果

图1-3 "新建文档"对话框

```
<!doctype html>
<html>
<head>
<meta charset="utf-8">
<title>在网页链接外部CSS样式表文件</title>
<link href="style/1-7-4.css" rel="stylesheet" type="text/css">
</head>
```

图1-4 链接外部CSS样式表文件代码

提示

创建外部CSS样式表文件的方法有很多，甚至可以创建一个文本文件将其扩展名修改为 .css，但是我们推荐使用专业的网页制作软件 Dreamweaver 来进行操作，本书中所有的讲解操作都是在 Dreamweaver 软件中进行的。

---

03 转换到刚链接的外部CSS样式表文件中，创建名为*的通配选择器和名为 body 的标签选择器，如图1-5所示。保存外部CSS样式表文件，在浏览器中预览页面，可以看到页面的效果，如图1-6所示。

```
* {
    margin: 0px;
    padding: 0px;
}
body {
    font-family: 微软雅黑;
    font-size: 14px;
    background-image: url(../images/17401.jpg);
    background-repeat: no-repeat;
    background-position: center top;
}
```

图1-5 CSS样式代码

图1-6 预览页面效果

提示

各种CSS选择器将在第2章中详细介绍，各种CSS样式属性的设置也会在后面的章节中进行详细介绍。

---

04 转换到外部CSS样式表文件中，根据HTML页面中元素id名称的设置，创建名称为#menu的ID选择器，如图1-7所示。保存外部CSS样式表文件，在浏览器中预览页面，可以看到页面的效果，如图1-8所示。

```
#menu {
    width: 110px;
    height: auto;
    overflow: hidden;
    margin-top: 15px;
    margin-left: 15px;
    font-family: 微软雅黑;
    font-weight: bold;
    color: #333;
    line-height: 35px;
    float: left;
}
```

图1-7　CSS样式代码

图1-8　预览页面效果

05 转换到外部CSS样式表文件中，创建名称为#text的ID选择器和名为#text p的后代选择器，如图1-9所示。保存外部CSS样式表文件，在浏览器中预览页面，可以看到页面的效果，如图1-10所示。

```
#text {
    position: absolute;
    width: 300px;
    height: auto;
    overflow: hidden;
    padding: 15px;
    background-color: rgba(0,0,0,0.4);
    top: 50px;
    right: 50px;
    color: #FFF;
    line-height: 27px;
}
#text p {
    text-indent: 28px;
}
```

图1-9　CSS样式代码

图1-10　预览页面效果

提示

　　在页面中应用CSS样式的主要目的在于实现良好的网站文件管理及样式管理，分离式的结构有助于合理分配网站的内容与表现。

▶▶▶ 1.8　CSS样式的特性与注意事项

　　CSS通过使用与HTML的文档结构相对应的选择符以达到控制页面表现的目的，在CSS样式的应用过程中，还需要注意CSS样式的一些特性和相关注意事项。

1.8.1　CSS样式的相关特性

1. 继承性

　　在CSS语言中继承并不那么复杂，简单地说就是将各个HTML标签看作一个个大容器，其中被包含的小容器会继承包含它的大容器的风格样式。子标签还可以在父标签样式风格的基础上再加以修改，产生新的样式，而子标签的样式风格完全不会影响父标签。

2. 特殊性

特殊性规定了不同的CSS规则的权重，当多个规则都应用在同一元素时，权重越高的CSS样式会被优先采用，如下面的CSS样式设置。

```
.font01 {
    color: red;
}
p {
    color: blue;
}
<p class="font01">内容</p>
```

那么，<p>标签中的文字颜色究竟应该是什么颜色呢？根据规范，标签选择符（如<p>）具有特殊性1，而类选择符具有特殊性10，id选择符具有特殊性100。因此，此例中p中的颜色应该为红色。而继承的属性，具有特殊性0，因此后面任何的定义都会覆盖掉元素继承来的样式。

特殊性还可以叠加，如下面的CSS样式设置。

```
h1 {
    color: blue;          /*特殊性=1*/
}
p i {
    color: yellow;        /*特殊性=2*/
}
.font01 {
    color: red;           /*特殊性=10*/
}
#main {
    color: black;         /*特殊性=100*/
}
```

3. 层叠性

层叠就是指在同一个网页中可以有多个CSS样式存在，当拥有相同特殊性的CSS样式应用在同一个元素时，根据前后顺序，后定义的CSS样式会被应用，这是W3C组织批准的一个辅助HTML设计的新特性。它能够保持整个HTML的统一的外观，设计师可在设置文本之前就指定整个文本的属性，如颜色、字体大小等，CSS样式为设计制作网页带来了很大的灵活性。

由此可以推出一般情况下，CSS层次优先级为：内联CSS样式（写在标签内的）>内部CSS样式（写在文档头部的）>外部CSS样式（写在外部样式表文件中的）。

4. 重要性

不同的CSS样式具有不同的权重，对于同一元素，后定义的CSS样式会替代先定义的CSS样式，但有时候设计师需要某个CSS样式拥有最高的权重，此时就要需要标出此CSS样式为"重要规则"，如下面的CSS样式设置。

```
.font01 {
    color: red;
}
```

```
p {
    color: blue; !important
}
<p class="font01">内容</p>
```

此时，<p>标签CSS样式中的color: blue将具有最高权重，<p>标签中的文字颜色为蓝色。

当设计师不指定CSS样式的时候，浏览器也可以按照一定的样式显示出HTML文档，这时浏览器使用自身内定的样式来显示文档。同时，访问者还可设定自己的样式表，例如视力不好的访问者会希望页面内的文字显示得大一些，因此其设定了一个属于自己的样式表保存在本机内。此时，浏览器的样式表权重最低，设计师的样式表会取代浏览器的样式表来渲染页面，而访问者的样式表则会优先于设计师的样式定义。

而用"!important"声明的规则将高于访问者本地样式的定义，困此需要谨慎使用。

1.8.2 CSS样式的注释

CSS样式中的注释与HTML代码中的注释不同，其格式如下。

```
/*注释内容*/
```

CSS样式中的注释内容可以放在单独的行内，也可以放在声明之后，如下面的代码。

```
/*主样式表*/
body {
    font-size: 14px; /*设置页面默认字体大小*/
    color: #000;      /*设置页面默认字体颜色*/
}
p {
    line-height: 25px;
    /*设置段落文字行高*/
}
/*CSS样式中的注释内容可以是单行
也可以是多行。
*/
```

> **提示**
>
> 在CSS样式代码中合理地添加注释有助于后期对CSS样式设置进行修改和调整，不过对于大型网站来说，CSS样式表文件会比较复杂，建议撰写单独的说明文档。

1.8.3 CSS样式的缩写

浏览速度对于网站来说至关重要，而影响速度的因素有很多，包括网站服务器的整度、浏览者网络连接情况，以及浏览器必须下载的文件大小等。控制构成网站页面的文件大小对于降低网站数据流量、提高浏览速度也是非常重要的。

通过使用CSS样式缩放及其他一些简单的技巧，可以有效减少CSS样式表文件的大小。

1. 使用CSS的缩写属性

CSS样式中某些属性是可以进行缩写的，用来代替多个相关属性的集合，如下面的CSS样式设置代码。

```
div {
    margin-top: 10px;
    margin-right: 20px;
    margin-bottom: 25px;
    margin-left: 15px;
}
```

可以缩写为如下形式。

```
div {
    margin: 10px 20px 25px 15px;
}
```

类似的情况还有边框（border）、填充（padding）等，这些属性都包含4个边，可以合并写在一起，按照"上、右、下、左"的顺时针顺序来定义，值中间以空格来分隔，如"padding: 10px 20px 25px 15px;"。

当遇到如下情况时，值可以再缩写。

- 如果"上≠下"但是"左＝右"，可以简写成3个值（上、左右、下），如"margin: 10px 20px 15px;"等同于"margin: 10px 20px 15px 20px;"。注意，如果"上＝下"但是"左≠右"，则不可以缩写。
- 如上"上＝下"并且"左＝右"可以简写成两个值（上下、左右），如"margin: 10px 20px;"等同于"margin: 10px 20px 10px 20px;"。
- 如果上、下、左、右都相等，就可以合并成一个值，如"margin: 10px;"等同于"margin: 10px 10px 10px 10px;"。

而另一种情况，如背景（background）、字体（font）、列表（list-style）等，虽然没有4个边框，但是也可以缩写。如下面的CSS样式设置代码。

```
body {
    background-color: #FF0000;
    background-image: url(../images/bg.jpg);
    background-repeat: repeat-x;
    background-position: center top;
}
```

可以缩写为如下形式。

```
body {
    background: #FF0000 url(../images/bg.jpg) repeat-x center top;
}
```

2. 颜色值的缩写

CSS样式中的颜色值可以用十六进制的数字来表示，而类似于"#FF6600"这种两位重复的颜色值可以缩写为"#F60"。

3. 利用继承

子元素自动继承父元素的属性值，如颜色、字体等，所以对于可以继承的CSS规则，不需要重新定义。

4. 0px与0

CSS样式中的属性值无论是什么单位，0就是0，因此0px ＝ 0pt ＝ 0in ＝ 0。

▶▶▶ 1.9 本章小结

　　本章主要向读者介绍了有关 CSS 样式的相关基础知识，包括 Web 标准、CSS 样式的发展、CSS3 的突出特性、浏览器对 CSS3 的支持情况，以及在网页中使用 CSS 样式的 4 种方法等内容。学习 CSS3 的好处有很多，它能够让你始终处于网页设计的前沿，提高你的职业技能与竞争力，还能够帮助你缩短与高级设计师或开发者的距离。

第2章

从全新的CSS3选择器开始

W3C在CSS3的工作草案中把CSS选择器独立出来成为一个模块。实际上，选择器是CSS知识中的重要部分之一，也是CSS样式的根基。利用CSS选择器能够在不改动HTML文档结构的情况下，通过添加不同的CSS规则得到不同的网页样式。在本章中将向读者全面介绍CSS样式中的各种选择器的使用方法和浏览器兼容性。

本章知识点

- 了解CSS选择器的分类
- 掌握基础选择器的创建与使用方法
- 掌握层次选择器的创建与使用方法
- 掌握伪类选择器与伪元素的使用
- 掌握属性选择器的创建与使用方法
- 了解各种CSS选择器的浏览器兼容性

▶▶▶ 2.1 认识CSS选择器

要将某个CSS样式应用于特定的HTML元素，首先需要找到该元素。在CSS样式中，执行这一任务的表现规则称为CSS选择器。它为获取目标元素之后添加CSS样式提供了极大的灵活性。实际上，CSS2.1已经为大家提供了很多常用的选择器，基本能够满足网页设计师常规的设计需求。

2.1.1 CSS3选择器的优势

既然CSS2.1中提供的选择器已经能够满足网页设计制作的常规需求，CSS3新增的选择器又有什么优势呢？CSS3选择器不但支持之前所有CSS选择器，同时新增了独有的选择器，对拥有一定CSS基础的开发人员来说，学习CSS3选择器是件非常容易的事。

CSS3选择器在常规选择器的基础上新增了属性选择器、伪类选择器、过滤选择器。在开发过程中，使用户减少对HTML类名称或ID名称的依赖，以及对HTML元素的结构依赖，使编写代码更加简单轻松。如果学习过jQuery选择器，学习CSS3选择器会更加容易，因为CSS3选择器在某些方面和jQuery选择器是完全一样的，唯一遗憾的是部分低版本浏览器并不支持CSS3新增的部分选择器。

2.1.2　CSS3选择器的分类

根据所获取HTML页面中元素的不同，把CSS3选择器分为5类：基础选择器、层次选择器、伪类选择器、伪元素选择器和属性选择器。其中，伪类选择器又分为动态伪类选择器、目标伪类选择器、语言伪类选择器、UI元素状态伪类选择器、结构伪类选择器和否定伪类选择器等6种，如图2-1所示。

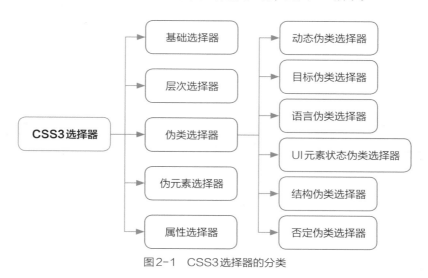

图2-1　CSS3选择器的分类

▶▶▶ 2.2　基础选择器

基础选择器是CSS样式中使用最广泛、最频繁、最基础，也是CSS样式中最早定义的选择器，这部分选择器在CSS1中就定义了，下面不妨先回顾一下CSS样式中的基础选择器。

2.2.1　基础选择器语法

通过基础选择器可以确定HTML树状结构中大多数的DOM元素节点，其语法说明见表2-1。

表2-1　　　　　　　　　　　　　　　　　　　基础选择器语法说明

选择器	类型	语法	功能描述

*	通配选择器	* {
		　　/*CSS样式设置代码*/
		}
			用于选择HTML页面中所有的HTML标签，对所有HTML标签的样式进行设置

E	标签选择器	HTML标签名称 {
		　　/*CSS样式设置代码*/
		}
			用于选择HTML页面中指定的HTML标签，对指定标签的样式进行设置

#id	ID选择器	#元素ID名称 {
		　　/*CSS样式设置代码*/
		}
			用于选择HTML页面中指定ID名称的元素，对该指定元素的样式进行设置

.class	类选择器	.类名称 {
		　　/*CSS样式设置代码*/
		}
			创建自定义类名称的CSS样式，可以将该类CSS样式应用于HTML页面中的多个元素

续表

选择器	类型	语法	功能描述

selector1, selectorN	群组选择器	选择器1,选择器2 {
		　/*CSS样式设置代码*/
		}
			用于同时为多个选择器设置相同的CSS样式

2.2.2　基础选择器的浏览器兼容性

基础选择器的浏览器兼容性见表2-2。

表2-2　　　　　　　　　　　　　基础选择器的浏览器兼容性

选择器	Chrome	Firefox	Opera	Safari	IE
*	√	√	√	√	√
E	√	√	√	√	√
#id	√	√	√	√	√
.class	√	√	√	√	√
selector1, selectorN	√	√	√	√	√

浏览器适配说明

在5种基础选择器中，标签选择器、类选择器、ID选择器和群组选择器都是从CSS1开始就已经加入到CSS规范中的，而通配选择器（*）则是从CSS2起加入到CSS规范中的。这5种基础选择器已经历经了多年的发展，且已得到了所有主流浏览器的广泛支持，不存在浏览器兼容性问题，所以我们在制作HTML页面时可以放心使用这5种基础选择器。

2.2.3　通配选择器

如果接触过DOS命令或是Word中的替换功能，对于通配操作应该不会陌生，通配是指使用字符替代不确定的字，如在DOS命令中，使用*.*表示所有文件，使用*.bat表示所有扩展名为bat的文件。因此，所谓的通配符选择器，是指对象可以使用模糊指定的方式进行选择。CSS的通配符选择器可以使用"*"作为关键字，使用方法如下。

```
* {
    属性：属性值；
}
```

"*"表示所有对象，包含所有不同ID、不同类的HTML的所有标签。使用通配选择器进行样式定义，页面中所有对象都会使用相同的属性设置。

2.2.4　标签选择器

HTML文档是由多个不同的标签组成的，CSS标签选择器可以用来控制标签的应用样式。如p选择器用来

控制页面中的所有 <p> 标签的样式风格。

标签选择器的语法格式如下。

```
HTML标签名称{
   属性：属性值；
   ......
}
```

如果在整个网站中经常会出现一些基本样式，可以采用具体的标签来命名，从而对文档中标签出现的地方应用标签样式，使用方法如下。

```
body{
   font-family: 微软雅黑；
   font-size: 14px；
   color: #333333
}
```

实战 创建通配选择器与标签选择器样式
最终文件：最终文件\第2章\2-2-4.html   视频：视频\第2章\2-2-4.mp4

01 执行"文件>打开"命令，打开页面"源文件\第2章\2-2-4.html"，可以看到页面的HTML代码，如图2-2所示。在IE浏览器中预览该页面，预览效果如图2-3所示。

```
<!doctype html>
<html>
<head>
<meta charset="utf-8">
<title>通配选择器与标签选择器</title>
<link href="style/2-2-4.css" rel="stylesheet" type="text/css">
</head>

<body>
<div id="box"><img src="images/22401.jpg" width="640" height=
"484" alt=""/>
<br>
<br>
欢迎来到阿呆艺术工作室</div>
</body>
</html>
```

图2-2 页面HTML代码

图2-3 预览页面效果

> **提示**
> 在浏览器中预览页面，看到页面内容并没有顶到浏览器的四边边界，这是因为网页中许多元素默认的边界和填充属性值并不为0，包括 <body> 标签，所以页面内容并没有沿着浏览器窗口的四边边界显示。

02 转换到该网页所链接的外部CSS样式表文件中，创建通配符*的CSS样式，如图2-4所示。保存外部CSS样式表文件，在浏览器中预览页面，此时的页面效果如图2-5所示。

> **提示**
> 在该网页中因为没有定义 <body> 标签的CSS样式，所以页面背景显示为默认的白色背景，页面中的字体和字体大小也都显示为默认的效果。

```
* {
    margin: 0px;
    padding: 0px;
}
```

图2-4 CSS样式代码

图2-5 预览页面效果

03 转换到外部CSS样式表文件中，创建<body>标签的CSS样式，如图2-6所示。保存外部CSS样式表文件，在浏览器中预览页面，页面效果如图2-7所示。

```
body{
    background-color: #96C18B;
    font-family: 微软雅黑;
    font-size: 18px;
    font-weight: bold;
    color: #FFF;
    line-height: 40px;
}
```

图2-6 CSS样式代码

图2-7 预览页面效果

提示

　　HTML标签在网页中都是具有特定作用的，并且有些标签在一个网页中只能出现一次，如<body>标签，如果定义了两次<body>标签的CSS样式，则两个CSS样式中相同属性设置会出现覆盖的情况。

2.2.5 ID选择器

　　ID选择器是根据DOM（文档对象模型）原理所引出的选择器类型，对于一个网页而言，其中的每一个标签（或其他对象）均可以使用一个id=" "的型式，对id属性进行一个名称的指派，id可以理解为一个标识，在网页中每个id名称只能使用一次。

```
<div id=" top" ></div>
```

如本例所示，HTML中的一个<div>标签被指定了id名称top。
在CSS样式中，ID选择器使用"#"进行标识，如果需要对id名为top的标签设置样式，应当使用如下格式。

```
#top {
  属性：属性值;
  ……
}
```

　　id的基本作用是对每一个页面中的唯一出现的元素进行定义，例如可以将导航条命名为nav，对网页头部和底部命名为header和footer，与之类似的元素在页面中均出现一次，使用id进行命名具有进行唯一性的指派含义，有助于代码阅读及使用。

2.2.6 类选择器

在网页中通过使用标签选择器，可以方便地控制网页中某一标签的显示样式，但是，根据网页设计过程中的实际需要，标签选择器对设置个别标签的样式还是力不能及的，因此，就需要使用类（class）选择器来设置特殊效果。

类选择器用来为一系列的标签定义相同的显示样式，其基本语法如下。

```
.类名称 {
属性：属性值；
……
}
```

类名称表示类选择器的名称，其具体名称由CSS定义者自己命名。在定义类选择器时，需要在类名称前面加一个英文句点"."。

类的名称可以是任意英文字符串，也可以是以英文字母开头与数字组合的名称，通常情况下，这些名称都是其效果和功能的简要缩写。下面定义了两个类选择器，分别是font01和font02。

```
.font01 { color: #000;}
.font02 { font-size: 14px;}
```

可以使用HTML标签的class属性来引用类选择器。所定义的类选择器被应用于指定的HTML标签中，如<p>标签。

```
<p class="font01">class属性是被用来引用类选择器的属性</p>
```

同时，定义的类选择器还可以应用于不同的HTML标签中，使其显示出相同的样式。

```
<p class="font01">段落样式</p>
<h1 class="font01">标题样式</h1>
```

实战 创建ID选择器与类选择器样式
最终文件：最终文件\第2章\2-2-6.html　　　视频：视频\第2章\2-2-6.mp4

01 执行"文件>打开"命令，打开页面"源文件\第2章\2-2-6.html"，可以看到页面的HTML代码，如图2-8所示。在IE浏览器中预览该页面，预览效果如图2-9所示。

> **提示**
> 通过在浏览器中预览页面可以发现，该网页中因为没有定义ID名称为text的<div>标签的CSS样式，所以其内容在网页中显示的效果为默认的效果，并不符合页面整体风格的需要。

02 转换到该网页所链接的外部CSS样式表文件中，创建名称为#text的ID CSS样式，如图2-10所示。保存外部CSS样式表文件，在浏览器中预览页面，此时的页面效果如图2-11所示。

```
<body>
<div id="logo"><img src="images/22602.png"
width="183" height="55"  alt=""/></div>
<div id="text">Welcome<br>
欢迎来到奇异网页设计工作室（简称"奇异工作室"） <br>
工作领域：网页设计、平面设计等。 <br>
了解我们</div>
</body>
```

图2-8　页面HTML代码

图2-9　预览页面效果

```
#text {
    width: 400px;
    .height: auto;
    overflow: hidden;
    margin: 200px 0px 0px 50px;
    color: #FFF;
    font-size: 14px;
    line-height: 30px;
}
```

图2-10　CSS样式代码

图2-11　预览页面效果

> **提示**
>
> ID选择器与类选择器有一定的区别，ID选择器并不像类选择器那样可以给任意数量的标签定义样式，它在页面的标签中只能使用一次；同时，ID选择器比类选择器具有更高的优先级，当ID选择器与类选择器发生冲突时，将会优先使用ID选择器。

03 转换到外部CSS样式表文件中，创建名称为.font01和.font02的类CSS样式，如图2-12所示。返回网页HTML代码中，为相应的文字添加<span>标签，并在<span>标签中通过class属性应用刚定义的类CSS样式，如图2-13所示。

```
.font01 {
    font-family: "Arial Black";
    font-size: 36px;
    line-height: 50px;
}
.font02 {
    font-family: 微软雅黑;
    font-size: 16px;
    font-weight: bold;
    color: #F30;
}
```

图2-12　CSS样式代码

```
<body>
<div id="logo"><img src="images/22602.png" width="183"
 height="55"  alt=""/></div>
<div id="text"><span class="font01">Welcome</span><br>
欢迎来到奇异网页设计工作室（简称"奇异工作室"） <br>
工作领域：<span class="font02">网页设计、平面设计</span>
等。 <br>
了解我们</div>
</body>
```

图2-13　应用类CSS样式

> **提示**
>
> 使用font-family属性设置字体时需要注意，如果字体名称中包含空格，则字体名称需要使用双引号，如此处名为font01的类CSS样式中，设置字体为Arial Black，该字体名称中包含空格。

04 保存外部CSS样式表文件和HTML页面，在浏览器中预览页面，可以看到为部分文字应用类CSS样式的效果，如图2-14所示。转换到外部CSS样式表文件中，创建名称为.btn01的类CSS样式，如图2-15所示。

图2-14 预览页面效果

```
.btn01 {
    display: block;
    width: 150px;
    height: 40px;
    background-color: #FFEE33;
    text-align: center;
    font-family: 微软雅黑;
    font-size: 16px;
    font-weight: bold;
    color: #335578;
    line-height: 40px;
    margin-top: 20px;
}
```

图2-15 CSS样式代码

05 返回网页HTML代码中，为相应的文字添加<span>标签，并在<span>标签中通过class属性应用刚定义的类CSS样式，如图2-16所示。保存外部CSS样式表文件和HTML页面，在浏览器中预览页面，可以看到通过类CSS样式将文字设置为按钮的效果，如图2-17所示。

```
<body>
<div id="logo"><img src="images/22602.png" width="183"
  height="55"  alt=""/></div>
<div id="text"><span class="font01">Welcome</span><br>
欢迎来到奇异网页设计工作室（简称"奇异工作室"）<br>
工作领域：<span class="font02">网页设计、平面设计</span>
等。<br>
<span class="btn01">了解我们</span></div>
</body>
```

图2-16 应用类CSS样式

图2-17 预览页面效果

提示

　　新建类CSS样式时，默认在类CSS样式名称前有一个"."。这个"."说明了此CSS样式是一个类CSS样式（class）。根据CSS规则，类CSS样式（class）必须被网页中的元素应用才会生效，类CSS样式可以在一个HTML元素中被多次调用。

2.2.7 群组选择器

可以对于单个HTML对象进行CSS样式设置，同样可以对一组对象进行相同的CSS样式设置。

```
h1,h2,h3,p,span {
    font-size: 12px;
    font-family: 宋体;
}
```

使用逗号对选择器进行分隔，使页面中所有的<h1>、<h2>、<h3>、<p>和<span>标签都具有相同的样式定义，这样做的好处是对于页面中需要使用相同样式的地方只需要书写一次CSS样式即可实现，减少了代码量，改善了CSS代码的结构。

实战 创建群组选择器样式

最终文件：最终文件\第2章\2-2-7.html　　视频：视频\第2章\2-2-7.mp4

01 执行"文件>打开"命令，打开页面"源文件\第2章\2-2-7.html"，可以看到页面的HTML代码，如图2-18所示。在IE浏览器中预览该页面，预览效果如图2-19所示。

```
<body>
<div id="box">
    <div id="pic01"><img src="images/22703.jpg" width="320"
height="342" alt=""/><br>
    水晶翅膀蜻蜓水晶长链<br>
    RMB 98.00</div>
    <div id="pic02"><img src="images/22704.jpg" width="320"
height="342" alt=""/><br>
    夏夜啄木鸟水晶项链<br>
    RMB 59.00</div>
    <div id="pic03"><img src="images/22705.jpg" width="320"
height="342" alt=""/><br>
    复古花丝工艺和平鸽项链<br>
    RMB 39.00</div>
</div>
</body>
```

图2-18　页面HTML代码

图2-19　预览页面效果

02 转换到外部CSS样式表文件中，创建名称为#pic01,#pic02,#pic03的群组选择器CSS样式，如图2-20所示。保存页面并保存外部CSS样式表文件，在浏览器中预览页面，可以看到同时对页面中id名称为pic01、pic02和pic03的3个元素进行设置的效果，如图2-21所示。

```
#pic01,#pic02,#pic03 {
    width: 320px;
    height: auto;
    background-color: #F9F9F9;
    float: left;
    margin-right: 7px;
    text-align: right;
    color: #999;
}
```

图2-20　CSS样式代码

图2-21　预览页面效果

03 转换到外部CSS样式表文件中，创建名称为.font01的类选择器CSS样式，如图2-22所示。返回网页HTML代码中，为相应的文字添加<span>标签，并在<span>标签中通过class属性应用刚定义的类CSS样式，如图2-23所示。

```
.font01 {
    font-size: 16px;
    font-weight: bold;
    color: #36701B;
}
```

图2-22　CSS样式代码

```
<body>
<div id="box">
    <div id="pic01"><img src="images/22703.jpg" width="320"
height="342" alt=""/><br>
    水晶翅膀蜻蜓水晶长链<br>
    <span class="font01">RMB 98.00</span></div>
    <div id="pic02"><img src="images/22704.jpg" width="320"
height="342" alt=""/><br>
    夏夜啄木鸟水晶项链<br>
    <span class="font01">RMB 59.00</span></div>
    <div id="pic03"><img src="images/22705.jpg" width="320"
height="342" alt=""/><br>
    复古花丝工艺和平鸽项链<br>
    <span class="font01">RMB 39.00</span></div>
</div>
</body>
```

图2-23　应用类CSS样式

04 保存外部CSS样式表文件和HTML页面，在浏览器中预览页面，最终的页面效果如图2-24所示。

图2-24　最终的页面效果

▶▶▶ 2.3　层次选择器

层次选择器通过HTML的DOM元素之间的层次关系获取元素，其主要的层次关系包括后代、父子、相邻兄弟和通用兄弟，通过其中某类关系可以方便快捷地选定需要的元素。

2.3.1　层次选择器语法

层次选择器是一种非常好用的选择器，也是我们在制作HTML页面时经常使用的选择器，其语法说明见表2-3。

表2-3 　　　　　　　　　　　　　　　层次选择器语法说明

选择器	类型	语法	功能描述

X Y	后代选择器
	（包含选择器）
		X Y {
		　　/*CSS样式设置代码*/
		}
			选择匹配的Y元素，且匹配的Y元素被包含在匹配的X元素内

X > Y	子选择器	X > Y {
		　　/*CSS样式设置代码*/
		}
			选择匹配的Y元素，且匹配的Y元素是所匹配的X元素的子元素

X + Y	相邻兄弟选择器	X + Y {
		　　/*CSS样式设置代码*/
		}
			选择匹配的Y元素，且匹配的Y元素紧位于匹配的X元素后面

X ~ Y	通用兄弟选择器	X ~ Y {
		　　/*CSS样式设置代码*/
		}
			选择匹配的Y元素，且位于匹配的X元素后的所有匹配的Y元素

提示

在层次选择器中，后代选择器与子选择器是比较常用的，而相邻兄弟选择器和CSS3新增的通用兄弟选择器则并不常使用。

2.3.2 层次选择器的浏览器兼容性

层次选择器的浏览器兼容性见表2-4。

表2-4   层次选择器的浏览器兼容性

选择器	Chrome	Firefox	Opera	Safari	IE
X Y	√	√	√	√	√
X > Y	√	√	√	√	IE7+ √
X + Y	√	√	√	√	IE7+ √
X ~ Y	√	√	√	√	IE7+ √

浏览器适配说明

从表2-4中可以看出,子选择器、相邻兄弟选择器和通用兄弟选择器需要IE浏览器为IE7及其以上版本时才支持,也就是说IE6及其以下版本的IE浏览器并不支持这几种选择器,但目前使用IE6浏览器的用户已经越来越少,所以层次选择器在网页制作过程中还是可以放心使用的。

如果一定要使网页可被IE6及以下版本IE浏览器用户访问,在制作网站页面的过程中就需要注意子选择器、相邻兄弟选择器和通用兄弟选择器的使用,或者可以通过IE条件注释语法来判断浏览器版本,为IE6及以下版本的浏览器重新编写一套CSS样式代码应用于页面中相应的元素。

```
<!--[if lte IE6]>
<link href="style/ie6down.css" rel="stylesheet" type="text/css">
<![endif]-->
```

2.3.3 后代选择器

后代选择器也称为包含选择器,其作用就是可以选择某个元素的后代元素。如"X Y",X为祖先元素,Y为后代元素,表达的意思就是选择X元素中所包含的所有Y元素,即不管是X元素的子元素、孙辈元素还是更深层次关系的后代元素都将被选中。换句话说,不论Y在X中有多少层级关系,Y元素都将被选中。

如下面的CSS样式代码。

```
h1 span {
    font-weight: bold;
}
```

如本例所示,对<h1>标签中所包含的<span>标签进行样式设置,最后应用到HTML是如下格式。

```
<h1>这是一段文本<span>这是span内的文本</span></h1>
<h1>单独的h1</h1>
<span>单独的span</span>
<h2>被h2标签套用的文本<span>这是h2下的span</span></h2>
```

<h1>标签中的所有<span>标签将被应用font-weight:bold样式,注意,仅仅对有此结构的标签有效,对于单独存在的<h1>标签或是单独存在的<span>标签及其他非<h1>标签包含的<span>标签均不会应用

此样式。

这样做有助于避免过多的id及class被设置，仅直接对所需要设置的元素进行设置。

2.3.4 子选择器

子选择器只能选择某元素的子元素，如"X > Y"，其中X为父元素，而Y为子元素，其中X > Y表示选择了X元素中包含的所有子元素Y。

子选择器与后代选择器不同，在后代选择器中Y是X的后代元素，无论有多少层级关系，而在子选择器中Y仅仅是X的子元素而已。

实战 使用后代选择器与子选择器

最终文件：最终文件\第2章\2-3-4.html　　　　视频：视频\第2章\2-3-4.mp4

---

01 执行"文件>打开"命令，打开页面"源文件\第2章\2-3-4.html"，可以看到页面的HTML代码，如图2-25所示。在IE浏览器中预览该页面，预览效果如图2-26所示。

id名称为box的<div>标签中包含4个子元素div　　　在第四个div子元素中又包含有3个孙元素div

```
<body>
<div id="logo"><img src="images/23482.png" width="47" height="60" alt=""/></div>
<div id="box">
  <div class="work01"><img src="images/23483.jpg" width="280" height="220" alt=""></div>
  <div class="work01"><img src="images/23484.jpg" width="280" height="220" alt=""></div>
  <div class="work01"><img src="images/23485.jpg" width="280" height="220" alt=""></div>
  <div>
    <div class="work01"><img src="images/23486.jpg" width="280" height="220" alt=""></div>
    <div class="work01"><img src="images/23487.jpg" width="280" height="220" alt=""></div>
    <div class="work01"><img src="images/23488.jpg" width="280" height="220" alt=""></div>
  </div>
</div>
</div>
```

图2-25　页面HTML代码

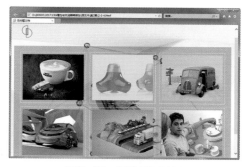

图2-26　预览页面效果

02 转换到外部CSS样式表文件中，创建名称为#box > div的子选择器CSS样式，如图2-27所示。保存外部CSS样式表文件，在IE浏览器中预览页面，可以看到页面中id名称为box元素中的div子元素的背景颜色效果，如图2-28所示。

id名称为box的元素中的div子元素显示背景颜色的效果。第四个div子元素是包含第三行3个元素的div，但由于该div并没有设置其宽度和高度，所以背景颜色不可见

```
#box > div {
    background-color: #FFF;
}
```

图2-27　CSS样式代码

图2-28　预览页面效果

03 转换到外部CSS样式表文件中，如果将刚创建的#box > div的子选择器修改为#box div后代选择器，如图2-29所示。保存外部CSS样式表文件，在IE浏览器中预览页面，可以看到页面中id名称为box元素中的所包含

的所有后代div元素都会显示所设置的背景颜色效果，如图2-30所示。

id名称为box的元素中的所有div后代元素，无论是子元素、孙元素，还是多少层级关系的后代元素，都会显示所设置的背景颜色效果

```
#box div {
    background-color: #FFF;
}
```

图2-29　CSS样式代码

图2-30　预览页面效果

04 转换到外部CSS样式表文件中，再创建一个名称为#box > div的子选择器CSS样式，如图2-31所示。保存外部CSS样式表文件，在IE浏览器中预览页面，可以看到页面中id名称为box的元素中所包含的div元素的背景效果，如图2-32所示。

```
#box div {
    background-color: #FFF;
}
#box > div {
    background-color: #666;
}
```

图2-31　CSS样式代码

图2-32　预览页面效果

提示

　　注意这里两个CSS样式的先后顺序，首先是#box div后代选择器样式，可以使id名称为box的元素中的所有div元素显示白色的背景颜色；接着#box > div子选择器样式，使id名称为box的元素中的div子元素的背景颜色显示为灰色，所以第一行的3个div子元素的背景颜色覆盖了#box div中所设置的背景颜色效果。如果颠倒这两个CSS样式的先后顺序，则id名称为box的元素中所包含的所有div元素的背景颜色都为白色。

技巧

　　在使用后代选择器时需要注意，后代选择器两个选择符之间必须使用空格隔开，中间不能有任何其他符号插入。后代选择器与子选择器都允许有多层级的包含，如#box div div 或 #box > div > div。

2.3.5　相邻兄弟选择器

　　相邻兄弟选择器可以选择紧接着另一个元素之后的元素，它们具有一个相同的父元素。换句话说，X和Y是同辈元素，Y元素在X元素的后面，并且相邻，这样就可以使用相邻兄弟选择器来选择Y元素。

如下面的HTML代码。

```
<ul>
 <li>项目名称1</li>
 <li class="active">项目名称2</li>
 <!—为了说明相邻兄弟选择器，为该li标签应用类名称active-->
 <li>项目名称3</li>
 <li>项目名称4</li>
 <li>项目名称5</li>
</ul>
```

如果需要定义应用了类名称active的<li>标签之后紧邻的<li>标签的CSS样式，就可以使用相邻兄弟选择器。如下面的CSS样式设置。

```
.active + li {
 background-color: #FF0000;
 font-weight: bold;
}
```

通过设置该相邻兄弟选择器的CSS样式，可以使应用了类名称active的<li>标签之后紧邻的<li>标签显示所定义的样式效果。

2.3.6　通用兄弟选择器

通用兄弟选择器是CSS3新增的一种选择器，用于选择某个元素之后的所有兄弟元素，它和相邻兄弟选择器类似，需要X元素和Y元素在同一个父元素中。也就是说，X和Y元素是同辈元素，并且Y元素在X元素之后，通用兄弟选择器将选中X元素之后的所有Y元素。

如下面的HTML代码。

```
<ul>
 <li>项目名称1</li>
 <li class=" active ">项目名称2</li>
 <!—为了说明通用兄弟选择器，为该li标签应用类名称active-->
 <li>项目名称3</li>
 <li>项目名称4</li>
 <li>项目名称5</li>
</ul>
```

如果需要定义应用了类名称active的<li>标签之后所有的<li>标签的CSS样式，就可以使用通用兄弟选择器。如下面的CSS样式设置。

```
.active ~ li {
 background-color: #FF0000;
 font-weight: bold;
}
```

通过设置该通用兄弟选择器的CSS样式，可以使应用了类名称active的<li>标签之后所有在同一父元素中的<li>标签显示所定义的样式效果。

提示

通用兄弟选择器选中的是与X元素相邻的后面兄弟元素Y，其选中的是一个或多个元素；而相邻兄弟选择器选中的仅是与X元素相邻并且紧挨的兄弟元素Y，其选中的仅仅是一个元素。

实战 使用相邻兄弟选择器与通用兄弟选择器
最终文件：最终文件\第2章\2-3-6.html 视频：视频\第2章\2-3-6.mp4

01 执行"文件>打开"命令，打开页面"源文件\第2章\2-3-6.html"，可以看到页面的HTML代码，如图2-33所示。在IE浏览器中预览该页面，预览效果如图2-34所示。

```html
<body>
<div id="box">
  <div id="pic"><img src="images/23602.jpg" width="312" height="204" /></div>
  <div id="news">
    <ul>
      <li class="select">[公告] 17:30-19: 00 DS服临时维</li>
      <li>[新闻] DS服5级宝石返还4万莫比石活动</li>
      <li>[公告] 周三10: 00-12: 00停服维护及活动公告</li>
      <li>[新闻] 怒开阵营战，天使恶魔阵营对决</li>
      <li>[公告] DS服14: 00已开服</li>
      <li>[公告] DS服11: 10分临时停服维护</li>
      <li>[新闻] DS服5级宝石返还4万莫比石活动</li>
    </ul>
  </div>
</div>
</body>
```

图2-33 页面HTML代码

图2-34 预览页面效果

02 转换到外部CSS样式表文件中，创建名称为.select + li 的相邻兄弟选择器CSS样式，如图2-35所示。保存外部CSS样式表文件，在IE浏览器中预览页面，可以看到页面中应用名称为select类CSS样式的元素之后紧邻的li元素的显示效果，如图2-36所示。

应用select类CSS样式的元素

```css
.select + li {
    background-color: #edf806;
    color: #030;
}
```

图2-35 CSS样式代码

图2-36 预览页面效果

03 转换到外部CSS样式表文件中，将刚创建的.select + li的相邻兄弟选择器修改为.select ~ li通用兄弟选择器，如图2-37所示。保存外部CSS样式表文件，在IE浏览器中预览页面，可以看到页面中应用名称为select类CSS样式的元素之后所有的li元素都显示为所设置的样式效果，如图2-38所示。

```css
.select ~ li {
    background-color: #edf806;
    color: #030;
}.
```

图2-37 CSS样式代码

图2-38 预览页面效果

▶▶▶ 2.4 伪类选择器

对于大家来说，最熟悉的伪类选择器莫过于超链接的4种伪类（:link、:hover、:visited和:active），这些是在网页制作过程中最常用到的伪类选择器。而CSS3的伪类选择器可以分为6种：动态伪类选择器、目标伪类选择器、语言伪类选择器、UI状态伪类选择器、结构伪类选择器和否定伪类选择器。

伪类选择器的语法与其他CSS选择器的语法有所区别，需要以英文冒号":"开头，语法规则如下。

```
E:pseudo-class {
    属性名称：属性值；
}
```

其中，E为HTML中的元素，pseudo-class是CSS的伪类选择器名称。

2.4.1 动态伪类选择器

动态伪类选择器早在CSS1中就有，其并不是CSS3独有的，动态伪类并不存在于HTML中，只有当用户与网站页面交互的时候才能体现出来。动态伪类分为两种，第一种是在超链接中经常看到的锚点伪类，另一种是用户行为伪类。动态伪类选择器的语法说明见表2-5。

表2-5　　　　　　　　　　　　　　　　动态伪类选择器语法说明

选择器	类型	语法	功能描述

E:link	超链接伪类选择器	E:link {
		　　/*CSS样式设置代码*/
		}
			选择匹配的E元素，而且E元素被定义了超链接并未被访问过

E:visited	超链接伪类选择器	E:visited {
		　　/*CSS样式设置代码*/
		}
			选择匹配的E元素，而且E元素被定义了超链接并且已被访问过

E:active	用户行为伪类选择器	E:active {
		　　/*CSS样式设置代码*/
		}
			选择匹配的E元素，且匹配元素被激活

E:hover	用户行为伪类选择器	E:hover {
		　　/*CSS样式设置代码*/
		}
			选择匹配的E元素，且用户鼠标经过元素E上方时

E:focus	用户行为伪类选择器	E:focus {
		　　/*CSS样式设置代码*/
		}
			选择匹配的E元素，且匹配的元素获得焦点

2.4.2 动态伪类选择器的浏览器兼容性

动态伪类选择器的浏览器兼容性见表2-6。

表2-6 动态伪类选择器的浏览器兼容性

选择器	Chrome	Firefox	Opera	Safari	IE
E:link	√	√	√	√	√
E:visited	√	√	√	√	√
E:active	√	√	√	√	IE8+ √
E:hover	√	√	√	√	√
E:focus	√	√	√	√	IE8+ √

浏览器适配说明

　　从表2-6中可以看出，大多数的主流浏览器都能够全面支持各种动态伪类选择器，需要注意的是，E:active和E:focus这两种动态伪类选择器只有在IE8及其以上版本的IE浏览器中才被支持，而E:hover伪类选择器在IE6及其以下版本的IE浏览器中仅支持超链接元素的hover伪类，而不支持其他元素的hover伪类。

　　E:active和E:focus这两种动态伪类选择器本身使用得并不是很多，并且目前使用IE9以下版本的IE浏览器的用户也越来越少，所以基本上可以忽略这里的IE浏览器兼容性问题。

实战 　美化超链接按钮样式

　　　　　最终文件：最终文件\第2章\2-4-2.html 　　　视频：视频\第2章\2-4-2.mp4

01 执行"文件>打开"命令，打开页面"源文件\第2章\2-4-2.html"，可以看到页面的HTML代码，如图2-39所示。在IE浏览器中预览该页面，可以看到页面底部的超链接文字显示为默认的蓝色带下划线的效果，如图2-40所示。

```
<body>
<div id="logo"><img src="images/23402.png"
width="47" height="60"  alt=""/></div>
<div id="btn"><a href="#">进入网站，了解更多 </a>
</div>
</body>
```

图2-39　页面HTML代码

图2-40　预览页面效果

02 转换到外部CSS样式表文件中，创建名称为#btn > a:link的动态伪类选择器CSS样式，定义了该超链接在默认状态下的效果，如图2-41所示。保存外部CSS样式表文件，在IE浏览器中预览页面，可以看到页面中id名称为btn中的子元素a默认状态下的效果，如图2-42所示。

03 转换到外部CSS样式表文件中，创建名称为#btn > a:hover的动态伪类选择器CSS样式，定义了该超链接在鼠标经过状态下的效果，如图2-43所示。保存外部CSS样式表文件，在IE浏览器中预览页面，当鼠标经过超链接时，可以看到所定义的鼠标经过状态的效果，如图2-44所示。

```
#btn > a:link {
    display: block;
    width: 220px;
    height: 50px;
    background-color: #F30;
    color: #FFF;
    line-height: 50px;
    text-decoration: none;
    border-radius: 10px;
}
```

图2-41   CSS样式代码

图2-42   超链接在默认状态的效果

```
#btn > a:hover {
    background-color: #FC0;
    color: #F30;
    text-decoration: underline;
}
```

图2-43   CSS样式代码

图2-44   超链接在鼠标经过状态的效果

提示

此处在:hover状态中只定义了background-color、color和text-decoration这3个属性，则该状态中所定义的这3个属性会覆盖在:link状态中所定义的相同属性，而其他未定义的属性则会沿用:link状态中的属性设置。

---

04 转换到外部CSS样式表文件中，创建名称为#btn > a:active的动态伪类选择器CSS样式，定义了该超链接在鼠标单击状态时的效果，如图2-45所示。保存外部CSS样式表文件，在IE浏览器中预览页面，当单击超链接文字且释放鼠标之前，可以看到所定义的鼠标单击状态的效果，如图2-46所示。

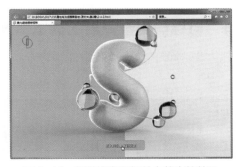

```
#btn > a:active {
    background-color: #9C0;
    color: #F00;
    text-decoration: underline;
}
```

图2-45   CSS样式代码

图2-46   超链接在鼠标单击状态的效果

05 转换到外部CSS样式表文件中，创建名称为#btn > a:visited的动态伪类选择器CSS样式，定义了该超链接被访问后状态的效果，如图2-47所示。保存外部CSS样式表文件，在IE浏览器中预览页面，当单击超链接文字且释放鼠标之后，可以看到所定义的被访问后状态的效果，如图2-48所示。

```
#btn > a:visited {
    background-color: #CCCCCC;
    color: #333;
    text-decoration: none;
}
```

图2-47   CSS样式代码

06 在该超链接的动态伪类CSS样式设置中使用了CSS3新增的border-radius

属性来实现圆角矩形的效果。CSS3属性具有"优雅降级"的特性,虽然该CSS3属性在低版本的IE浏览器中并不被支持,但是在低版本的浏览器中,同样可以看到按钮在不同状态下的效果,只是失去了圆角效果,并不影响页面的功能和用户体验,IE7中预览的效果如图2-49所示。

图2-48 超链接在被访问后状态的效果

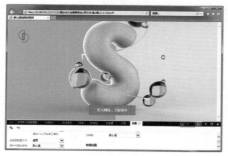

图2-49 在IE7浏览器中预览的效果

2.4.3 目标伪类选择器

目标伪类选择器":target"是众多实用的CSS3特性中的一个,用来匹配页面的URI中某个标识符的目标元素。具体来说,URI中的标识符通常会包含一个"#"号,后面带有一个标签符名称,如"#contact: target"就是用来匹配ID名称为contant的元素的。换种说法,在Web页面中,一些URL拥有片段标识符,它由一个"#"号后跟一个锚点或者元素ID组合而成,可以链接到页面的某个特定元素。":target"伪类选择器选取链接的目标元素,然后为该元素定义相应的CSS样式。

> **提示**
> URI全称为Uniform Resource Identifier,中文称为统一资源标识符,是一个用于标识某一互联网资源名称的字符串。该种标识允许用户对任何(包括本地和互联网)的资源通过特定的协议进行交互操作。

> **提示**
> 目标伪类选择器是动态选择器,只有存在URL指向该匹配元素时,样式效果才会生效。

2.4.4 目标伪类选择器的浏览器兼容性

目标伪类选择器的浏览器兼容性见表2-7。

表2-7   目标伪类选择器的浏览器兼容性

选择器	Chrome	Firefox	Opera	Safari	IE
E:target	√	√	9.6+ √	√	IE9+ √

> **浏览器适配说明**
> 从表2-9中可以看出,大多数的主流浏览器都能够支持目标伪类选择器,而IE9以下版本的IE浏览器不支持目标伪类选择器,但IE浏览器用户单击页面中的链接仍然能够跳转到相应的链接位置,只是链接位置不会应用目标伪类选择器所定义的CSS样式效果。

实现页面中的指定内容高亮突出显示

最终文件：最终文件\第2章\2-4-4.html   视频：视频\第2章\2-4-4.mp4

01 执行"文件>打开"命令，打开页面"源文件\第2章\2-4-4.html"，可以看到页面的HTML代码，如图2-50所示。在IE浏览器中预览该页面，页面效果如图2-51所示。

```
<body>
<div id="top">
    <div id="logo"><img src="images/24482.png" width="133" height="40" alt=""/></div>
    <div class="nav01">
        <ul>
            <li><a href="#">网站首页</a></li>
            <li><a href="#">关于我们</a></li>
            <li><a href="#">我们的服务</a></li>
            <li><a href="#">我们的作品</a></li>
            <li><a href="#">联系我们</a></li>
        </ul>
    </div>
<div id="box">
    <div id="about">
        <h1>关于我们</h1>
        <p>我们创造全新的网络互动方式并真正与众不同，创造有利于我们客户的品牌价值。我们通过团队之间的紧密配合，各自发挥各自的优势。</p>
    </div>
    <div id="service">
        <h1>我们的服务</h1>
        <p>专注于高品质网站视觉设计以及程序开发，多年来活跃在与创意产业相关的平面设计、网站设计、网络推广、品牌形象的各个领域。</p>
    </div>
</div>
</div>
</body>
```

图2-50　页面HTML代码

图2-51　预览页面效果

02 返回到网页的HTML代码中，将导航菜单中的"关于我们"链接地址指向同一个页面中id名称为about的元素，将"我们的服务"链接地址指向同一个页面中id名称为service的元素，如图2-52所示。转换到外部CSS样式表文件中，创建名称为#about:target和#service:target的目标伪类选择器CSS样式，如图2-53所示。

```
<div class="nav01">
    <ul>
        <li><a href="#">网站首页</a></li>
        <li><a href="#about">关于我们</a></li>
        <li><a href="#service">我们的服务</a></li>
        <li><a href="#">我们的作品</a></li>
        <li><a href="#">联系我们</a></li>
    </ul>
</div>
```

图2-52　设置链接地址

```
#about:target {
    background-color: rgba(255,51,0,0.7);
    color: #CFF;
    bottom: 20px;
}
#service:target {
    background-color: rgba(51,102,255,0.7);
    color: #FFF;
    bottom: 20px;
}
```

图2-53　CSS样式代码

03 保存外部CSS样式表和HTML文件，在IE浏览器中预览页面，当单击"关于我们"链接时，可以看到页面中id名称为about的元素会高亮突出显示，如图2-54所示。当单击"我们的服务"链接时，可以看到页面中id名称为service的元素会高亮突出显示，如图2-55所示。

图2-54　预览页面效果

图2-55　预览页面效果

2.4.5　语言伪类选择器

语言伪类选择器是根据元素的语言编码匹配元素。这种语言信息必须包含在文档中，或者与文档关联，不能从CSS样式指定。为HTML文档指定语言，可以在<html>标签或者<body>标签中通过添加lang属性并设置相应的语言值来实现。

如下面的代码。

```
<html lang="en">
```

或

```
<body lang="ca">
```

语言伪类选择器允许为不同的语言定义特殊的规则，这对于多语言版本的网站十分有用。语言伪类选择器的语法规则如下。

```
E:lang(语言值) {
  属性名称：属性值;
}
```

2.4.6　语言伪类选择器的浏览器兼容性

语言伪类选择器的浏览器兼容性见表2-8。

表2-8　　　　　　　　　　　　　　语言伪类选择器的浏览器兼容性

选择器	Chrome	Firefox	Opera	Safari	IE
E:lang	√	√	9.2+ √	√	IE8+ √

浏览器适配说明

从表2-8中可以看出，语言伪类选择器在IE7及其以下版本的IE浏览器中不被支持，其他的浏览器都能很好地支持语言伪类选择器。追求完美的设计师可能还是会担心语言伪类选择器的兼容性，因此不敢使用。其实也不是没有办法，可以采用上一章中所讲解的通用方法，为页面添加IE条件注释语句，判断IE浏览器版本，在IE7及其以下版本的IE浏览器中调用另一套CSS样式来实现。

```
<!--[if lte IE7]>
<link href="style/ie7down.css" rel="stylesheet" type="text/css">
<![endif]-->
```

实战　不同语言版本显示不同的背景
最终文件：最终文件\第2章\2-4-6.html　　视频：视频\第2章\2-4-6.mp4

01 执行"文件>打开"命令，打开页面"源文件\第2章\2-4-6.html"，可以看到页面的HTML代码，如图2-56所示。在IE浏览器中预览该页面，页面效果如图2-57所示。

```
<body>
<div id="logo"><img src="images/24603.png" width=
"62" height="50"  alt=""/></div>
<div id="go"><img src="images/24604.png" width=
"400" height="400"  alt=""/></div>
</body>
```

图2-56　页面HTML代码

图2-57　预览页面效果

02 如果是英文版的页面，我们需要在页面中的<html>标签或者<body>标签中添加lang属性并进行设置，如图2-58所示。转换到外部CSS样式表文件中，创建名称为body:lang(en)的语言伪类选择器CSS样式，如图2-59所示。

```
<body lang="en">
<div id="logo"><img src="images/24603.png" width=
"62" height="50"  alt=""/></div>
<div id="go"><img src="images/24604.png" width=
"400" height="400"  alt=""/></div>
</body>
```

图2-58　添加lang属性设置

```
body:lang(en) {
    background-image: url(../images/24602.jpg);
}
```

图2-59　CSS样式代码

03 保存外部CSS样式表和HTML文件，在IE浏览器中预览页面，可以看到当设置lang属性为en后，该页面会显示另一幅背景图像，如图2-60所示。因为IE8以下版本的IE浏览器并不支持语言伪类选择器，所以如果使用IE8以下版本的IE浏览器预览时，并不会应用body:lang(en)的CSS样式设置。该页面在IE7中预览的效果如图2-61所示。

图2-60　预览页面效果

图2-61　IE7浏览器中预览页面效果

浏览器适配说明

（1）为了解决低版本IE浏览器的兼容性问题，可以通过IE条件注释语句判断IE浏览器版本来解决该问题。返回到网页HTML代码中，在<body>标签中应用名为en的类CSS样式，如图2-62所示。在<head>与</head>标签之间添加判断浏览器版本的代码，如图2-63所示。

```
<body lang="en" class="en">
<div id="logo"><img src="images/24603.png" width=
"62" height="50" alt=""/></div>
<div id="go"><img src="images/24604.png" width=
"400" height="400" alt=""/></div>
</body>
```

图2-62　应用类CSS样式

```
<head>
<meta charset="utf-8">
<title>不同语言版本显示不同的背景</title>
<link href="style/2-4-6.css" rel="stylesheet" type=
"text/css">
<!--[if lt IE 8]>
<link href="style/en.css" rel="stylesheet"
type="text/css">
<![endif]-->
</head>
```

图2-63　添加判断浏览器版本的代码

提示

此处所添加的代码是判断IE浏览器版本是否低于IE8，如果低于IE8则执行其中的代码，链接外部CSS样式表文件en.css，该外部样式表文件是用于低版本IE浏览器的CSS样式。如果浏览器版本高于IE8则会自动跳过该部分代码。

（2）在外部CSS样式表en.css文件中创建名为.en的类CSS样式，如图2-64所示。保存外部CSS样式表和HTML文件，在IE7浏览器中预览页面，可以看到即使在低版本的IE浏览器中依然可以实现不同语言版本显示不同背景的效果，如图2-65所示。

```
.en {
    background-image: url(../images/24602.jpg);
    background-repeat: no-repeat;
    background-position: center center;
}
```

图2-64　CSS样式代码

图2-65　IE7浏览器中预览页面效果

技巧

使用语言伪类选择器不仅可以实现不同语言版本的页面显示不同的页面背景的效果，而且也可以实现不同语言版本的页面使用不同的字体等效果。

2.4.7　UI元素状态伪类选择器

UI元素状态伪类选择器也是CSS3选择器模块组中的一部分，主要用于网页中的form表单元素，以提高网页的人机交互、操作逻辑及页面的整体美观，使表单页面更具个性与品位，而且使用户操作页面表单更加便利和简单。

UI元素的状态一般包括：启用、禁用、选中、未选中、获得焦点、失去焦点、锁定和待机等。在HTML元素中有可用和不可用状态，如表单中的文本输入框；HTML元素中还有选中和未选中状态，如表单中的复选按钮和单选按钮。这几种状态都是CSS3选择器中常用的状态伪类选择器，详细说明见表2-9。

表2-9 UI元素状态伪类选择器语法说明

选择器	类型	语法	功能描述

E:checked	选中状态伪类选择器	E:checked{
		　　/*CSS样式设置代码*/
		}
			匹配选中的复选按钮或单选按钮表单元素

E:enabled	启用状态伪类选择器	E:enabled {
		　　/*CSS样式设置代码*/
		}
			匹配所有启用的表单元素

E:disabled	不可用状态伪类选择器	E:disabled {
		　　/*CSS样式设置代码*/
		}
			匹配所有禁用的表单元素

2.4.8 UI元素状态伪类选择器的浏览器兼容性

UI元素状态伪类选择器的浏览器兼容性见表2-10。从表2-10中可以看出，除IE浏览器外，其他各种主流浏览器对UI元素状态选择器的支持都非常好，但从IE9开始IE浏览器也能够全面支持UI元素状态伪类选择器了。

表2-10 UI元素状态伪类选择器的浏览器兼容性

选择器	Chrome	Firefox	Opera	Safari	IE
E:checked	√	√	√	√	IE9+ √
E:enabled	√	√	√	√	IE9+ √
E:disabled	√	√	√	√	IE9+ √

浏览器适配说明

　　考虑到国内还有很多用户使用IE9以下版本的IE浏览器，使用UI元素状态伪类选择器时想要获得更好的浏览器兼容性可以采用以下两种方法。

　　第一种方法是使用JavaScript库，选用内置已兼容了UI元素状态伪类选择器的JavaScript库或框架，然后在代码中引入它们并实现想要的效果。

　　第二种方法就是在不支持UI元素状态伪类选择器的IE浏览器下使用添加类CSS样式。例如，禁用的按钮效果，可以先在表单元素的标签中添加一个类CSS样式（如类CSS样式名称为.disabled），然后为定义该类CSS样式，如下面的CSS样式设置代码。

```
.btn.disabled, /*等效于.btn:disabled, 用于兼容低版本IE浏览器*/
.btn:disabled {
  /*CSS样式规则代码*/
}
```

实战 设置网页中表单元素的UI状态
最终文件：最终文件\第2章\2-4-8.html　　　视频：视频\第2章\2-4-8.mp4

---

01 执行"文件＞打开"命令，打开页面"源文件\第2章\2-4-8.html"，可以看到页面的HTML代码，如图2-66 所示。在IE浏览器中预览该页面，可以看到该表单页面的效果，如图2-67所示。

```html
<body>
<div id="box">
    <div id="login">
        <form id="form1" name="form1" method="post">
            <input type="text" name="uname" id="uname" placeholder="请输入用户名"><br>
            <input type="password" name="upass" id="upass" placeholder="请输入密码"><br>
            <input name="yqm" type="text" id="yqm" placeholder="自动获取推荐码" disabled><br>
            <input type="checkbox" id="checkbox">下次自动登录<br>
            <input type="submit" name="btn1" id="btn1" value="登 录">
            <input name="btn2" type="button" disabled id="btn2" value="取 消">
        </form>
    </div>
</div>
</body>
```

图2-66　页面HTML代码　　　　　　　　　　　图2-67　预览页面效果

02 转换到外部CSS样式表文件中，创建名称为#login input:focus 的动态伪类选择器CSS样式，如图2-68所示。保存外部CSS样式表文件，在IE浏览器中预览页面，当鼠标在表单元素中单击并输入内容时，可以看到表单元素获得焦点状态时的样式效果，如图2-69所示。

```css
#login input:focus {
    background-color: #9FF;
    border: solid 1px #336699;
    color: #36F;
}
```

图2-68　CSS样式代码　　　　　　　　　　　　图2-69　表单元素获得焦点状态时的效果

技巧

#login input:focus选择器是指id名称为input的元素中所包含的所有后代 <input> 标签元素的获得焦点状态。如果希望文本域和密码域在获得焦点时显示不一样的效果，则需要分别定义 #login input[type= "text"]:focus 和名为 #login input[type="password"]:focus 的两个CSS样式。

---

03 转换到外部CSS样式表文件中，创建名称为#login input [type="text"]:disabled的UI元素状态伪类选择器CSS样式，如图2-70所示。保存外部CSS样式表文件，在IE浏览器中预览页面，可以看到页面中被禁用的表单输入框的样式效果，如图2-71所示。

```css
#login input[type="text"]:disabled {
    background-color: #996;
    border: none;
    color: #CCC;
}
```

图2-70　CSS样式代码　　　　　　　　　　　　图2-71　文本输入框禁用状态下的效果

提示

此处所创建的名为 #login input[type="text"]:disabled 的 CSS 选择器，其实是结合了多种不同类型的选择器，有前面介绍过的后代选择器，还有 UI 元素状态选择器，以及将在第 2.6 节中介绍的属性选择器。此处 input[type="text"] 是指选择 type 属性值为 text 的 <input> 标签元素。

2.4.9　结构伪类选择器

CSS3 中新增了结构伪类选择器，这种选择器可以根据元素在 HTML 文档树中的某些特性（如相对位置）定位到它们，也就是说，通过文档树结构的相互关系来匹配特定的元素，从而减少 HTML 文档对 ID 名类名称的定义，有助于在制作 HTML 页面时保持页面代码的干净与整洁。

在使用结构伪类选择器之前，一定要理清 HTML 文档的树状结构中元素之间的层级关系。结构伪类选择器的详细说明见表 2–11。

表 2–11　　　　　　　　　　　　　　　　结构伪类选择器语法说明

选择器	功能描述
E:first-child	匹配父元素中包含的第一个名称为 E 的子元素，与 E:nth-child(1) 等同
E:last-child	匹配父元素中包含的最后一个名称为 E 的子元素，与 E:nth-last-child(1) 等同
E:root	选择匹配元素 E 所在文档的根元素。所谓根元素就是位于文档结构中的顶层元素。在 HTML 文档中，根元素就是 html 元素，此时该选项与 html 类型选择器匹配的内容相同
E F:nth-child(n)	选择父元素 E 中所包含的第 n 个子元素 F。其中 n 可以是整数（1、2、3）、关键字（even、odd），也可以是公式（如 2n+1、-n+5），并且 n 的起始值为 1，而不是 0
E F:nth-last-child(n)	选择父元素 E 中所包含的倒数第 n 个子元素 F。该选项器与 E F:nth-child(n) 选择器计算顺序刚好相反，但使用方法都是一样的，其中 :nth-last-child(1) 始终匹配的是最后一个元素，与 :last-child 等同
E:nth-of-type(n)	选择父元素中所包含的具有指定类型的第 n 个 E 元素
E:nth-last-of-type(n)	选择父元素中所包含的具有指定类型的倒数第 n 个 E 元素
E:first-of-type	选择父元素中所包含的具有指定类型的第一个 E 元素，与 E:nth-of-type(1) 等同
E:last-of-type	选择父元素中所包含的具有指定类型的最后一个 E 元素，与 E:nth-last-of-type(1) 等同
E:only-child	选择父元素中所包含的唯一一个子元素 E
E:only-of-type	选择父元素中所包含的唯一一个同类型的同级兄弟元素 E
E:empty	选择不包含任何子元素的 E 元素，并且该元素也不包含任何文本节点

表 2–11 中所介绍的结构伪类选择器中，只有 :first-child 在 CSS2 就已定义，其他的结构伪类选择器都是 CSS3 中新增的，这些结构伪类选择器提供了精确定位到元素的新方式。

2.4.10　结构伪类选择器的浏览器兼容性

结构伪类选择器的浏览器兼容性见表 2–12。

表2-12   结构伪类选择器的浏览器兼容性

选择器	Chrome	Firefox	Opera	Safari	IE
E:first-child	√	√	√	√	IE9+ √
E:last-child	√	√	√	√	IE9+ √
E:root	√	√	√	√	IE9+ √
E F:nth-child(n)	√	√	√	√	IE9+ √
E F:nth-last-child(n)	√	√	√	√	IE9+ √
E:nth-of-type(n)	√	√	√	√	IE9+ √
E:nth-last-of-type(n)	√	√	√	√	IE9+ √
E:first-of-type	√	√	√	√	IE9+ √
E:last-of-type	√	√	√	√	IE9+ √
E:only-child	√	√	√	√	IE9+ √
E:only-of-type	√	√	√	√	IE9+ √
E:empty	√	√	√	√	IE9+ √

浏览器适配说明

从表2-12中可以看出，除IE浏览器外，其他各种主流浏览器对结构伪类选择器的支持都非常好，但从IE9开始IE浏览器也能够全面支持结构伪类选择器。

如果一定要使IE9以下版本的IE浏览器表现出相同的效果，通常有两种方法。

第一种是引用JavaScript脚本文件，从而使用IE9以下版本的IE浏览器同样能够支持结构伪类选择器。这种方案的不足之处是，如果浏览器禁用脚本，则整个功能都将无法实现。

第二种方法就是使用通用的IE条件注释语法来判断IE浏览器的版本，当为IE8及其以下版本的IE浏览器时引用另外一套CSS样式，在这套CSS样式中使用传统的选择器来达到相同的效果，而不使用结构伪类选择器。

2.4.11 结构伪类选择器使用详解

CSS3极大丰富了结构化伪类，让网页开发人员可以根据元素在文档结构中的位置进行多样的选择。

首先给出一段页面代码，后面将通过这段页面代码来介绍结构伪类选择器的使用方法。页面代码如下。

```
<style type="text/css">
ul li {
    display: inline-block;
    width: 24px;
    height: 24px;
    background-color: #E0E0E0;
    font-size: 15px;
    line-height: 24px;
    text-align: center;
```

```
    margin: 5px;
    border-radius: 4px;
  }
</style>

<body>
<ul class="test">
  <li>1</li>
  <li>2</li>
  <li>3</li>
  <li>4</li>
  <li>5</li>
  <li>6</li>
  <li>7</li>
  <li>8</li>
  <li>9</li>
  <li>10</li>
</ul>
<div>
  <ul class="test_one">
    <li>1</li>
    <li>2</li>
    <li>3</li>
    <li>4</li>
    <li>5</li>
    <li>6</li>
    <li>7</li>
    <li>8</li>
    <li>9</li>
    <li>10</li>
  </ul>
</div>
</body>
```

该段代码默认的显示效果如图2-72所示。

图2-72　默认显示效果

1. :nth-child(n)选择器

　　:nth-child(n)选择器中的n表示一个简单的表达式，它可以是整数、关键字或公式，如下面的CSS样式代码。

```
li:nth-child(5) {
    background-color: #F30;
    color: #FFF;
}
```

n取整数值为 5，就表示取某个父元素内所包含的第五个<li>标签元素，创建该CSS样式后的显示效果如图2-73所示。

图2-73　显示效果

> **提示**
>
> 从实现的效果中可以看出，尽管第一行与第二行的代码结构不同，但都符合"某个父元素内所包含的第五个<li>标签元素"，于是样式都发生了相应的改变。

这里的n不仅可以是某个特定的整数值，还可以直接使用字母n，这种用法相当于全选，但是变量只能使用n，而不能使用其他字母。如下面的CSS样式代码。

```
li:nth-child(n) {
    background-color: #F30;
    color: #FFF;
}
```

显示的效果如图2-74所示。

图2-74　显示效果

如果变量取值为2n，则表示选择所有的偶数项，如下面的CSS样式代码。

```
li:nth-child(2n) {
    background-color: #F30;
    color: #FFF;
}
```

显示的效果如图2-75所示。

图2-75　显示效果

如果变量取值为3n则会选取3、6、9项，如果取值为2n+1则会选择所有的奇数项，依次类推即可。

如果希望选择从某一项开始往后的所有元素，则可以用公式表示，如n+6表示从第六个元素开始全选，CSS样式代码如下。

```css
li:nth-child(n+6) {
    background-color: #F30;
    color: #FFF;
}
```

显示的效果如图2-76所示。

图2-76　显示效果

2. :nth-last-child(n)选择器

:nth-last-child(n)选择器和前面介绍的:nth-child(n)很相似，只是这里多了一个last，所以它起的作用就和:nth-child(n)选择器获取元素的顺序正好相反，是从最后一个元素开始计算。

3. :nth-of-type(n)

:nth-of-type(n)选择器和前面介绍的:nth-child(n)类似，区别在于如果使用li:nth-child(5)选择器，一旦第五个元素不是\<li\>标签元素，这个选择器就不起作用，而li:nth-of-type(5)查询的则是第五个元素是否为\<li\>标签元素，如果是则为其应用相应的CSS样式，如果不是则为其下一个\<li\>标签元素应用相应的CSS样式。

例如，将之前的HTML列表中第一行列表的第五个\<li\>标签替换为\<span\>标签，添加下面的CSS样式设置代码。

```css
li:nth-of-type(5) {
    background-color: #F30;
    color: #FFF;
}
```

显示的效果如图2-77所示。

图2-77　显示效果

如果不添加标签类型，在使用:nth-of-type(n)选择器时就会自动选择所有并列元素的第n个，如下面的代码。

```css
<style type="text/css">
:nth-of-type(1) {
    background-color: #F30;
```

```
    }
</style>

<body>                  /* 第一层的第一个元素 */
  <div>                 /* 第二层的第一个元素 */
    <ul>                /* 第三层的第一个元素 */
      <li>1</li>        /* 第四层的第一个元素 */
      <li>2</li>
    </ul>
  </div>
</body>
```

每一层的第一个元素都会应用 :nth-of-type(1) 中的CSS样式设置。如果将名称修改为 :nth-of-type(2)，那么在该段代码中，只有<li>2</li>会应用样式中所设置的背景颜色。

4. :nth-last-of-type(n)选择器

:nth-last-of-type(n) 选择器与前面介绍的 :nth-of-type(n) 选择器的区别只是获取元素的顺序相反，是从最后一个元素开始计算的。

5. :first-child选择器与:last-child选择器

:first-child 选择器是选择元素中的第一个子元素，:last-child 选择器是选择元素中的最后一个子元素。如下面的CSS样式代码。

```
li:first-child {
    background-color: #F30;
    color: #FFF;
}
li:last-child {
    background-color: #036;
    color: #FFF;
}
```

显示的效果如图2-78所示。

图2-78　显示效果

其他的结构伪类选择器的使用方法与前面介绍的这几种结构伪类选择器的使用方法类似，读者可以自己动手试一试各种结构伪类选择器的效果。

实战　使用结构伪类选择器美化新闻列表效果
最终文件：最终文件\第2章\2-4-11.html　　视频：视频\第2章\2-4-11.mp4

01 执行"文件>打开"命令，打开页面"源文件\第2章\2-4-11.html"，可以看到页面的HTML代码，如图2-79所示。在IE浏览器中预览该页面，页面中新闻列表的效果如图2-80所示。

```
<body>
<div id="title"><img src="images/241101.jpg" width="123"
height="18"  alt=""/></div>
<div id="news-box">
  <div id="news-title"><span class="font01">综合</span>
<span>公告</span><span>赛事</span><span>论坛</span></div>
  <div id="news-list">
    <ul>
      <li>游戏狂欢时刻来临，圣诞节游戏积分排行榜。</li>
      <li>圣诞引领玩家狂欢，各种好礼送不停。</li>
      <li>双蛋狂欢，抽奖砸金蛋，各种惊喜有木有。</li>
      <li>圣诞节，最火一款塔防游戏英灵争霸浪潮。</li>
      <li>"双蛋节"期间，充值送好礼</li>
      <li>全新猫鼠大战玩法来袭 新版玩法有何不同</li>
      <li>双十一狂欢 全新备胎背包详解</li>
      <li>11.11年度庆典活动说明公告</li>
    </ul>
  </div>
</div>
</body>
```

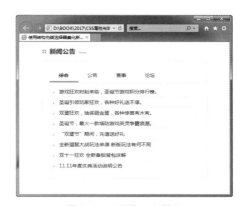

图2-79　页面HTML代码　　　　　　　　　　　图2-80　预览页面效果

02 转换到外部CSS样式表文件中，创建名称为 #news-list li:first-child 的结构伪类选择器CSS样式，如图2-81所示。保存外部CSS样式表文件，在IE浏览器中预览页面，可以看到新闻列表中的第一条应用了所设置的CSS样式效果，如图2-82所示。

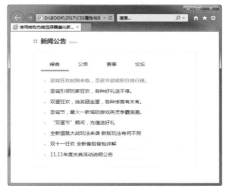

```
#news-list li:first-child {
    font-weight: bold;
    color: #F96515;
}
```

图2-81　CSS样式代码　　　　　　　　　　　图2-82　预览页面效果

提示

此处创建的名称为 #news-list li:first-child 的CSS样式表中，#news-list li 为后代选择器，表示选择id名称为news-list元素中的所有 <li> 标签元素。紧接着的 :first-child 为结构伪类选择器，表示选择第一个指定的元素。综合在一起就是选择id名称为news-list元素中包含的所有 <li> 标签元素中的第一个 <li> 标签元素。

---

03 转换到外部CSS样式表文件中，创建名称为 #news-list li:nth-child(2n) 的结构伪类选择器CSS样式，如图2-83所示。保存外部CSS样式表文件，在IE浏览器中预览页面，可以看到新闻列表中的偶数行应用了浅灰色的背景颜色，如图2-84所示。

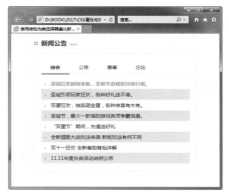

```
#news-list li:nth-child(2n) {
    background-color: #E0E0E0;
}
```

图2-83　CSS样式代码　　　　　　　　　　　图2-84　预览页面效果

2.4.12 否定伪类选择器

否定伪类选择器":not()"是CSS3中新增的选择器，类似jQuery中的":not()"选择器，主要用来定位不匹配该选择器的元素。

否定伪类选择器是一个非常有用的选择器，可以起到过滤内容的作用，其语法格式如下。

```
E:not(F){
  /*CSS样式设置代码*/
}
```

该否定伪类选择器是指匹配所有除元素F以外的E元素。

否定伪类选择器十分有用，如下面的选择器表示选择页面中除"footer"元素外的所有元素。

```
:not(footer){
  /*CSS样式设置代码*/
}
```

否定伪类选择器有时候在表单元素中使用，如需要为表单中除submit按钮外的所有<input>标签定义样式，此时就可以使用否定选择器，具体代码如下。

```
input:not([type=submit]) {
  /*CSS样式设置代码*/
}
```

2.4.13 否定伪类选择器的浏览器兼容性

否定伪类选择器的浏览器兼容性见表2-13。

表2-13 否定伪类选择器的浏览器兼容性

选择器	Chrome	Firefox	Opera	Safari	IE
E:not	√	√	9.2+ √	√	IE9+ √

实战 实现图像列表的简单交互效果
最终文件：最终文件\第2章\2-4-13.html 视频：视频\第2章\2-4-13.mp4

01 执行"文件>打开"命令，打开页面"源文件\第2章\2-4-13.html"，可以看到页面的HTML代码，如图2-85所示。在IE浏览器中预览该页面，当鼠标移至页面中的图片上方时没有任何的交互效果，如图2-86所示。

02 转换到外部CSS样式表文件中，创建名称为#box li:not(:hover)的否定伪类选择器CSS样式，如图2-87所示。保存外部CSS样式表文件，在IE浏览器中预览页面，可以看到除鼠标移至上方的图像外，其他图片都显示为半透明的效果，如图2-88所示。

```
<body>
<div id="box">
    <ul>
        <li><img src="images/241303.jpg" width="280" height="166" alt=""></li>
        <li><img src="images/241304.jpg" width="280" height="166" alt=""></li>
        <li><img src="images/241305.jpg" width="280" height="166" alt=""></li>
        <li><img src="images/241306.jpg" width="280" height="166" alt=""></li>
        <li><img src="images/241307.jpg" width="280" height="166" alt=""></li>
        <li><img src="images/241308.jpg" width="280" height="166" alt=""></li>
    </ul>
</div>
</body>
```

图2-85 页面HTML代码

图2-86 预览页面效果

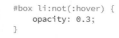

```
#box li:not(:hover) {
    opacity: 0.3;
}
```

图2-87 CSS样式代码

图2-88 预览页面效果

> **提示**
>
> 此处所创建的CSS样式指定页面中id名为box的元素中的 <li> 元素使用否定伪类,通过:not()否定伪类过滤了鼠标经过状态(:hover)的图片,其他的图片都变成不透明度为30%的效果。

▶▶▶ 2.5 伪元素

除了伪类,CSS3还支持访问伪元素。伪元素其实在CSS中一直存在,大家平时看到的有":first-line"":first-letter"":before"":after"。CSS3对伪元素进行了一定的调整,在以前的基础上增加了一个冒号,也就相应地变成了"::first-line""::first-letter""::before""::after",另外还增加了一个新的伪元素"::selection"。

或许大家会问,为什么要使用两个冒号?对于IE6~IE8浏览器,仅支持单冒号的表示方法,而现代浏览器同时支持这两种表示方法。另外一个区别是,双冒号与单冒号在CSS3中主要用来区分伪类和伪元素。目前这两种方式都被浏览器支持。

2.5.1 ::first-letter

::first-letter伪元素用来选择文本块的第一个字母,除非在同一行中包含一些其他元素。::first-letter伪元素通常用于给文本元素添加排版细节,如首字下沉效果。其CSS代码如下。

```
p:first-child::first-letter {
    /*CSS样式设置代码*/
}
```

2.5.2 ::first-line

::first-line伪元素的使用方法和::first-letter的使用方法类似，也常用于文本排版，只不过::first-line伪元素用来匹配元素的第一行文本，可以应用一些特殊的样式。例如，需要将段落文本的第一行显示为倾斜体的效果，CSS样式代码如下。

```css
p:first-child::first-line {
  font-style: italic;
}
```

实战 使用::first-letter和::first-line伪元素

最终文件：最终文件\第2章\2-5-2.html　　　视频：视频\第2章\2-5-2.mp4

01 执行"文件>打开"命令，打开页面"源文件\第2章\2-5-2.html"，可以看到页面的HTML代码，如图2-89所示。在IE浏览器中预览该页面，预览效果如图2-90所示。

```html
<body>
<div id="box">
<div id="text">
<p>手机已经成为人们日常生活中不可缺少的一部分，手机
也成为与用户交互最直接的体现。随着科技和时代的发展
，手机界面设计越来越趋向于多元化、人性化，消费者对
手机界面设计的要求也越来越高。</p>
<p>手机用户不仅期望手机的炫、硬件拥有强大的功能，更
注重操作界面的直观性、便捷性，能够提供轻松愉快的操
作体验。随着智能手机的发展和普及，扁平化的手机界面
因其直观、大方、美观、易于操作和识别等特点，扁平化
的手机操作界面已经成为手机界面的主流类型。</p></div>
</div>
</body>
```

图2-89　页面HTML代码

图2-90　预览页面效果

02 从网页的HTML代码中可以看到，在id名称为text的\<div\>标签中包含两段文字，首先使用:first-child伪元素选取第一个段落。转换到外部CSS样式表文件中，创建名称为#text p:first-child的伪元素选择器CSS样式，如图2-91所示。保存外部CSS样式表文件，在IE浏览器中预览页面，可以看到id名称为text的\<div\>标签中的第一个段落文字应用了相应的CSS样式设置，而第二个段落文字并没有应用CSS样式，效果如图2-92所示。

```css
#text p:first-child {
    font-family: 微软雅黑;
    font-weight: bold;
    color: #FF0;
}
```

图2-91　CSS样式代码

图2-92　预览页面效果

03 如果需要对第一个段落中的第一个字符进行设置，则需要使用::first-letter伪元素。返回外部CSS样式表文件中，对刚刚创建的CSS样式进行修改，如图2-93所示。保存外部CSS样式表文件，在IE浏览器中预览页面，可

以看到id名称为text的<div>标签中的第一个段落中的首字符实现了首字下沉的效果，如图2-94所示。

```
#text p:first-child::first-letter {
    font-family: 微软雅黑;
    font-weight: bold;
    color: #FF0;
    float: left;
    font-size: 45px;
    padding: 12px 10px 10px 0px;
}
```

图2-93　CSS样式代码　　　　　　　　　　　　　　图2-94　预览页面效果

> **技巧**
>
> 　　此处所创建的名为#text p:first-child::first-letter的CSS样式中，使用了两个伪元素，通过:first-child伪元素选择指定元素中的第一个段文字内容，再通过::first-letter伪元素指定第一段文字内容中的首字符。如果将CSS样式的名称修改为#text p::first-letter，则id名称为text中的所有段落首字都会实现所设置的样式效果。

04 返回外部CSS样式表文件中，创建名称为#text p:last-child::first-line的伪元素选择器CSS样式，如图2-95所示。保存外部CSS样式表文件，在IE浏览器中预览页面，可以看到id名称为text的<div>标签中的最后一个段落中的首行文字实现了相应的样式效果，如图2-96所示。

```
#text p:last-child::first-line {
    font-style: italic;
    font-weight: bold;
    color: #FF0;
}
```

图2-95　CSS样式代码　　　　　　　　　　　　　　图2-96　预览页面效果

> **提示**
>
> 　　此处所创建的CSS样式名称中同样使用了两个伪元素，:last-child伪元素用于选择指定元素中的最后一段文字，::first-line伪元素用于选择所选中段落文字的第一行文字内容。

2.5.3　::before和::after

　　::before和::after伪元素不是指存在于标记中的内容，而是可以插入额外内容的位置。要通过::before和::after伪元素在页面中生成内容，还需要配合content属性一起使用。

实战 | 使用 ::before 伪元素添加图标
最终文件：最终文件\第2章\2-5-3.html　　　视频：视频\第2章\2-5-3.mp4

01 执行"文件>打开"命令，打开页面"源文件\第2章\2-5-3.html"，可以看到页面的HTML代码，如图2-97所示。在IE浏览器中预览该页面，可以看到该页面下方的按钮效果，如图2-98所示。

```
<body>
<div id="box">
  <div id="text">
    <h1>手机界面设计</h1>
    <p>手机已经成为人们日常生活中不可缺少的一部分，
手机也成为与用户交互最直接的体现。随着科技和时代的
发展，手机界面设计越来越趋向于多元化、人性化，消费
者对手机界面设计的要求也越来越高。</p>
    <p>手机用户不仅期望手机的软、硬件拥有强大的功能
，更注重操作时的直观性、便捷性，能够提供轻松愉快
的操作体验。随着智能手机的发展和普及，扁平化的手机
界面因其直观、大方、美观、易于操作和识别等特点，扁
平化的手机操作界面已经成为手机界面的主流类型。</p>
  </div>
</div>
<div id="btn">了解更多信息</div>
</body>
```

图2-97　页面HTML代码

图2-98　预览页面效果

02 在网页的HTML代码中可以看到页面底部按钮是一个id名称为btn的元素，转换到外部的CSS样式表文件中，创建名为#btn::before的伪元素选择器CSS样式，如图2-99所示。保存外部CSS样式表文件，在IE浏览器中预览该页面，可以看到为页面中id名称为btn的元素赋予内容之前的图标效果，如图2-100所示。

```
#btn::before {
    content:url(../images/25401.png);
    margin-right: 10px;
}
```

图2-99　CSS样式代码

图2-100　预览页面效果

提示

在::before伪元素之前添加需要指定的网页元素名称，在CSS样式设置代码中通过content属性在指定元素内容之前插入相应的内容。此处为了使所插入的图标与之后的文本之间有一定的间距，添加了margin-right属性设置。

2.5.4　::selection

在浏览器默认情况下，如果页面为浅色背景，则选中的文本内容会显示深蓝色的背景和白色的字体；如果页面为深色背景，则选中的文本会显示白色的背景和深蓝色的字体。通过使用CSS3中新增的::selection选择器，可以改变网页中所选中文本的突出显示效果。但是目前浏览器对::selection伪元素的支持并不完美，WebKit核心的浏览器可以支持该伪元素，在IE浏览器中只有IE9以上版本才支持，Firefox浏览器也需要加上

其私有属性 -moz 才支持。

实战 使用 ::seletion 伪元素设置文字选中的高亮效果
最终文件：最终文件\第2章\2-5-4.html   视频：视频\第2章\2-5-4.mp4

---

01 执行"文件 > 打开"命令，打开页面"源文件\第2章\2-5-4.html"，可以看到页面的 HTML 代码，如图 2-101 所示。在 IE 浏览器中预览该页面，选中页面中任意的文字，可以看到被选中的文字显示为白色的背景和深蓝色的文字，如图 2-102 所示。

```
<body>
  <div id="box">
    <div id="text">
      <h1>手机界面设计</h1>
<p>手机已经成为人们日常生活中不可缺少的一部分，手机
也成为与用户交互最直接的体现。随着科技和时代的发展
，手机界面设计越来越趋向于多元化、人性化，消费者对
手机界面设计的要求也越来越高。
<p>手机用户不仅期望手机的软、硬件拥有强大的功能，更
注重操作界面的直观性、便捷性，能够提供轻松愉快的操
作体验。随着智能手机的发展和普及，扁平化的手机界面
因其直观、大方、美观、易于操作和识别等特点，扁平化
的手机操作界面已经成为手机界面的主流类型。</p></div>
    </div>
  </div>
</body>
```

图 2-101　页面 HTML 代码

图 2-102　预览页面效果

02 转换到外部 CSS 样式表文件中，创建名称为 ::selection 的伪元素选择器 CSS 样式，如图 2-103 所示。保存外部 CSS 样式表文件，在 IE 浏览器中预览该页面，选中页面中任意的文字，可以看到被选中的文字显示为所设置的红橙色背景和白色文字，如图 2-104 所示。

```
/*Webkit核心, Chrome,Opera9.5+,IE9+*/
::selection {
    background: #F30;
    color: #FFF;
}
/*Mozilla核心, Firefox*/
::-moz-selection {
    background: #F30;
    color: #FFF;
}
```

图 2-103　CSS 样式代码

图 2-104　预览页面效果

提示

需要注意的是，::selection 伪元素仅接受两个属性，一个是 background，另一个是 color。

技巧

此处是直接创建 ::selection 伪元素的 CSS 样式，所以对页面中的所有任意被选中的文字内容都有效果。如果需要指定某一部分内容，则只需要在该伪元素前加上指定的元素名称即可。例如，指定页面中 <p> 标签中被选中的文字效果，则只需要定义 p:: selection 伪元素的样式即可。

▶▶▶ 2.6 属性选择器

在HTML页面中，通过各种各样的属性可以为元素增加很多附加的信息。例如，通过id属性可以将不同的Div元素进行区分。CSS2中引入了一些属性选择器，这些选择器可以基于元素的属性来匹配元素，而CSS3在CSS2的基础上扩展了这些属性选择器，支持基于模式匹配来定位元素。

2.6.1 属性选择器语法

CSS3在CSS2的基础上新增了3个属性选择器，可以帮助用户对元素进行过滤，也能够非常容易地帮助用户在众多的页面元素中定位到自己需要的元素。关于属性选择器的说明见表2-14。

表2-14　　　　　　　　　　　　　　　　属性选择器语法说明

选择器	功能描述
E[attr]	选择匹配具有属性attr的E元素。其中E可以省略，表示选择页面中定义了attr属性的任意类型元素
E[attr=val]	选择匹配具有属性attr的E元素，并且attr的属性值为val（其中val区分大小写），同样E元素省略时，表示选择页面中定义了attr属性值为val的任意类型元素
E[attr|=val]	选择匹配E元素，并且E元素定义了属性attr，attr属性值是一个具有val或者以val-开始的属性值。例如，lang|="en"将匹配<body lang="en-us"></body>，而不匹配<body lang="f-ag"></body>
E[attr~=val]	选择匹配E元素，并且E元素定义了属性attr，attr属性值具有多个空格分隔的值，其中一个值等于val。例如，a[title~="a1"]匹配<a title="a1 a2 a3"></a>，而不匹配<a title="b1 b2 b3"></a>，也不匹配<img title=" a1 a2 a3">
E[attr*=val]	选择匹配E元素，并且E元素定义了属性attr，其属性值任意位置包含了val
E[attr^=val]	选择匹配E元素，并且E元素定义了属性attr，其属性值是以val开头的任意字符串
E[attr$=val]	选择匹配E元素，并且E元素定义了属性attr，其属性值是以val结尾的任意字符串，与E[attr^=val]刚好相反

CSS3遵循了惯用的编码规则，通配符的使用提高了CSS样式的书写效率，也使得CSS3的属性选择器更符合编码习惯。CSS3中常用的通配符说明见表2-15。

表2-15　　　　　　　　　　　　　　　　CSS3常用通配符说明

通配符	功能描述	示例
^	匹配起始符	p[class^=font] 表示选择页面中类名称以font开头的所有p元素
$	匹配终止符	a[href$=pdf] 表示选择页面中以pdf结束的href属性的所有a元素
*	匹配任意字符	a[title*=more] 匹配a元素，并且a元素的title属性值中任意位置包含有more字符

2.6.2 属性选择器的浏览器兼容性

属性选择器的浏览器兼容性见表2-16。从表2-16中可以看出，属性选择器的浏览器兼容性还是不错的，仅在IE6及其以下版本的IE浏览器中不支持。

表2-16 属性选择器的浏览器兼容性

选择器	Chrome	Firefox	Opera	Safari	IE
E[attr]	√	√	√	√	IE7+ √
E[attr=val]	√	√	√	√	IE7+ √
E[attr|=val]	√	√	√	√	IE7+ √
E[attr~=val]	√	√	√	√	IE7+ √
E[attr*=val]	√	√	√	√	IE7+ √
E[attr^=val]	√	√	√	√	IE7+ √
E[attr$=val]	√	√	√	√	IE7+ √

2.6.3 属性选择器使用详解

HTML元素中可以设置众多属性，设计师可以使用属性选择器来判断某些属性是否存在或者通过属性的值来选取HTML元素，属性选择器的语法关键词是一对中括号"[]"，如下面的属性选择器CSS设置代码。

```
[title]{
  color:red;    /*页面中所有包含title属性的元素的文字颜色设置为红色*/
}
a[href][title]{
  color:red;    /*页面中所有同时包含href和title属性的元素的文字颜色设置为红色*/
}
```

通过以上两段CSS样式代码可以发现，属性选择器可以进行链式调用，从而缩小选择范围。

上面这个例子是根据属性是否存在来进行选择的，只需要在[]中填写属性名称即可，此外还可以通过为属性赋值来选取拥有特定属性值的元素，如下面的属性选择器CSS设置代码。

```
a[href="http://www.baidu.com"][title="百度"]{
  color:red;
}
```

这样只有href属性值为http://www.baidu.com同时title属性值为"百度"的超链接文字才会被设置为红色。

在应用属性选择器时可以使用通配符来进行模糊匹配，如下。

```
a[href^="http"]    /*选择页面中href属性值以http开头的所有<a>标签元素*/
a[href$=".pdf"]    /*选择页面中href属性值以.pdf结尾的所有<a>标签元素*/
a[href*="abc"]     /*选择页面中href属性值中包含abc字符串的所有<a>标签元素*/
```

实战 为不同的下载链接应用不同的图标
最终文件：最终文件\第2章\2-6-3.html   视频：视频\第2章\2-6-3.mp4

01 执行"文件>打开"命令，打开页面"源文件\第2章\2-6-3.html"，可以看到页面的HTML代码，如图2-105

所示。在IE浏览器中预览该页面，目前各链接选项前并没有图标效果，如图2-106所示。

```
<body>
<div id="box">
    <div id="title"><img src="images/26302.png" width="23" height="23"
    alt=""/>下载专区</div>
    <div id="list">
        <ul>
            <li>
                <a href="down/xxx.pdf"><h1>说明文档</h1>
            提供全面的操作说明</a>
            </li>
            <li>
                <a href="down/xxx.rar"><h1>精彩图集</h1>
            精美的图片素材库</a>
            </li>
            <li>
                <a href="down/xxx.mp4"><h1>视频演示</h1>
            全面的视听学习体验</a>
            </li>
            <li>
                <a href="down/xxx.mp3"><h1>音频素材</h1>
            提供高品质音频素材资源</a>
            </li>
        </ul>
    </div>
</div>
</body>
```
图2-105　页面HTML代码

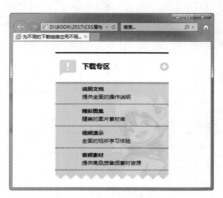
图2-106　预览页面效果

02 转换到外部CSS样式表文件中，创建名称为a[href$=".pdf"]的属性选择器CSS样式，如图2-107所示。保存外部CSS样式表文件，在IE浏览器中预览该页面，可以看到href属性值以.pdf结尾的超链接元素应用了相应的图标效果，如图2-108所示。

图2-108　预览页面效果

```
a[href$=".pdf"] {
    background-image: url(../images/26304.png);
    background-repeat: no-repeat;
    background-position: 30px center;
}
```
图2-107　CSS样式代码

03 转换到外部CSS样式表文件中，分别创建名称为a[href$=".rar"]、a[href$=".mp4"]和a[href$=".mp3"]的属性选择器CSS样式，如图2-109所示。保存外部CSS样式表文件，在IE浏览器中预览该页面，可以看到为页面中不同的下载链接应用了不同的图标效果，如图2-110所示。

```
a[href$=".rar"] {
    background-image: url(../images/26305.png);
    background-repeat: no-repeat;
    background-position: 30px center;
}
a[href$=".mp4"] {
    background-image: url(../images/26306.png);
    background-repeat: no-repeat;
    background-position: 30px center;
}
a[href$=".mp3"] {
    background-image: url(../images/26307.png);
    background-repeat: no-repeat;
    background-position: 30px center;
}
```
图2-109　CSS样式代码

图2-110　预览页面效果

技巧

　　本实例创建的是超链接<a>标签的属性选择器CSS样式，会对HTML页面中所有超链接<a>标签进行相应的属性匹配。如果只希望对页面中某个元素内所包含的超链接<a>标签进行属性匹配，可以结合后代选择器或子选择器，如#list a[href$=".pdf"]选择器，则只对id名称为list的元素中的<a>标签进行属性匹配。

▶▶▶ **2.7　本章小结**

　　本章主要向读者介绍了CSS3核心部分的选择器，分别详细介绍了基础选择器、层次选择器、伪类选择器、伪元素选择器和属性选择器。合理地运用CSS3中的选择器能够极大地提高页面制作的效率，减少id与class属性的应用，使页面代码更加简洁、清晰。希望通过学习本章的内容，读者能够掌握CSS3中各种选择器的使用方法，为后面的学习打下基础。

第3章

CSS3炫目的文字效果

设置网页中的文本样式是CSS样式的最基本要求，早期的CSS样式就能够为网页的文本设置字体、字体大小、颜色、粗细、间距等效果，随着CSS3的出现，文本样式的表现效果不仅仅局限于这些基础的设置，还能够为文本设置一些高级的样式效果，如文本阴影、文本自动换行等。在本章中将向读者详细介绍各种用于设置网页文本效果的CSS属性的使用方法和浏览器兼容性。

本章知识点：

- 掌握文字相关基础CSS属性的使用方法和技巧
- 掌握段落相关基础CSS属性的使用方法和技巧
- 掌握列表相关基础CSS属性的使用方法和技巧
- 掌握CSS3溢出文本属性的使用方法和浏览器兼容性
- 掌握CSS3文本换行属性的使用方法和浏览器兼容性
- 掌握CSS3文本阴影属性的使用方法和浏览器兼容性
- 掌握使用@font-face嵌入字体的使用方法
- 了解各种CSS选择器的浏览器兼容性

▶▶▶ 3.1　文本的基础CSS属性

文本的基础CSS属性在网页制作过程中使用得非常频繁，使用CSS控制文本样式的最大好处是，可以同时为多段文字赋予同一CSS样式，在修改时只需修改某一个CSS样式，即可同时修改应用该CSS样式的所有文字。

3.1.1　文字样式相关属性

在制作网站页面时，常常需要通过CSS控制文字样式，对文字的字体、大小、颜色、粗细、斜体、下划线、顶划线和删除线等属性进行设置。

1. font-family 属性

在CSS样式中可以通过font-family属性来设置字体，font-family属性的语法格式如下。

```
font-family: name1,name2,name3…;
```

由font-family属性的语法格式可以看出，可以为font-family属性定义多个字体，按优先顺序，用逗号隔开，当系统中没有第一种字体时会自动应用第二种字体，以此类推。需要注意的是，如果字体名称中包含空格，则字体名称需要用双引号括起来。

2. font-size属性

在CSS样式中，可以通过font-size属性来控制字体的大小，font-size属性的基本语法如下。

```
font-size: 字体大小；
```

在设置字体大小时，可以使用绝对大小单位，也可以使用相对大小单位。

在CSS样式中绝对单位用于设置绝对值，主要有5种绝对单位，见表3-1。

表3-1   CSS样式中的绝对大小单位

单位	说明
in（英寸）	in是国外常用的量度单位，对于国内设计而言，使用较少。1in等于2.54cm，而1cm等于0.394in
cm（厘米）	cm是常用的长度单位，可以用来设定距离比较大的页面元素框
mm（毫米）	mm可以用来精确地设定页面元素距离或大小，10mm等于1cm
pt（磅）	pt是标准的印刷量度，一般用来设定文字的大小。它广泛应用于打印机、文字程序等。72pt等于1in，也就是等于2.54cm。另外，in、cm和mm也可以用来设定文字的大小
pc（派卡）	pc（派卡）是另一种印刷量度，1pc（派卡）等于12pt（磅），该单位并不经常使用

相对单位是指在度量时需要参照其他页面元素的单位值。使用相对单位所度量的实际距离可能会随着所参照的单位值的变化而变化。CSS样式中提供了3种相对单位，见表3-2。

表3-2   CSS样式中的相对大小单位

单位	说明
em	em用于设置字体的font-size值。1em总是表示字体的大小值，它随着字体大小的变化而变化，如一个元素的字体大小为12pt，那么1em就是12pt；若该元素字体大小改为15pt，则1em就是15pt
ex	ex是以设置字体的小写字母"x"的高度作为基准，对于不同的字体来说，小写字母"x"的高度是不同的，因而，ex的基准也不同
px	px也叫像素，是目前广泛使用的一种量度单位，1px就是屏幕上的一个小方格，通常是看不出来的，由于显示器的大小不同，它的每个小方格是有所差异的，因而，以像素为单位的基准也是不同的

3. color属性

在HTML页面中，通常会在页面的标题部分或者需要浏览者注意的部分使用不同的字体颜色，使其与其他文字有所区别，从而能够引起浏览者的注意。在CSS样式中，文字的颜色是通过color属性进行设置的。color属性的基本语法如下。

```
color: 颜色值；
```

在CSS样式中颜色值的表示方法有多种，可以使用颜色英文名称、RGB和HEX等多种方式设置颜色值。

实战 设置网页文字的基本效果

最终文件：最终文件\第3章\3-1-11.html   视频：视频\第3章\3-1-11.mp4

01 执行"文件>打开"命令，打开页面"源文件\第3章\3-1-11.html"，可以看到页面的HTML代码，如图3-1所示。在IE浏览器中预览该页面，可以看到页面中的文字显示为默认的黑色文字效果，如图3-2所示。

```
<!doctype html>
<html>
<head>
<meta charset="utf-8">
<title>设置网页文字的基本效果</title>
<link href="style/3-1-11.css" rel="stylesheet" type=
"text/css">
</head>

<body>
<div id="box">
  Welcome
  <br>
  <img src="images/31102.jpg" width="305" height="520"
alt="">
  欢迎来到阿瓜的空间：）
</div>
</body>
</html>
```

图3-1 页面HTML代码

图3-2 预览页面效果

02 转换到该网页所链接的外部CSS样式表文件中，创建名为.font01的类CSS样式，如图3-3所示。返回到网页HTML代码中，为页面中相应的文字添加<span>标签，并在该标签中通过class属性应用刚定义的名为font01的类CSS样式，如图3-4所示。

```
.font01 {
    font-family: "Arial Black";
    font-size: 36px;
    color: #FFFF99;
}
```

图3-3 CSS样式代码

```
<body>
<div id="box">
  <span class="font01">Welcome</span>
  <br>
  <img src="images/31102.jpg" width="305" height="520"
alt="">
  欢迎来到阿瓜的空间：）
</div>
</body>
```

图3-4 为文字应用类CSS样式

03 保存HTML页面和外部CSS样式表文件，在IE浏览器中预览该页面，可以看到为文字应用CSS样式后的效果，如图3-5所示。转换到外部CSS样式表文件中，创建名为.font02的类CSS样式，如图3-6所示。

图3-5 预览页面效果

```
.font02 {
    font-family: 微软雅黑;
    font-size: 16px;
    color: #FFF;
}
```

图3-6 CSS样式代码

> **提示**
> 此处设置字体、字体大小和字体颜色。默认情况下，中文操作系统中默认的中文字体有宋体、黑体、幼圆和微软雅黑，其他的字体都不是系统默认支持的字体。在网页中，默认的颜色表示方式是十六进制的表示方式，如#000000，以"#"号开头，前面两位代表红色的分量，中间两位代表绿色的分量，最后两位代表蓝色的分量。

04 返回到网页HTML代码中，为页面中相应的文字应用刚定义的名为font02的类CSS样式，如图3-7所示。保存HTML页面和外部CSS样式表文件，在IE浏览器中预览该页面，可以看到页面中文字的效果，如图3-8所示。

```html
<body>
<div id="box">
    <span class="font01">Welcome</span>
    <br>
    <img src="images/31102.jpg" width="305" height="520"
alt=""/>
    <span class="font02">欢迎来到阿瓜的空间：）</span>
</div>
</body>
```

图3-7　为文字应用类CSS样式　　　　　　　　　图3-8　预览页面效果

4. font-weight属性

在CSS样式中通过font-weight属性对字体的粗细进行控制。定义字体粗细font-weight属性的基本语法如下。

```
font-weight: normal | bold | bolder | lighter | inherit | 100~900;
```

font-weight属性的属性值说明见表3-3。

表3-3　　　　　　　　　　　　font-weight属性的属性值说明

属性值	说明
normal	默认值，设置字体为正常的字体，相当于参数为400
bold	设置字体为粗体，相当于参数为700
bolder	设置的字体为特粗体
lighter	设置的字体为细体
inherit	设置字体的粗细为继承父元素的font-weight属性设置
100~900	font-weight属性值还可以通过100~900之间的数值来设置字体的粗细

提示

使用font-weight属性设置网页中文字的粗细时，将font-weight属性设置为bold和bolder，对于中文字体，这两种属性值在视觉效果上几乎是一样的，而对于部分英文字体会有所区别。

5. font-style属性

font-style属性用于设置字体样式，常见的字体样式有3种，分别是正常、斜体和偏斜体，font-style属性的基本语法如下。

```
font-style: normal | italic | oblique;
```

font-style属性的属性值说明见表3-4。

表3-4　　　　　　　　　　　　font-style属性的属性值说明

属性值	说明
normal	默认值，显示的是标准字体样式

续表

属性值	说明
italic	设置字体样式为斜体
oblique	设置字体样式为偏斜体

实战 设置网页文字的加粗和倾斜效果

最终文件：最终文件\第3章\3-1-12.html   视频：视频\第3章\3-1-12.mp4

01 执行"文件>打开"命令，打开页面"源文件\第3章\3-1-12.html"，可以看到页面的HTML代码，如图3-9所示。在IE浏览器中预览该页面，可以看到页面中的文字显示效果，如图3-10所示。

图3-9　页面HTML代码　　　　　　　　　　图3-10　预览页面效果

02 转换到该网页所链接的外部CSS样式表文件中，找到名为#menu li的CSS样式设置代码，添加font-weight属性设置代码，如图3-11所示。保存外部CSS样式表文件，在IE浏览器中预览该页面，可以看到页面底部的导航菜单文字加粗显示的效果，如图3-12所示。

```
#menu li {
    list-style-type: none;
    width: 100px;
    text-align: center;
    float: left;
    font-weight: bold;
}
```

图3-11　添加font-weight属性设置　　　　　　图3-12　预览文字加粗显示效果

03 转换到外部CSS样式表文件中，找到名为#main的CSS样式设置代码，添加font-weight和font-style属性设置代码，如图3-13所示。保存外部CSS样式表文件，在IE浏览器中预览该页面，可以看到文字同时加粗和倾斜显示的效果，如图3-14所示。

提示

斜体是指斜体字，也可以理解为使用文字的斜体；偏斜体则可以理解为强制文字进行斜体，并不是所有的文字都具有斜体属性，一般只有英文才具有这个属性，如果想对一些不具备斜体属性的文字进行斜体设置，则需要通过设置偏斜体强行对其进行斜体设置。

```
#main {
    font-size: 120px;
    color: #E19B26;
    line-height: 120px;
    position: absolute;
    width: 100%;
    height: 120px;
    top: 50%;
    margin-top: -60px;
    text-align: center;
    font-family: Arial;
    font-weight: bold;
    font-style: italic;
}
```

图3-13 添加属性设置代码

图3-14 预览文字加粗和倾斜显示效果

6. text-transform属性

text-transform属性可以实现转换页面中英文字体的大小写格式，是非常实用的功能之一。text-transform属性的基本语法如下。

```
text-transform: capitalize | uppercase | lowercase;
```

text-transform属性的属性值说明见表3-5。

表3-5 text-transform属性的属性值说明

属性值	说明
capitalize	设置英文单词首字母大写
uppercase	设置所有英文字母全部大写
lowercase	设置所有英文字母全部小写

> **技巧**
>
> 设置text-transform属性值为capitalize，便可定义英文单词的首字母大写。但是需要注意的是，如果单词之间用逗号和句号等标点符号隔开，那么标点符号后的英文单词便不能实现首字母大写的效果，解决的办法是，在该单词前面加上一个空格，便能实现首字母大写的样式。

实战 设置网页中英文字体的大小写
最终文件：最终文件\第3章\3-1-13.html 视频：视频\第3章\3-1-13.mp4

`01` 执行"文件>打开"命令，打开页面"源文件\第3章\3-1-13.html"，可以看到页面的HTML代码，如图3-15所示。在IE浏览器中预览该页面，可以看到页面中英文字母显示效果，如图3-16所示。

```
<!doctype html>
<html>
<head>
<meta charset="utf-8">
<title>设置网页中英文字体的大小写</title>
<link href="style/3-1-13.css" rel="stylesheet" type=
"text/css">
</head>

<body>
<div id="box">
  <div id="text">
    We will create<br>
    A Design that can be used<br>
    by All universally
  </div>
</div>
</body>
</html>
```

图3-15 页面HTML代码

图3-16 预览页面效果

02 转换到该网页所链接的外部CSS样式表文件中，找到名为#text的CSS样式设置代码，添加text-transform属性，设置其属性值为lowercase，如图3-17所示。保存外部CSS样式表文件，在IE浏览器中预览该页面，可以看到页面中英文字母全部显示为小写字母的效果，如图3-18所示。

```
#text {
    width: 900px;
    height: auto;
    overflow: hidden;
    margin: 0px auto;
    text-transform: lowercase;
}
```

图3-17 添加text-transform属性设置

图3-18 预览英文字母全部小写效果

03 转换到外部CSS样式表文件中，在名为#text的CSS样式中修改text-transform属性值为uppercase，如图3-19所示。保存外部CSS样式表文件，在IE浏览器中预览该页面，可以看到页面中英文字母全部显示为大写字母的效果，如图3-20所示。

```
#text {
    width: 900px;
    height: auto;
    overflow: hidden;
    margin: 0px auto;
    text-transform: uppercase;
}
```

图3-19 修改text-transform属性设置

图3-20 预览英文字母全部大写效果

04 转换到外部CSS样式表文件中，在名为#text的CSS样式中修改text-transform属性值为capitalize，如图3-21所示。保存外部CSS样式表文件，在IE浏览器中预览该页面，可以看到页面中所有英文单词首字母大写的效果，如图3-22所示。

```
#text {
    width: 900px;
    height: auto;
    overflow: hidden;
    margin: 0px auto;
    text-transform: capitalize;
}
```

图3-21 修改text-transform属性设置

图3-22 预览英文单词首字母大写效果

7. text-decoration属性

在网站页面的设计中，为文字添加下划线、顶划线和删除线是美化和装饰网页的一种方法。在CSS样式中，可以通过text-decoration属性来实现这些效果。text-decoration属性的基本语法如下。

```
text-decoration: underline | overline | line-through;
```

text-decoration属性的属性值说明见表3-6。

表3-6 text-decoration属性的属性值说明

属性值	说明
underline	为文字添加下划线效果
overline	为文字添加顶划线效果
line-through	为文字添加删除线效果

技巧

如果希望文字既有下划线，同时也有顶划线或者删除线，在CSS样式中，可以将下划线和顶划线或者删除线的值同时赋予给text-decoration属性，属性值之间使用空格分隔。

8. letter-spacing属性

字间距的控制是通过letter-spacing属性来进行调整的，该属性既可以设置相对数值，也可以设置绝对数值，但在大多数情况下使用相对数值进行设置。letter-spacing属性的语法格式如下。

```
letter-spacing: 字符间距;
```

实战 设置文字间距并添加修饰
最终文件：最终文件\第3章\3-1-14.html　　视频：视频\第3章\3-1-14.mp4

01 执行"文件>打开"命令，打开页面"源文件\第3章\3-1-14.html"，可以看到页面的HTML代码，如图3-23所示。在IE浏览器中预览该页面，可以看到页面中文字默认的显示效果，如图3-24所示。

图3-23　页面HTML代码　　　　　　　图3-24　预览页面效果

02 转换到该网页所链接的外部CSS样式表文件中，找到名为#main的CSS样式设置代码，添加letter-spacing属性设置，如图3-25所示。保存外部CSS样式表文件，在IE浏览器中预览该页面，可以看到页面中文字增加间距的效果，如图3-26所示。

```
#main {
    font-size: 120px;
    color: #E19B26;
    line-height: 120px;
    position: absolute;
    width: 100%;
    height: 120px;
    top: 50%;
    margin-top: -60px;
    text-align: center;
    font-family: Arial;
    font-weight: bold;
    letter-spacing: 30px;
}
```

图3-25　添加letter-spacing属性设置

图3-26　预览文字间距效果

03 转换到外部CSS样式表文件中，在名为#main的CSS样式中添加text-decoration属性设置，如图3-27所示。保存外部CSS样式表文件，在IE浏览器中预览该页面，可以看到为文字同时添加顶划线和下划线的效果，如图3-28所示。

```
#main {
    font-size: 120px;
    color: #E19B26;
    line-height: 120px;
    position: absolute;
    width: 100%;
    height: 120px;
    top: 50%;
    margin-top: -60px;
    text-align: center;
    font-family: Arial;
    font-weight: bold;
    letter-spacing: 30px;
    text-decoration: underline overline;
}
```

图3-27　添加text-decoration属性设置

图3-28　同时为文字添加顶划线和下划线效果

浏览器适配说明

文字基础CSS属性的浏览器兼容性见表3-7。

表3-7　　　　　　　　　　　文字基础CSS属性的浏览器兼容性

属性	Chrome	Firefox	Opera	Safari	IE
font-family	√	√	√	√	√
font-size	√	√	√	√	√
color	√	√	√	√	√
font-weight	√	√	√	√	√
font-style	√	√	√	√	√
text-transform	√	√	√	√	√
text-decoration	√	√	√	√	√
letter-spacing	√	√	√	√	√

　　这里所介绍的8个文字基础CSS属性都是从CSS1开始就已经写入到CSS规范中，也是网页设计中最基础的样式应用，所以获得了所有浏览器的广泛支持，不同浏览器的表现效果也是完全一致的，在网页制作过程中可以放心大胆地使用这些文字基础CSS属性设置网页中文字的效果。

3.1.2　段落样式相关属性

　　CSS样式可以控制字体样式，同时也可以控制行间距和段落样式。在一般情况下，设置字体样式只能对少数文字起作用，对于文字段落来说，还是需要通过设置段落样式来加以控制。

1. line-height属性

　　可以通过line-height属性对段落的行间距进行设置。line-height的值表示的是两行文字基线之间的距离，既可以设置相对数值，也可以设置绝对数值。line-height属性的基本语法格式如下。

```
line-height: 行间距;
```

　　通常在静态页面中，字体的大小使用的是绝对数值，从而使页面整体统一，但在一些论坛或者博客等用户可以自由定义字体大小的网页中，使用的则是相对数值，从而便于用户通过设置字体大小来改变相应行距。

2. text-indent属性

　　段落首行缩进是对一个段落的第一行文字进行缩进显示的效果，在CSS样式中是通过text-indent属性进行设置的。text-indent属性的基本语法如下。

```
text-indent: 首行缩进量;
```

> **提示**
>
> 　　需要注意的是，text-indent属性只针对段落 <p> 标签起作用，也就是说如果为其他的元素应用text-indent属性是无法实现首行缩进的，只有对 <p> 标签应用text-indent属性才能实现段落文字首行缩进。

实战　　设置段落文字首行缩进效果
最终文件：最终文件\第3章\3-1-21.html　　　视频：视频\第3章\3-1-21.mp4

01 执行"文件>打开"命令，打开页面"源文件\第3章\3-1-21.html"，可以看到页面的HTML代码，如图3-29所示。在IE浏览器中预览该页面，可以看到页面中段落文字默认的显示效果，如图3-30所示。

```
<body>
<div id="text">
  <h1>专注视觉交互设计</h1>
  <p>我们专注于互动视觉设计，用户体验设计的创新设计工作室，工作
室成立于 2014年初，在互动设计和互动营销领域有着独特理解。</p>
  <p>工作室聚集了多名专业交互视觉的优秀设计师，团队成员均有五年
以上的项目经验，能够把握国际主流设计风格与创新理念。</p>
  <p>我们一直专注于互联网整合营销传播服务，以客户品牌形象为重，
提供精确的策划方案与视觉设计方案，团队整体有着国际化意识与前瞻
思想，以视觉设计创意带动客户品牌提升，洞察互联网发展趋势。</p>
</div>
<div id="bottom">&copy; Copyright 2015-2017 网页设计</div>
</body>
```

图3-29　页面HTML代码

图3-30　预览页面效果

02 转换到该网页所链接的外部CSS样式表文件中，找到名为#text h1的CSS样式，在该CSS样式中添加line-height属性设置，如图3-31所示。在IE浏览器中预览该页面，可以看到为文字设置行高的效果，如图3-32所示。

```
#text h1 {
    font-size: 24px;
    font-weight: bold;
    line-height: 50px;
}
```

图3-31 添加line-height属性设置   图3-32 预览文字行高效果

03 转换到外部CSS样式表文件中，创建名为#text p的CSS样式，设置line-height和text-indent属性，如图3-33所示。在IE浏览器中预览该页面，可以看到为段落文字设置行高和首行缩进的效果，如图3-34所示。

```
#text p {
    line-height: 27px;
    text-indent: 28px;
}
```

图3-33 CSS样式代码   图3-34 预览段落文字行高和首行缩进效果

提示

通常，一般文章段落的首行缩进值为两个字符，因此，在使用CSS样式对段落设置首行缩进时，首先需要明白该段落字体的大小，然后再根据字体的大小设置首行缩进的数值。例如，此例中文字的大小为14px，所以设置text-indent属性值为28px，正好缩进量为两个汉字字符。

---

3. text-align属性

在CSS样式中，段落的水平对齐是通过text-align属性进行控制的，水平对齐有4种方式，分别为左对齐、水平居中对齐、右对齐和两端对齐。text-align属性的基本语法如下。

```
text-align: left | center | right | justify;
```

text-align属性的属性值说明见表3-8。

表3-8   text-align属性的属性值说明

属性值	说明
left	段落的水平对齐方式为左对齐
center	段落的水平对齐方式为居中对齐

续表

属性值	说明
right	段落的水平对齐方式为右对齐
justify	段落的水平对齐方式为两端对齐

提示

　　两端对齐是美化段落文本的一种方法，可以使段落的两端与边界对齐。但两端对齐的方式只对整段的英文起作用，对于中文来说没有什么作用。这是因为英文段落在换行时为保持单词的完整性，整个单词会一起换行，所以会出现段落两端不对齐的情况。两端对齐只能对这种两端不对齐的段落起作用，而中文段落由于每一个文字与符号的宽度相同，在换行时段落是对齐的，因此自然不需要使用两端对齐。

实战 设置文字水平对齐效果

最终文件：最终文件\第3章\3-1-22.html　　　视频：视频\第3章\3-1-22.mp4

01 执行"文件>打开"命令，打开页面"源文件\第3章\3-1-22.html"，可以看到页面的HTML代码，如图3-35所示。在IE浏览器中预览该页面，可以看到页面中的文字在容器中默认为水平左对齐，如图3-36所示。

```
<body>
<div id="top-bg">
  <div id="top"><img src="images/31204.png" width="128" height="46" alt=""/></div>
</div>
<div id="text-bg">
  <div id="title">关于我们</div>
  <div id="text">
    <p>戴彩图片社是一家专业插画设计工作室。我们提供完整的插画解决方案，服务领域包括手持移动设备，PC平台，各类服务终端设备等。其中最为擅长的包含：游戏界面、手机界面、以及手机应该程序界面、软件界面、网页界面、图标设计等。我们拥有一套资深总结的设计流程与方法。我们拥有资深的插画设计师，服务于国际知名设计公司担任插画设计主管，拥有丰富的项目经验以及强大的设计实力。这些实力使我们的设计能达到视觉上易用性与原创性的平衡，产品诉求传达给用户。</p>
    <p>我们拥有一套资深总结的设计流程与方法。我们拥有资深的插画设计师，服务于国际知名设计公司担任插画设计主管，拥有丰富的项目经验以及强大的设计实力。这些实力使我们的设计能达到视觉上易用性与原创性的平衡，产品诉求传达给用户。</p>
  </div>
</div>
<div id="pic"><img src="images/31206.png" width="452" height="191" alt=""/></div>
<div id="bottom"></div>
</body>
```

图3-35　页面HTML代码

图3-36　预览页面效果

02 转换到该网页所链接的外部CSS样式表文件中，找到名为#title的CSS样式，在该CSS样式中添加text-align属性设置，如图3-37所示。在IE浏览器中预览该页面，可以看到标题文字水平右对齐的效果，如图3-38所示。

```
#title {
    height: 45px;
    font-family: 微软雅黑;
    font-size: 24px;
    font-weight: bold;
    line-height: 45px;
    border-bottom: dashed 1px #FFF;
    text-align: right;
}
```

图3-37　添加text-align属性设置

图3-38　预览文字水平右对齐效果

03 转换到外部CSS样式表文件中，在名为#title的CSS样式中修改text-align属性值为center，如图3-39所示。

在IE浏览器中预览该页面，可以看到标题文字水平居中对齐的效果，如图3-40所示。

```
#title {
    height: 45px;
    font-family: 微软雅黑;
    font-size: 24px;
    font-weight: bold;
    line-height: 45px;
    border-bottom: dashed 1px #FFF;
    text-align: center;
}
```

图3-39 修改text-align属性设置

图3-40 预览文字水平居中对齐效果

提示

　　在设置文字的水平对齐时，如果需要设置对齐段落不止一段，根据不同的文字，页面的变化也会有所不同。如果是英文，那么段落中每一个单词的位置都会相对于整体发生一些变化；如果是中文，那么段落中除了最后一行文字的位置会发生变化外，其他段落中文字的位置相对于整体则不会发生变化。

---

4. vertical-align属性

　　文本垂直对齐是通过vertical-align属性进行设置的，常见的文本垂直对齐方式有3种，分别为顶端对齐、垂直居中对齐和底端对齐。vertical-align属性的语法格式如下。

```
vertical-align: baseline|sub|super|top|text-top|middle|bottom|text-bottom|length;
```

　　vertical-align属性的属性值说明见表3-9。

表3-9　　　　　　　　　　　　　　　vertical-align属性的属性值说明

属性值	说明
baseline	该属性值表示与对象基线对齐
sub	该属性值表示垂直对齐文本的下标
super	该属性值表示垂直对齐文本的上标
top	该属性值表示与对象的顶部对齐
text-top	该属性值表示对齐文本顶部
middle	该属性值表示与对象中部对齐
bottom	该属性值表示与对象底部对齐
text-bottom	该属性值表示对齐文本底部
length	设置具体的长度值或百分比数值，可以使用正值或负值，定义由基线算起的偏移量。基线对于数值来说为0，对于百分比来说是0%

　　段落垂直对齐只对行内元素起作用，行内元素也称为内联元素，在没有任何布局属性作用时，默认排列方式是同行排列，直到宽度超出包含的容器宽度时才会自动换行。段落垂直对齐需要在行内元素中进行，如<span>、<p>及图片等，否则段落垂直对齐不会起作用。

实战 设置文字垂直对齐效果

最终文件：最终文件\第3章\3-1-23.html　　　视频：视频\第3章\3-1-23.mp4

01 执行"文件>打开"命令，打开页面"源文件\第3章\3-1-23.html"，可以看到页面的HTML代码，如图3-41
所示。在IE浏览器中预览该页面，可以看到页面中图片与文字的默认垂直对齐效果，如图3-42所示。

```
<body>
<div id="top-bg">
  <div id="top"><img src="images/31204.png" width="128" height="46" />
</div>
</div>
<div id="text-bg">
  <div id="title">
    <p>相关作品</p>
  </div>
  <div id="text">
    <div id="pic1"><img src="images/31208.jpg" width="200" height=
"125" />精美卡通手绘</div>
    <div id="pic2"><img src="images/31209.jpg" width="200" height=
"125" />精美logo设计</div>
    <div id="pic3"><img src="images/31210.jpg" width="200" height=
"125" />精美网页设计</div>
  </div>
</div>
<div id="pic"><img src="images/31206.png" width="452" height="191" />
</div>
<div id="bottom"></div>
</body>
```

图3-41　页面HTML代码　　　　　　　　　　　　图3-42　预览页面效果

02 转换到该网页所链接的外部CSS样式表文件中，创建名称为.font01、.font02和.font03的3个类CSS样式，
分别设置不同的垂直对齐方式，如图3-43所示。返回到网页HTML代码中，分别为相应的图片应用刚创建的类
CSS样式，如图3-44所示。

```
.font01{
    vertical-align:top;
}
.font02{
    vertical-align:middle;
}
.font03{
    vertical-align:bottom;
}
```

```
<div id="text">
    <div id="pic1"><img src="images/31208.jpg" width="200" height=
"125" class="font01" />精美卡通手绘</div>
    <div id="pic2"><img src="images/31209.jpg" width="200" height=
"125" class="font02" />精美logo设计</div>
    <div id="pic3"><img src="images/31210.jpg" width="200" height=
"125" class="font03" />精美网页设计</div>
</div>
```

图3-43　CSS样式代码　　　　　　　　　　　　图3-44　应用类CSS样式

03 转换到网页设计视图中，可以看到每张图片与其旁边的文字的垂直对齐效果，如图3-45所示。保存HTML
页面和外部CSS样式表文件，在IE浏览器中预览该页面，可以看到图片与文字的垂直对齐效果，如图3-46所
示。

图3-45　图片与文字的垂直对齐效果

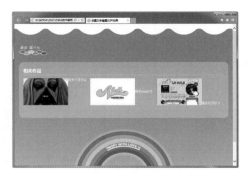

图3-46　预览页面效果

> **提示**
>
> 　　针对多段文字内容的英文与中文在设置段落对齐时，处理方式会出现不同的效果。如果是英文，那么段落中每一个单词的位置都会相对于整体而发生一些变化；如果是中文，那么段落中除了最后一行文字的位置会发生变化外，其他段落中文字的位置相对于整体则不会发生变化。

浏览器适配说明

文字段落基础CSS属性的浏览器兼容性见表3-10。

表3-10　　　　　　　　　　文字段落基础CSS属性的浏览器兼容性

属性	Chrome	Firefox	Opera	Safari	IE
line-height	√	√	√	√	√
text-indent	√	√	√	√	√
text-align	√	√	√	√	√
vertical-align	√	√	√	√	√

　　与文字基础的CSS属性相同，这里所介绍的4个文字段落CSS属性都是从CSS1开始就已经写入到CSS规范中，经过多年的发展，已经获得了所有浏览器的广泛支持，在不同浏览器的表现效果也是完全一致的，在网页制作过程中可以放心大胆地使用。

3.1.3　列表样式相关属性

　　在CSS样式中专门提供了控制列表样式的属性，通过CSS属性来控制列表，能够从更多方面控制列表的外观，使列表看起来更加整齐和美观，使网站实用性更强。

1. list-style-type属性

　　列表可分为无序项目列表和有序编号列表，所以在两种列表中list-style-type属性的属性值也是有很大区别的，下面依次介绍。

　　无序项目列表是网页中运用得非常多的一种列表形式，用于将一组相关的列表项目排列在一起，并且列表中的项目没有特别的先后顺序。无序列表使用 `<li>` 标签来罗列各个项目，并且每个项目前面都带有特殊符号。在CSS样式中，list-style-type属性用于控制无序列表项目前面的符号，list-style-type属性的语法格式如下。

```
list-style-type: disc | circle | square | none;
```

　　在设置无序列表时，list-style-type属性的属性值说明见表3-11。

表3-11　　　　　　　　list-style-type属性的无序列表属性值说明

属性值	说明
disc	该属性值表示项目列表前的符号为实心圆
circle	该属性值表示项目列表前的符号为空心圆
square	该属性值表示项目列表前的符号为实心方块
none	该属性值表示项目列表前不使用任何符号

有序列表与无序列表相反，有序列表即明确先后顺序的列表，默认情况下，创建的有序列表在每条信息前加上序号1，2，3，…。通过CSS样式中的list-style-type属性可以对有序列表进行控制。list-style-type属性的基本语法格式如下。

```
list-style-type:decimal|decimal-leading-zero|lower-roman|upper-roman|lower-alpha|
upper-alpha|none|inherit;
```

在设置有序列表时，list-style-type属性的属性值说明见表3-12。

表3-12　　　　　　　　　　list-style-type属性的有序列表属性值说明

属性值	说明
decimal	该属性值表示有序列表前使用十进制数字标记（1，2，3，…）
decimal-leading-zero	该属性值表示有序列表前使用有前导零的十进制数字标记（01，02，03，…）
lower-roman	该属性值表示有序列表前使用小写罗马字符标记（i，ii，iii，…）
upper-roman	该属性值表示有序列表前使用大写罗马字符标记（I，II，III，…）
lower-alpha	该属性表值示有序列表前使用小写英文字母标记（a，b，c，…）
upper-alpha	该属性值表示有序列表前使用大写英文字母标记（A，B，C，…）
none	该属性值表示有序列表前不使用任何形式的符号
inherit	该属性值表示有序列表继承父元素的list-style-type属性设置

2. list-style-position 属性

list-style-position属性用于设置列表符号的位置，其语法格式如下。

```
list-style-position: inside | outside | inherit;
```

list-style-position属性的属性值说明见表3-13。

表3-13　　　　　　　　　　list-style-position属性的属性值说明

属性值	说明
inside	列表符号放置在文本以内，且环绕文本根据标记对齐
outside	列表符号放置在文本以外，且环绕文本不根据标记对齐
inherit	父元素继承list-style-position属性设置

3. list-style-image 属性

除了可以使用CSS样式中默认提供的列表符号，还可以使用list-style-image属性自定义列表符号，list-style-image属性的基本语法如下。

```
list-style-image: 图片地址;
```

在CSS样式中，list-style-image属性用于设置图片作为列表样式，只需输入图片的路径作为属性值即可。

实战　设置新闻列表效果
最终文件：最终文件\第3章\3-1-3.html　　　视频：视频\第3章\3-1-3.mp4

01 执行"文件>打开"命令，打开页面"源文件\第3章\3-1-3.html"，可以看到页面的HTML代码，如图3-47所示。转换到设计视图中，可以看到页面中新闻列表的默认效果，如图3-48所示。

```
<body>
<div id="box">
  <div id="left">
    <img src="images/31382.gif" width="76" height="74" alt="" />
    <img src="images/31303.gif" width="76" height="72" alt="" />
  </div>
  <div id="right">
    <ul>
      <li>国内电子竞技著名美女主播最新动态</li>
      <li>魔兽卫冕之后HKW采访实录</li>
      <li>CS项目：神话未能延续，枪神饮恨意大利</li>
      <li>FIFA项目：出师不利，期待明年</li>
      <li>星际项目：韩国神话继续上演，虫王惜败</li>
      <li>WAR3项目：HKW卫冕成功，蒙扎封王</li>
    </ul>
  </div>
</div>
</body>
```

图3-47 页面HTML代码

图3-48 新闻列表默认效果

02 转换到该网页所链接的外部CSS样式表文件中，创建名为#right li的CSS样式，设置list-style-position属性值为inside，如图3-49所示。转换到设计视图中，可以看到设置列表项目位置的效果，如图3-50所示。

图3-50 列表项目位置效果

```
#right li {
    list-style-position: inside;
}
```

图3-49 CSS样式代码

03 转换到外部CSS样式表文件中，在名为#right li的CSS样式中添加list-style-type属性设置代码，如图3-51所示。保存外部CSS样式表文件，在IE浏览器中预览该页面，可以看到设置列表符号为空心圆的效果，如图3-52所示。

```
#right li {
    list-style-position: inside;
    list-style-type: circle;
}
```

图3-51 CSS样式代码

图3-52 设置列表符号效果

04 转换到外部CSS样式表文件中，在名为#right li的CSS样式中添加list-style-image属性设置代码，如图3-53所示。保存外部CSS样式表文件，在IE浏览器中预览该页面，可以看到自定义新闻列表符号的效果，如图3-54所示。

> **提示**
> 如果在一个CSS样式设置中同时包含了list-style-type属性和list-style-image属性设置，那么在预览页面时，将会显示使用list-style-image属性所设置的自定义列表符号效果，而不会显示list-style-type属性所设置的预设列表符号效果。

```
#right li {
    list-style-position: inside;
    list-style-type: circle;
    list-style-image: url(../images/31304.gif);
}
```

图3-53　CSS样式代码

图3-54　自定义列表符号效果

浏览器适配说明

列表基础CSS属性的浏览器兼容性见表3-14。

表3-14　　　　　　　　　列表基础CSS属性的浏览器兼容性

属性	Chrome	Firefox	Opera	Safari	IE
list-style-type	√	√	√	√	√
list-style-position	√	√	√	√	√
list-style-image	√	√	√	√	√

用于设置列表效果的list-style-type属性、list-style-position属性和list-style-image属性都是从CSS1开始就已经写入到CSS规范中，经过多年的发展，已经获得了所有浏览器的广泛支持。但是需要注意的是list-style-type属性在IE浏览器中有部分属性值并不被支持，不被IE浏览器支持的属性值包括decimal-leading-zero（0开头的数字标记）、lower-greek（小写希腊字母）、lower-latin（小写拉丁字母）、upper-latin（大写拉丁字母）、armenian（传统亚美尼亚编号方式）、georgian（传统的乔治亚编号方式）、inherit（继承）。

▶▶▶ 3.2　CSS3溢出文本属性

平时在网页制作过程中大家一定遇到过内容溢出的问题，如文章标题过长，而其宽度又受到限制，此时超出宽度的内容就会以省略标记（…）显示。以前实现这样的效果都是由后台程序截取一定的字符数在前台页面中输出，另一种方法就是使用JavaScript截取一定的字符数实现。但是这两种方法都有其不足之处，如中文和英文的计算字符宽度的问题，这个值不好计算，所以截取字符数不好控制，故其通用性也比较差。CSS3中新增了text-overflow属性，使这个问题迎刃而解。

3.2.1　text-overflow属性的语法

text-overflow属性解决了以前需要程序或者JavaScript脚本才能够完成的事情，text-overflow属性的语法格式如下。

```
text-overflow: clip | ellipsis;
```

text-overflow属性的参数比较简单，只有两个属性值，说明见表3-15。

表3-15　　　　　　　　　　　　text-overflow属性的属性值说明

属性值	说明
clip	当文本内容发生溢出时，不显示省略标记（…），而是简单的裁切
ellipsis	当文本内容发生溢出时，显示省略标记（…），省略标记插入的位置是最后一个字符

实际上，text-shadow属性仅用于决定文本溢出时是否显示省略标记（…），并不具备样式定义的功能。要实现文本溢出时裁切文本显示省略标记（…）的效果，还需要两个CSS属性的配合：强制文本在一行内显示（white-space:nowrap）和溢出内容隐藏（overflow:hidden），并且需要定义容器的宽度，只有这样才能实现文本溢出时裁切文本显示省略标记（…）的效果。

3.2.2　text-overflow属性的浏览器兼容性

text-overflow属性的浏览器有些特殊，取的属性值不同时，浏览器的支持情况也不同，text-overflow属性的浏览器兼容性见表3-16。

表3-16　　　　　　　　　　　　text-overflow属性的浏览器兼容性

属性	Chrome	Firefox	Opera	Safari	IE
text-overflow:clip	1.0+ √	2.0+ √	9.63+ √	3.1+ √	6+ √
text-overflow:ellipsis	1.0+ √	6.0+ √	10.5+ √	3.1+ √	6+ √

浏览器适配说明

　　text-overflow属性在IE浏览器中的兼容性表现比较好，从IE6开始就全面支持该属性。而Firefox浏览器直到Firefox 6版本开始才支持text-overflow属性的ellipsis属性值。需要注意的是，Opera浏览器还需要加上其私有属性前缀-o-才能够识别。

实战　　设置文字溢出处理方式
最终文件：最终文件\第3章\3-2-2.html　　　视频：视频\第3章\3-2-2.mp4

01 执行"文件＞打开"命令，打开页面"源文件\第3章\3-2-2.html"，可以看到页面的HTML代码，如图3-55所示。在IE浏览器中预览该页面，可以看到页面中多条新闻列表标题进行了换行显示，如图3-56所示。

02 转换到该网页所链接的外部CSS样式表文件中，找到名为#news p的CSS样式，添加overflow属性和white-space属性设置代码，如图3-57所示。保存外部CSS样式表文件，在IE11浏览器中预览该页面，可以看到溢出文本被直接裁切掉，如图3-58所示。

┌─ **提示** ─────────────────────
　　在CSS样式代码中overflow: hidden;是设置溢出内容为隐藏，white-space: nowrap;是强制文本在一行内显示，要想通过text-overflow属性实现溢出文本显示省略号，就必须添加这两个属性定义，否则无法实现。
└──────────────────────────

```
<body>
<div id="box">
  <div id="news1">一、英雄劳模大盘点，满满的都是血泪</div>
  <div id="pic"><img src="images/32202.jpg" width="181" height=
"111" alt="" /></div>
  <div id="news">
    <p>"极+工作坊开放日"落幕 游戏音乐唱响居庸关长城</p>
    <p>本周冠军赛事大盘点之亢龙有悔</p>
    <p>九九重阳登高望远，呼朋唤友领Q币赢好礼！</p>
    <p>倚天在手，谁与争锋，新华山论剑就在本周，快来参加</p>
    <p>超有爱小视频，唤回那些年我们一起战斗的青春</p>
  </div>
</div>
</body>
```

图3-55　页面HTML代码

图3-56　预览页面效果

```
#news p {
    background-image: url(../images/32203.gif);
    background-repeat: no-repeat;
    background-position: left center;
    border-bottom: dashed 1px #FF9966;
    padding-left: 15px;
    overflow: hidden;
    white-space: nowrap;
```

图3-57　CSS样式代码

图3-58　溢出文本内容被直接裁切

03 转换到外部CSS样式表文件中，在名为#news p的CSS样式中添加text-overflow属性，设置其属性值为ellipsis，如图3-59所示。保存外部CSS样式表文件，在IE11浏览器中预览该页面，可以看到溢出文本被显示为溢出符号，如图3-60所示。

```
#news p {
    background-image: url(../images/32203.gif);
    background-repeat: no-repeat;
    background-position: left center;
    border-bottom: dashed 1px #FF9966;
    padding-left: 15px;
    overflow: hidden;
    white-space: nowrap;
    text-overflow:ellipsis;
}
```

图3-59　添加text-overflow属性设置

图3-60　溢出文本被显示为省略号

浏览器适配说明

（1）目前大多数的主流浏览器都能够支持text-overflow属性的W3C标准写法，包括IE6及其以上版本的IE浏览器，只有Opera浏览器不支持text-overflow属性的W3C标准写法。

（2）转换到外部CSS样式表文件中，在名为#news p的CSS样式中添加Opera浏览器私有属性写法，如图3-61所示。保存外部CSS样式表文件，在Opera浏览器中预览该页面，可以看到溢出文本被显示为溢出符号，如图3-62所示。

图3-61　添加Opera浏览器私有属性写法　　　图3-62　在Opera浏览器中预览效果

▶▶▶ 3.3　CSS3文本换行属性

浏览器自身都带有让文本换行的功能。在浏览器显示文本时，会让文本与浏览器或者文本容器的右端自动实现换行。对于西文来说，浏览器会在半角空格或者连字符的地方自动换行，而不会在单词的中间突然换行；对于中文来说，可以在任何一个文字后面换行，但浏览器碰到标点符号时，通常将标点符号及其前面的一个文字作为一个整体统一换行。

在制作网页时可能会遇到这样一种情况，如果页面中需要引用一个原始网址或者其他超长的文本时，页面的布局效果就会被长文本破坏，为了解决这样的问题，通常采用如下的处理方法。

- 在容器元素的CSS样式中添加overflow-x:auto属性设置，当内容超出容器时，在容器底部会显示横向滚动条。
- 在容器元素的CSS样式中添加overflow:hidden属性设置，将溢出内容隐藏，从而保证页面布局的完美。
- 通过JavaScript脚本来控制。

虽然以上这3种方法可以实现长文本内容不撑破容器，但是在CSS3中提供了word-wrap属性，能够更好地解决该问题。

3.3.1　word-wrap属性

在CSS3中新增了word-wrap属性，通过该属性能够实现长单词与URL地址的自动换行处理。word-wrap属性的语法格式如下。

```
word-wrap: normal | break-word;
```

word-wrap属性的属性值说明见表3-17。

表3-17　　　　　　　　　　　　　　　word-wrap属性的属性值说明

属性值	说明
normal	默认值，浏览器只在半角空格或连字符的地方进行换行
break-word	内容将在边界内换行

word-wrap属性的浏览器兼容性见表3-18。可以看出word-wrap属性得到了所有主流浏览器的支持。

属性	Chrome	Firefox	Opera	Safari	IE
表3-18		word-wrap属性的浏览器兼容性			
word-wrap	1.0+ √	3.5+ √	10.0+ √	3.1+ √	6+ √

实战 使用**word-wrap**属性控制内容换行
最终文件：最终文件\第3章\3-3-1.html　　　　视频：视频\第3章\3-3-1.mp4

01 执行"文件>打开"命令，打开页面"源文件\第3章\3-3-1.html"，在HTML代码中，可以看到id名为text1和text2中的内容是相同的，不同的是text2中的英文单词与单词之间没有空格和标点符号，可以认为是长文本，如图3-63所示。

02 在IE浏览器中预览该页面，id名为text2中的长文本内容不会自动换行，而是撑破容器在一行中显示，而id名为text1中的英文内容正常显示，如图3-64所示。

```html
<body>
<div id="logo"><img src="images/33102.png" width="168"
height="79" alt=""/></div>
<div id="box">
   <div id="text1">AFTER THE CASCADIA SUBDUCTION ZONE
RUPTURES AND PORTLAND IS REDUCED TO &quot;TOAST&quot; HOW
WILL WE KEEP THE PORTLAND SPIRIT ALIVE? PREPARATION. STOCK
THESE MUST-HAVES NEXT TO YOUR WATER AND NUTS. TOGETHER,WE
WILL KEEP PORTLAND WEIRD!</div>
   <div id="text2">
AFTERTHECASCADIASUBDUCTIONZONERUPTURESANDPORTLANDISREDUCEDT
OTOASTHOWWILLWEKEEPTHEPORTLANDSPIRITALIVEPREPARATIONSTOCKTH
ESEMUSTHAVESNEXTTOYOURWATERANDNUTSTOGETHERWEWILLKEEPPORTLAN
DWEIRD!</div>
</div>
</body>
```

图3-63　页面HTML代码

长文本内容撑破容器，在一行中显示所有内容

图3-64　预览页面效果

03 转换到该网页所链接的外部CSS样式表文件中，可以看到名为#text1和名为#text2的CSS样式设置基本一致，如图3-65所示。在名为#text2的CSS样式中添加word-wrap属性设置代码，如图3-66所示。

```css
#text1 {
    width: 401px;
    height: auto;
    border: dashed 2px #FFF;
    padding: 10px;
    float: left;
}
#text2 {
    width: 401px;
    height: auto;
    border: dashed 2px #FFF;
    padding: 10px;
    margin-left: 50px;
    float: left;
}
```

图3-65　CSS样式代码

```css
#text2 {
    width: 401px;
    height: auto;
    border: dashed 2px #FFF;
    padding: 10px;
    margin-left: 50px;
    float: left;
    word-wrap: break-word;
}
```

图3-66　添加word-wrap属性设置

04 保存外部CSS样式文件，在浏览器中预览页面，可以看到容器中的长文本会被自动换行处理，如图3-67所示。

图3-67 预览页面效果

3.3.2 word-break属性

word-break属性用于设置指定容器内文本的自动换行行为，对于有多种语言的情况非常有用。

```
word-break: normal | break-all | keep-all;
```

word-break属性的属性值与使用的文本语言有关系，属性值说明见表3-19。

表3-19　　　　　　　　　　　word-break属性值说明

属性值	说明
normal	默认值，根据语言自身的规则确定容器内文本换行的方式，中文遇到容器边界自动换行，英文遇到容器边界从整个单词换行
break-all	允许强行截断英文单词，达到词内换行效果
keep-all	不允许强行将字断开。如果是内容为中文，则将前后标点符号内的一个汉字短语整个换行；如果内容为英文，则单词整个换行；如果出现某个英文字符长度超出容器边界，后面的部分将撑破容器；如果边框为固定属性，则后面部分无法显示

word-break属性取不同的属性值时，浏览器对其支持情况也是不一样的，word-break属性的浏览器兼容性见表3-20。

表3-20　　　　　　　　　　word-break属性的浏览器兼容性

属性	Chrome	Firefox	Opera	Safari	IE
word-break:normal	6.0+ √	3.5+ √	10.0+ √	3.0+ √	6+ √
word-break:keep-all	6.0+ √	3.5+ √	10.0+ √	×	6+ √
word-break:break-all	6.0+ √	3.5+ √	×	3.0+ √	6+ √

实战 使用word-break属性设置内容换行处理方式
最终文件：最终文件\第3章\3-3-2.html　　　视频：视频\第3章\3-3-2.mp4

01 执行"文件>打开"命令，打开页面"源文件\第3章\3-3-2.html"，在HTML代码中，可以看到id名为text1和

text2中分别是中文和英文内容,如图3-68所示。在IE浏览器中预览该页面,可以看到英文和中文的默认换行效果,如图3-69所示。

```
<body>
<div id="logo"><img src="images/33102.png" width="168"
height="79" alt=""/></div>
<div id="box">
    <div id="text1">AFTER THE CASCADIA SUBDUCTION ZONE
RUPTURES AND PORTLAND IS REDUCED TO &quot;TOAST&quot; HOW
WILL WE KEEP THE PORTLAND SPIRIT ALIVE? PREPARATION. STOCK
THESE MUST-HAVES NEXT TO YOUR WATER AND NUTS. TOGETHER,WE
WILL KEEP PORTLAND WEIRD!</div>
    <div id="text2">我们提供完整的插画解决方案,服务领域包括
手持移动设备, PC平台,各类服务终端设备等。我们拥有资深的插
画设计师,服务于国际知名设计公司担任插画设计主管,拥有丰富
的项目经验以及强大的设计实力。这些实力使我们的设计能达到视
觉上易用性与原创性的平衡,产品诉求传达给用户。</div>
</div>
</body>
```

图3-68　页面HTML代码

图3-69　预览页面效果

02 转换到该网页所链接的外部CSS样式表文件中,分别在名为#text1和名为#text2的CSS样式中添加word-break属性,设置其属性值为keep-all,如图3-70所示。保存外部CSS样式文件,在IE浏览器中预览页面,可以看到中文和英文的换行效果,如图3-71所示。

```
#text1 {
    width: 401px;
    height: auto;
    border: dashed 2px #FFF;
    padding: 10px;
    float: left;
    word-break: keep-all;
}
#text2 {
    width: 401px;
    height: auto;
    border: dashed 2px #FFF;
    padding: 10px;
    margin-left: 50px;
    float: left;
    word-break: keep-all;
}
```

图3-70　添加word-break属性设置

图3-71　预览页面效果

提示

当设置word-break属性为keep-all时,对于中文来说,只能够在半角空格或连字符或任何标点符号的地方换行,而中文与中文之间是不能进行换行的。对于英文来说没有什么效果,英文依然保持默认的换行方式进行显示。

提示

当设置word-break属性为keep-all时,在Safari浏览器中没有任何效果,无论中文还是英文都保持默认的换行处理方式。对于中文来说,在Firefox浏览器中的效果也与IE和Chrome浏览器中的换行处理方式不同,在Firefox浏览器中只能在半角空格或连字符的地方换行,标点符号的地方也不能换行。

---

03 转换到外部CSS样式表文件中,修改word-break属性值为break-all,如图3-72所示。保存外部CSS样式文件,在浏览器中预览页面,可以看到英文换行时会截断英文单词,如图3-73所示。

```
#text1 {
    width: 401px;
    height: auto;
    border: dashed 2px #FFF;
    padding: 10px;
    float: left;
    word-break: break-all;
}
#text2 {
    width: 401px;
    height: auto;
    border: dashed 2px #FFF;
    padding: 10px;
    margin-left: 50px;
    float: left;
    word-break: break-all;
}
```

图3-72　添加word-break属性设置

图3-73　预览页面效果

> **提示**
>
> 　　设置word-break属性值为break-all时，对于西文来说，允许在单词内换行，但是在Opera浏览器中依然无法让长文本（较长英文单词或URL地址）自动换行。
>
> 　　对于标点符号来说，当word-break属性值为break-all时，在Chrome、Safari和Firefox浏览器中，允许标点符号位于行首，但是在IE浏览器中，仍然不允许标点符号位于行首。

3.3.3　white-space属性

　　在3.3.2节介绍text-overflow属性时使用到了white-space属性，text-overflow属性要想实现溢出文本控制的功能就需要配合white-space属性使用。white-space属性主要用来声明建立布局过程中如何处理元素中的空白符。

　　white-space属性早在CSS2.1中就出现了，CSS3在原有的基础上为该属性增加了两个属性值。white-space属性的语法格式如下。

```
white-space: normal | pre | nowrap | pre-line | pre-wrap | inherit;
```

　　white-space属性的属性值说明见表3-21。

表3-21　　　　　　　　　　　　　white-space属性的属性值说明

属性值	说明
normal	默认值，空白会被浏览器忽略
pre	文本内容中的空白会被浏览器保留，其行为方式类似于HTML中的\<pre\>标签效果
nowrap	文本内容会在同一行上显示，不会自动换行，直到碰到换行标\<br\>为止
pre-line	合并空白符序列，但是保留换行符
pre-wrap	保留空白符序列，但是正常地进行换行
inherit	继承父元素的white-space属性值，该属性值在所有IE浏览器中都不支持

　　white-space属性的浏览器兼容性见表3-22。

表3-22　　　　　　　　　　　　　white-space属性的浏览器兼容性

属性	Chrome	Firefox	Opera	Safari	IE
white-space:normal	6.0+ √	3.0+ √	9.0+ √	3.0+ √	6+ √

续表

属性	Chrome	Firefox	Opera	Safari	IE
white-space:pre	6.0+ √	3.0+ √	9.0+ √	3.0+ √	6+ √
white-space:pre-line	6.0+ √	3.0+ √	9.0+ √	3.0+ √	7+ √
white-space:pre-wrap	6.0+ √	3.0+ √	9.0+ √	3.0+ √	7+ √

文本换行方式都介绍完了，但在不同的地方使用时应该使用不同的属性集合，下面是项目中常用的一些文本换行技巧。

（1）<pre>标签自动换行。

```
pre {
  white-space: pre;                        /*CSS2.0*/
  white-space: pre-wrap;                   /*CSS2.1*/
  white-space: pre-line;                   /*CSS3.0*/
  white-space: -pre-wrap;                  /*Opera 4~6*/
  white-space: -o-pre-wrap;                /*Opera 7*/
  white-space: -moz-pre-wrap !important;   /*Mozilla*/
  white-space: -hp-pre-wrap;               /*HP Printers*/
  white-space: break-word;                 /*IE5+*/
}
```

（2）单元格自动换行。

```
table {
  table-layout: fixed;
  width: XX px;
}
table td {
  overflow: hidden;
  word-wrap: break-word;
}
```

（3）除<pre>和<td>标签以外的其他标签自动换行。

```
Element {
  overflow: hidden;
  word-wrap: break-word;
}
```

（4）标签内容强制不换行。

```
Element {
  white-space: nowrap;
  word-break: keep-all;
}
```

▶▶▶ **3.4　CSS3 文本阴影属性**

在text-shadow属性没有出现之前，如果需要实现文本的阴影效果只能是将文本在Photoshop中制作成图片再插入到网页中，这种方式使用起来非常不便。现在CSS3新增了text-shadow属性，通过使用该属性，可以直接对网页中的文本设置阴影效果。text-shadow属性有两个作用，使文字产生阴影和模糊主体，这样就能够轻松地增强网页中文本的质感。

3.4.1　text-shadow属性的语法

实际上，text-shadow属性曾经在CSS2中出现过，但是在CSS2.1版本中又被抛弃了，现在在CSS3中又重新将其加入，这说明text-shadow属性非常值得网页设计师重视。

要想掌握text-shadow属性在网页中的应用，首先需要理解其语法规则，text-shadow属性的语法格式如下。

```
text-shadow: h-shadow v-shadow blur color;
```

text-shadow属性包含4个属性参数，每个属性参数都有自己的作用。text-shadow属性的属性参数说明见表3-23。

表3-23　　　　　　　　　　　　text-shadow属性的属性值参数说明

属性参数	说明
h-shadow	该参数是必需参数，用于设置阴影在水平方向上的位移值。该参数值可以取正值，也可以取负值，如果为正值，则阴影在对象的右侧；如果取负值，则阴影在对象的左侧
v-shadow	该参数是必需参数，用于设置阴影在垂直方向上的位移值。该参数值可以取正值，也可以取负值，如果为正值，则阴影在对象的底部；如果取负值，则阴影在对象的顶部
blur	该参数是可选参数，用于设置阴影的模糊半径，代表阴影向外模糊的范围。该参数值只能取正值，参数值越大，阴影向外模糊的范围越大，阴影的边缘就越模糊。该参数值为0时，表示阴影不具有模糊效果
color	该参数是可选参数，用于设置阴影的颜色，该参数的取值可以是颜色关键词、十六进制颜色值、RGB颜色值、RGBA颜色值等。如果不设置阴影颜色，则会使用文本的颜色作为阴影颜色

可以使用text-shadow属性来为文本指定多个阴影效果，并且可以针对每个阴影使用不同的颜色。指定多个阴影时需要使用逗号将多个阴影进行分隔。text-shadow属性的多阴影效果将按照设置顺序应用，因此前面的阴影有可能会覆盖后面的，但是它们永远不会覆盖文字本身。

3.4.2　text-shadow属性的浏览器兼容性

text-shadow属性在CSS2中就出现过，但各大浏览器碍于其会耗费大量的资源，迟迟没有支持，因此在CSS2.1中被抛弃，如今在CSS3中得到了各大主流浏览器的支持，text-shadow属性的浏览器兼容性见表3-24。

表3-24　　　　　　　　　　　　text-shadow属性的浏览器兼容性

属性	Chrome	Firefox	Opera	Safari	IE
text-shadow	2.0+ √	3.5+ √	9.6+ √	4.0+ √	10+ √

　　text-shadow属性和众多CSS3属性一样，难逃IE浏览器的兼容性问题，为了解决这一问题，只好使用CSS2中的shadow滤镜或glow滤镜来处理。shadow滤镜的作用与dropshadow类似，也能够使对象产生阴影效果，不同的是dropshadow可以产生渐变的阴影效果，使阴影表现得更平滑细腻。

　　shadow滤镜的语法格式如下。

```
filter:shadow(Color=颜色值,Direction=数值,Strength=数值);
```

- Color：参数值为阴影的颜色值。
- Direction：参数值为阴影的方向，取值为0°时，阴影在元素的上方；取值为45°时，阴影在元素的右上角；取值为90°时，阴影在元素的右侧；取值为135°时，阴影在元素的右下角；取值为180°时，阴影在元素的下方；取值为225°时，阴影在元素的左下方；取值为270°时，阴影在元素的左侧；取值为315°时，阴影在元素的左上方。
- Strength：设置阴影强度，类似于text-shadow属性的模糊半径。该参数取值在0~100之间，该值为100时强度最大。

　　shadow滤镜能够表现出向某一个方向进行扩展的阴影效果，如果阴影向四周进行扩散时，则可以选择使用glow滤镜来模拟其阴影效果。

　　glow滤镜在CSS2中是用于产生外发光效果的滤镜，其语法格式如下。

```
filter:glow(Color=颜色值,Strength=数值);
```

- Color：参数值为发光的颜色值。
- Strength：该参数用于设置发光的强度。

　　虽然使用shadow滤镜和glow滤镜能够解决低版本IE浏览器下的文本阴影兼容问题，但实现出来的文本阴影效果与使用text-shadow属性所实现的文本阴影效果有一定的差距。

技巧

　　除了可以使用filter:shadow滤镜之外，还可以使用Modernizr或者IE条件注释检测浏览器，并相应地做不同的处理，如使用图片来代替阴影文本。但是这样的解决方案并不是很理想，受限极大，给设计师带来很大的劳动强度。

实战　为网页文字添加阴影效果
最终文件：最终文件\第3章\3-4-2.html　　视频：视频\第3章\3-4-2.mp4

01 执行"文件>打开"命令，打开页面"源文件\第3章\3-4-2.html"，可以看到页面的HTML代码，如图3-74所示。在IE11浏览器中预览该页面，可以看到页面中文字默认的显示效果，如图3-75所示。

02 转换到该网页所链接的外部CSS样式表文件中，找到名为#text的CSS样式设置代码，在该CSS样式中添加text-shadow属性设置代码，如图3-76所示。保存外部CSS样式表文件，在IE11浏览器中预览该页面，可以看到文字添加的阴影效果，如图3-77所示。

03 转换到外部CSS样式表文件中，在名为#text的CSS样式中修改text-shadow属性设置代码，如图3-78所示。保存外部CSS样式表文件，在IE11浏览器中预览该页面，可以看到文字的阴影效果，如图3-79所示。

```
<body>
<div id="bottom">
  <div id="logo"><img src="images/34202.png" width="239"
height="93"  alt=""/></div>
  <div id="menu">
    <ul>
      <li>品牌故事</li>
      <li>新品上市</li>
      <li>销售网络</li>
      <li>联系我们</li>
    </ul>
  </div>
</div>
<div id="text">NITTON93.</div>
</body>
```

图3-74　页面HTML代码

图3-75　预览页面效果

```
#text {
    position: absolute;
    width: 100%;
    height: 150px;
    top: 50%;
    margin-top: -75px;
    font-family: Impact;
    font-size: 150px;
    color: #FFF;
    letter-spacing: 20px;
    text-align: center;
    text-shadow: 8px 8px 0px #999999;
}
```

图3-76　添加text-shadow属性设置代码

图3-77　预览文字阴影效果

```
#text {
    position: absolute;
    width: 100%;
    height: 150px;
    top: 50%;
    margin-top: -75px;
    font-family: Impact;
    font-size: 150px;
    color: #FFF;
    letter-spacing: 20px;
    text-align: center;
    text-shadow: 8px 8px 10px #333333;
}
```

图3-78　修改text-shadow属性设置代码

图3-79　预览文字阴影效果

04 转换到外部CSS样式表文件中，在名为#text的CSS样式中修改text-shadow属性设置代码，如图3-80所示。保存外部CSS样式表文件，在IE11浏览器中预览该页面，可以看到向四周发散的文字阴影效果，如图3-81所示。

```
#text {
    position: absolute;
    width: 100%;
    height: 150px;
    top: 50%;
    margin-top: -75px;
    font-family: Impact;
    font-size: 150px;
    color: #FFF;
    letter-spacing: 20px;
    text-align: center;
    text-shadow: 0px 0px 12px #666666;
}
```

图3-80　修改text-shadow属性设置代码

图3-81　预览文字阴影效果

浏览器适配说明

（1）因为text-shadow属性出现较早，所以主流的现代浏览器都能很好地支持该属性，并且不需要使用私有属性的写法。例如，在Chrome浏览器中预览效果如图3-82所示，在Firefox浏览器中预览效果如图3-83所示。

图3-82　在Chrome浏览器中预览效果

图3-83　在Firefox浏览器中预览效果

（2）遗憾的是，在IE9及其以下版本的IE浏览器中不支持text-shadow属性。前面我们介绍过可以在IE9及其以下版本的IE浏览器中通过shadow滤镜或glow滤镜来模拟阴影的效果。

（3）转换到外部CSS样式表文件中，在刚创建的类CSS样式中分别添加glow滤镜的设置代码，如图3-84所示。保存外部CSS样式表文件，在IE8浏览器中预览该页面，可以看到模拟的文字阴影效果，如图3-85所示。

```
#text {
    position: absolute;
    width: 100%;
    height: 150px;
    top: 50%;
    margin-top: -75px;
    font-family: Impact;
    font-size: 150px;
    line-height: 150px;
    color: #FFF;
    letter-spacing: 20px;
    text-align: center;
    text-shadow: 0px 0px 12px #666666;
    /*IE 5至IE7*/
    filter:glow(color=#666666,strength=6);
    /*IE 8*/
    -ms-filter:"progid:DXImageTransform.Microsoft.glow(color=#666666,strength=6)";
```

图3-84　添加glow滤镜设置代码

图3-85　在原生IE8浏览器中预览效果

提示

　　需要注意的是，shadow滤镜和glow滤镜都必须是在原生的低版本IE浏览器中才能够看到相应的效果，如果使用的是高版本IE浏览器，通过调试模式选择一种低版本的浏览器进行预览是无法看到shadow滤镜和glow滤镜所实现的效果的。

▶▶▶ 3.5　使用CSS3嵌入Web字体

　　CSS的字体样式通常会受到客户端的限制，只有在客户端安装了该字体后，样式才能正确显示。如果使用的不是常用的字体，对于没有安装该字体的用户而言，是看不到真正的文字样式的。因此，设计师会避免使用不常用的字体，更不敢使用艺术字体。

为了弥补这一缺陷，CSS3新增了字体自定义功能，通过@font-face规则来引用互联网任意服务器中存在的字体。这样在设计页面时，就不会因为字体稀缺而受限制。

3.5.1 @font-face语法

只需要将字体放置在网站服务器端，即可在网站页面中使用@font-face规则来加载服务器端的特殊字体，从而在网页中表现出特殊字体的效果，不管用户端是否安装了对应的字体，网页中的特殊字体都能够正常显示。

通过@font-face规则可以加载服务器端的字体文件，让客户端显示其所没有安装的字体，@font-face规则的语法格式如下。

```
@font-face: {font-family:取值; font-style:取值; font-variant:取值; font-weight:取值;
font-stretch:取值; font-size:取值; src:取值; }
```

@font-face规则的相关属性说明见表3-25。

表3-25　　　　　　　　　　@font-face规则的属性参数说明

属性参数	说明
font-family	设置自定义字体名称，最好使用默认的字体文件名
font-style	设置自定义字体的样式
font-variant	设置自定义字体是否大小写
font-weight	设置自定义字体的粗细
font-stretch	设置自定义字体是否横向拉伸变形
font-size	设置自定义字体的大小
src	设置自定义字体的相对路径或者绝对路径，可以包含format信息。注意，此属性只能在@font-face规则中使用

提示

@font-face规则和CSS3中的@media、@import、@keyframes等规则一样，都是用关键字符@封装多项规则。@font-face的@规则主要用于指定自定义字体，然后在其他CSS样式中调用@font-face中自定义的字体。

3.5.2 自定义字体方法

正确使用@font-face规则自定义字体，必须满足以下两个关键点。

● 将各种格式字体上传到服务器，从而支持各种浏览器。
● 在@font-face中必须指定自定义字体名称及引用自定义字体的字体来源。

以下是一个使用@font-face规则自定义字体的示例。

```
@font-face {
  font-family:"NeuesBauenDemo";
  src:url("../font/neues_bauen_demo.eot");
  src:url("../font/neues_bauen_demo.eot?#iefix") format("embedded-opentype"),
  url("../font/neues_bauen_demo.woff") format("woff"),
  url("../font/neues_bauen_demo.ttf") format("truetype"),
  url("../font/neues_bauen_demo.svg#NeuesBauenDemo") format("svg");
}
```

在@font-face规则定义中font-family和src这两个属性是必须设置的,通过font-family来定义字体名称,而src是引用自定义字体的来源,其他的属性则是可选属性。

在@font-face规则中通过font-family来自定义字体名称,而这个字体名称可以是任意的名称或形式,它仅用于元素CSS样式中的font-family属性引用。当然,自定义的字体名称最好与引用的字体文件名称相同,这样可以保持CSS的可读性。

上面的示例代码中通过@font-face规则声明了自定义字体名称为NeuesBauenDemo,但不会有任何实际效果,如果想让网页中的文字应用该字体效果,需要在CSS样式设置中对元素引用@font-face规则中自定义的字体,如下面的CSS样式设置代码。

```
.font01 {
font-family: NeuesBauenDemo;
}
```

> **提示**
>
> 一个@font-face规则仅自定义一个字体,如果在网页中需要自定义多个字体就需要对应多个@font-face规则。

3.5.3 声明多个字体来源

@font-face规则中有一个非常重要的参数就是src,这个属性类似于<img>标签中的src属性,其值主要是用于指向引用的字体文件。此外,可以声明多个字体来源,如果客户端的浏览器未能找到第一个来源,它会依次尝试寻找后面字体的来源,直到找到一个可用的字体来源为止。如下面的@font-face规则定义代码。

```
@font-face {
  font-family:"NeuesBauenDemo";
  src:url("../font/neues_bauen_demo.eot");
  src:url("../font/neues_bauen_demo.eot?#iefix") format("embedded-opentype"),
    url("../font/neues_bauen_demo.woff") format("woff"),
    url("../font/neues_bauen_demo.ttf") format("truetype"),
    url("../font/neues_bauen_demo.svg#NeuesBauenDemo") format("svg");
}
```

在以上的@font-face规则定义代码中依次声明了4种字体:EOT、WOFF、TTF和SVG,每种字体都有其具体作用,并且浏览器对每种字体的支持情况也不一样。

3.5.4 @font-face规则的浏览器兼容性

@font-face规则的浏览器兼容性见表3-26。

表3-26 @font-face规则的浏览器兼容性

属性	Chrome	Firefox	Opera	Safari	IE
@font-face	4.0+ √	3.5+ √	10.0+ √	3.2+ √	5.5+ √

浏览器适配说明

其实在CSS2中就出现过@font-face规则，但是在CSS2.1中又被移出，幸好在CSS3中@font-face规则又被重新加入进来。从表3-26中可以看出，@font-face规则在各主流浏览器中都能够获得完美的支持，包括低版本的IE浏览器。另外，@font-face规则无须添加任何浏览器的私有属性前缀。

虽然各主流浏览器都能够对@font-face规则提供良好的支持，但是各浏览器对不同的字体格式却有着不同的要求。

1. TureType（.ttf）格式字体

TureType（.ttf）格式字体是Windows和iOS系统最常见的字体，支持这种字体的浏览器有IE9+、Firefox 3.5+、Chrome 4.0+、Safari 3.1+、Opera 10.0+、iOS Mobile Safari 4.2+等。

2. OpenType（.otf）格式字体

OpenType（.otf）格式字体被认为是一种原始的字体格式，其内置在TureType的基础上，所以也可提供更多的功能，支持这种字体的浏览器有Firefox 3.5+、Chrome 4.0+、Safari 3.1+、Opera 10.0+、iOS Mobile Safari 4.2+等。

3. Web Open Font Format（.woff）格式字体

Web Open Font Format（.woff）格式字体是Web字体中的最佳格式，它是一个开放的TrueType/OpenType的压缩版本，同时也支持元数据包的分离，支持这种字体的浏览器有IE9+、Firefox 3.5+、Chrome 6+、Safari 3.6+、Opera 11.1+等。

4. Embedded Open Type（.eot）格式

Embedded Open Type（.eot）格式字体是IE浏览器专用字体，可以从TrueType中创建此格式字体，支持这种字体的浏览器有IE4+。

5. SVG（.svg）格式

SVG（.svg）格式字体是基于SVG字体渲染的一种格式，支持这种字体的浏览器有Chrome 4.0+、Safari 3.1+、Opera 10.0+、iOS Mobile Safari 3.2+等。

这就意味着在@font-face规则中至少需要.woff和.eot两种格式字体，甚至还需要.svg等格式字体，从而获得多种浏览器版本的支持。如下面的写法。

```
@font-face {
  font-family: "YourWebFontName";
  src:url("WebFontName.eot") format("eot");        /*IE*/
  src: url("WebFontName.woff") format("woff"),
     url("WebFontName.ttf") format("truetype");    /*not-IE*/
}
```

添加这些额外的字体格式可以确保所有浏览器都支持。但是，IE9之前版本的浏览器存在一个问题，即IE9以下版本的浏览器将第一个URL和最后一个URL之间的所有内容视为一个URL，以至于无法加载字体。为了解决这个问题，可以在.eot字体后添加查询字符串，这样浏览器认为src属性的剩余部分是查询字符串的延续，因此可以让浏览器找到正确的URL，并加载字体。

```
@font-face {
  font-family: "YourWebFontName";
  src:url("WebFontName.eot?#iefix") format("eot");     /*IE*/
  src: url("WebFontName.woff") format("woff"),
```

```
          url("WebFontName.ttf") format("truetype");        /*not-IE*/
}
```

虽然使IE9以下版本的浏览器能够正常加载所需的字体，但在IE9浏览器的兼容模式并不会正常加载EOT格式的字体。也就是说，在IE9浏览器的兼容模式下加载EOT格式字体会出错。要解决此问题，需要在IE9浏览器的兼容模式下添加一个src值。

```
@font-face {
  font-family: "YourWebFontName";
  src:url("WebFontName.eot");                        /*IE9兼容模式*/
  src:url("WebFontName.eot?#iefix") format("eot");    /*IE*/
  src: url("WebFontName.woff") format("woff"),
      url("WebFontName.ttf") format("truetype");      /*not-IE*/
}
```

除此之外，为了能够获得更多浏览器的支持，特别是让移动设备的浏览器能够兼容，可以在@font-face规则中加载更多格式的字体。

```
@font-face {
  font-family: "YourWebFontName";
  src:url("WebFontName.eot");                                  /*IE9兼容模式*/
  src:url("WebFontName.eot?#iefix") format("embedded-opentype");  /*IE*/
  src: url("WebFontName.woff") format("woff"),                 /*现代浏览器*/
      url("WebFontName.ttf") format("truetype");              /*not-IE*/
  src: url("WebFontName.svg# YourWebFontName") format("svg");  /*iOS*/
}
```

需要注意的是，通过@font-face规则使用服务器字体，不建议应用于中文网站。因为中文的字体文件都有几MB到十几MB，字体文件的容量较大，会严重影响页面的加载速度。如果是少量的特殊字体，还是建议使用图片来代替。而英文的字体文件只有几十KB，非常适合使用@font-face规则。

实战　在网页中实现特殊字体效果

最终文件：最终文件\第3章\3-5-4.html　　　视频：视频\第3章\3-5-4.mp4

---

01 执行"文件>打开"命令，打开页面"源文件\第3章\3-5-4.html"，可以看到页面的HTML代码，如图3-86所示。在IE11浏览器中预览该页面，可以看到系统所支持的字体显示效果，如图3-87所示。

```
<body>
<div id="bottom">
  <div id="logo"><img src="images/34202.png" width="239"
height="93"  alt=""/></div>
  <div id="menu">
    <ul>
      <li>品牌故事</li>
      <li>新品上市</li>
      <li>销售网络</li>
      <li>联系我们</li>
    </ul>
  </div>
</div>
<div id="text">NITTON93.</div>
</body>
```

图3-86　页面HTML代码

图3-87　预览页面效果

02 转换到该网页链接的外部CSS样式表文件中，创建@font-face规则，在该规则中引用准备好的特殊字体文字，如图3-88所示。在名为#text的CSS样式中，将font-family属性值修改为在@font-face中声明的字体名称，如图3-89所示。

```
@font-face {
    font-family: myfont;/*声明字体名称*/
    /*引用字体文件*/
    src: url(../images/COLONNA.TTF);
}
```

图3-88　创建@font-face规则

```
#text {
    position: absolute;
    width: 100%;
    height: 150px;
    top: 50%;
    margin-top: -75px;
    font-family: myfont;
    font-size: 150px;
    color: #960;
    line-height: 150px;
    letter-spacing: 20px;
    text-align: center;
}
```

图3-89　引用刚声明的字体名称

提示

在@font-face规则中，通过font-family属性声明了字体名称myfont，并通过src属性指定了字体文件的url相对地址。接下来在名为#text的CSS样式中，就可以在font-family属性中设置字体名称为@font-face规则中所声明的字体名称myfont，从而应用所加载的特殊字体。

---

03 保存外部CSS样式文件，在Chrome浏览器中预览页面，可以看到特殊的字体效果，如图3-90所示。因为IE浏览器并不支持所加载的.TTF格式字体，所以在IE浏览器中并不能显示出文字特殊字体的效果，如图3-91所示。

图3-90　在Chrome浏览器中预览特殊字体效果

图3-91　IE浏览器无法显示该格式的特殊字体

浏览器适配说明

（1）前面在介绍@font-face规则的浏览器兼容性时已经介绍过，不同的浏览器支持不同格式的字体文件，这也就导致了现阶段想要在页面中使用特殊字体，则必须准备该字体不同格式的文件，否则在不同的浏览器中会出现不同的显示效果。

技巧

通常我们下载的字体文件都是单一格式的，那么如何才能得到该字体的其他格式文件呢？其实每种格式的文件都可以用专门的工具转换得到，同时也有专门的用于生成@font-face文件的网站（如freefontconverter或font2web等），可以将字体文件上传到网站上，转换后下载，然后就可以嵌入到网页上使用了。

（2）这里我们通过转换得到了其他几种格式的字体文件，转换到外部的CSS样式表文件中，在@font-face规则中加载多种不同格式的字体文件，如图3-92所示。

```
@font-face {
    font-family: myfont;/*声明字体名称*/
    /*引用字体文件*/
    src: url(../images/COLONNA.eot);  /*IE 9兼容模式*/
    src: url(../images/COLONNA.eot?#iefix) format("embedded-opentype");  /*IE*/
    src: url(../images/COLONNA.woff) format("woff"),                /*现代浏览器*/
         url(../images/COLONNA.ttf) format("truetype");            /*not-IE*/
    src: url(../images/COLONNA.svg# myfont) format("svg"); /*iOS*/
}
```

图3-92　引用不同格式的字体文件

（3）保存外部CSS样式表文件，在IE浏览器中预览页面，可以看到页面中特殊字体的效果，如图3-93所示。在Firefox浏览器中预览页面，同样可以看到相同的特殊字体的效果，如图3-94所示。

图3-93　在IE浏览器中预览特殊字体效果

图3-94　在Firefox浏览器中预览特殊字体效果

▶▶▶ 3.6　本章小结

　　文字和段落样式的设置是网页外观表现的基础，在本章中详细向读者介绍了用于对网页中的文本、段落和列表进行设置的相关CSS属性的使用方法和技巧，并且还向读者介绍了CSS3中新增的多种表现文字特殊效果的CSS属性的使用方法及浏览器兼容性。通过学习本章的内容，读者需要掌握使用CSS样式对网页中的文字内容进行设置的方法和技巧，并能够灵活运用。

第**4**章

更加便捷的网页背景设置

使用CSS样式来设置页面元素的背景颜色或背景图像是网页制作过程中很常用的技术。一个优秀的网页中，合理的背景设置能够更好地烘托页面的整体氛围，吸引浏览者的关注。在最新的CSS3中更加丰富了元素背景的设置功能，可以在同一个元素内叠加多个背景，也允许控制背景图像的尺寸大小等，使得页面背景的表现效果更加出色。在本章中将向读者详细介绍CSS3中关于背景设置的相关属性及它们的浏览器兼容性。

本章知识点：

- 掌握背景的基础CSS属性的使用方法
- 掌握background-size属性的使用方法及浏览器兼容性
- 掌握background-origin属性的使用方法及浏览器兼容性
- 掌握background-clip属性的使用方法及浏览器兼容性
- 掌握多背景图像设置的方法

▶▶▶ 4.1 背景的基础CSS属性

通过为网页设置一个合理的背景能够烘托网页的视觉效果，给人一种协调和统一的视觉感，达到美化页面的效果。不同的背景给人的心理感受并不相同，因此为网页选择一个合适的背景非常重要。

用于设置网页元素背景的基础CSS样式有5个，分别是background-color（背景颜色）、background-image（背景图像）、background-repeat（背景图像平铺方式）、background-position（背景图像定位）、background-attachment（背景图像是否固定），下面将分别介绍这5个属性。

4.1.1 background-color属性

只需在CSS样式中添加background-color属性，即可设置网页的背景颜色，它接受任何有效的颜色值，但是如果对背景颜色没有进行相应的定义，将默认背景颜色为透明。background-color的语法格式如下。

```
background-color: color | transparent;
```

background-color属性的属性值说明见表4-1。

表4-1 background-color属性的属性值说明

属性值	说明
color	背景颜色值，可以使用色彩关键词、十六进制颜色值、RGB、HSL、HSLA和RGBA格式
transparent	默认值，表示透明

提示

background-color属性类似于HTML中的bgcolor属性。CSS样式中的background-color属性更加实用，bgcolor属性只能对<body>、<table>、<tr>、<th>和<td>标签进行设置，而通过CSS样式中的background-color属性可以设置页面中任意特定部分的背景颜色。

4.1.2 background-image属性

在CSS样式中，可以通过background-image属性设置背景图像。background-image属性的语法格式如下。

```
background-image: none | url;
```

background-image属性的属性值说明见表4-2。

表4-2 background-image属性的属性值说明

属性值	说明
none	默认值，表示无背景图片
url	定义了所需使用的背景图片地址，图片地址可以是相对路径地址，也可以是绝对路径地址

4.1.3 background-repeat属性

使用background-image属性设置的背景图像默认会以平铺的方式显示，在CSS中可以通过background-repeat属性设置背景图像重复或不重复的样式，以及背景图像的重复方式。background-repeat属性的语法格式如下。

```
background-repeat: no-repeat | repeat-x | repeat-y | repeat;
```

background-repeat属性的属性值说明见表4-3。

表4-3 background-repeat属性的属性值说明

属性值	说明
no-repeat	该属性值表示背景图像不重复平铺，只显示一次
repeat-x	该属性值表示背景图像在水平方向重复平铺
repeat-y	该属性值表示背景图像在垂直方向重复平铺
repeat	该属性值表示背景图像在水平和垂直方向都重复平铺，该属性值为默认值

4.1.4 background-position属性

在传统的网页布局方式中，还无法实现精确到像素单位的背景图像定位。CSS样式打破了这种局限，通过

CSS样式中的background-position属性，能够在页面中精确定位背景图像，更改初始背景图像的位置。该属性值可以分为4种类型：绝对定义位置（length）、百分比定义位置（percentage）、垂直对齐值和水平对齐值。background-position属性的语法格式如下。

```
background-position: length | percentage | top | center | bottom | left | right;
```

background-position属性的属性值说明见表4-4。

表4-4　　　　　　　　　background-position属性的属性值说明

属性值	说明
length	用于设置背景图像与容器的水平和垂直方向的边距长度，单位为cm、mm和px等
percentage	用于设置背景图像与容器的水平和垂直方向的百分比边距值
top	该属性值表示背景图像在容器中与容器的顶边界对齐
center	该属性值表示背景图像在容器中居中显示
bottom	该属性值表示背景图像在容器中与容器的底边界对齐
left	该属性值表示背景图像在容器中与容器的左边界对齐
right	该属性值表示背景图像在容器中与容器的右边界对齐

— 技巧 —

　　background-position属性的默认值为top left，它与0% 0%是一样的。与background-repeat属性相似，该属性的值不从包含的块继承。background-position属性可以与background-repeat属性一起使用，在页面上水平或者垂直放置重复的图像。

实战　为网页设置背景颜色和背景图像
最终文件：最终文件\第4章\4-1-4.html　　　视频：视频\第4章\4-1-4.mp4

01 执行"文件>打开"命令，打开页面"源文件\第4章\4-1-4.html"，可以看到页面的HTML代码，如图4-1所示。在IE浏览器中预览该页面，可以看到页面目前并没有设置任何背景颜色与背景图像，如图4-2所示。

```
<!doctype html>
<html>
<head>
<meta charset="utf-8">
<title>为网页设置背景颜色和背景图像</title>
<link href="style/4-1-1.css" rel="stylesheet"
type="text/css">
</head>

<body>
<div id="logo"><img src="images/41101.png"
width="88" height="100"  alt=""/></div>
<div id="text"><img src="images/41102.png"
width="338" height="398"  alt=""/></div>
</body>
</html>
```
图4-1　页面HTML代码

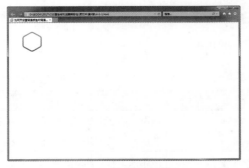
图4-2　预览页面效果

02 转换到该网页所链接的外部CSS样式表文件中，找到名为body的标签CSS样式，在该CSS样式中添加background-color属性设置代码，如图4-3所示。保存外部CSS样式表文件，在浏览器中预览页面，可以看到为页面设置的背景颜色效果，如图4-4所示。

```
body {
    font-family: 微软雅黑;
    font-size: 14px;
    color: #FFF;
    line-height: 25px;
    background-color: #D9672A;
}
```

图4-3 添加背景颜色设置代码 　　　　　　　　　　　　　　　　　图4-4 预览页面效果

03 转换到外部CSS样式表文件中，在名为body的标签CSS样式中添加background-image属性设置代码，如图4-5所示。保存外部CSS样式表文件，在浏览器中预览页面，可以看到为网页设置背景图像的效果，如图4-6所示。

```
body {
    font-family: 微软雅黑;
    font-size: 14px;
    color: #FFF;
    line-height: 25px;
    background-color: #D9672A;
    background-image: url(../images/41103.png);
}
```

图4-5 添加背景图像设置代码 　　　　　　　　　　　　　　　　　图4-6 预览页面效果

提示

　　使用background-image属性设置背景图像，背景图像默认在网页中是以元素左上角为原点进行显示的，并且背景图像在网页中会重复平铺显示。

---

04 此处只需要让该背景图像在页面中显示1次。转换到外部CSS样式表文件中，在名为body的标签CSS样式中添加background-repeat属性设置代码，如图4-7所示。保存外部CSS样式表文件，在浏览器中预览页面，可以看到为网页设置背景图像的效果，如图4-8所示。

```
body {
    font-family: 微软雅黑;
    font-size: 14px;
    color: #FFF;
    line-height: 25px;
    background-color: #D9672A;
    background-image: url(../images/41103.png);
    background-repeat: no-repeat;
}
```

图4-7 添加背景图像平铺方式设置代码 　　　　　　　　　　　　　图4-8 预览页面效果

　　此外，还可以通过background-position属性设置背景图像的位置。转换到外部CSS样式表文件中，在名为body的标签CSS样式中添加background-position属性设置代码，如图4-9所示。保存外部CSS样式表文件，在浏览器中预览页面，可以看到为网页设置背景图像的效果，如图4-10所示。

```
body {
    font-family: 微软雅黑;
    font-size: 14px;
    color: #FFF;
    line-height: 25px;
    background-color: #D9672A;
    background-image: url(../images/41103.png);
    background-repeat: no-repeat;
    background-position: 400px 150px;
}
```

图4-9　添加背景图像定位设置代码　　　　　　　　　　　图4-10　预览页面效果

　　转换到外部CSS样式表文件中，在名为body的标签CSS样式中修改background-position属性值，如图4-11所示。保存外部CSS样式表文件，在浏览器中预览页面，可以看到为网页背景图像的效果，如图4-12所示。

```
body {
    font-family: 微软雅黑;
    font-size: 14px;
    color: #FFF;
    line-height: 25px;
    background-color: #D9672A;
    background-image: url(../images/41103.png);
    background-repeat: no-repeat;
    background-position: right bottom;
}
```

图4-11　修改背景图像定位设置代码　　　　　　　　　　　图4-12　预览页面效果

> **提示**
>
> 　　注意，在为<body>标签设置背景图像，并且使用background-position属性设置背景图像的垂直位置为底部（bottom）时，必须添加body,html{height:100%;}的CSS样式设置，否则在页面中预览时背景效果可能会出错。

4.1.5　background-attachment属性

　　页面中设置的背景图像在浏览器中预览时，默认页面背景会自动跟随滚动条的下拉操作与页面的其余部分一起滚动。在CSS样式表中，针对背景元素的控制，提供了background-attachment属性，通过对该属性的设置可以使页面的背景不受滚动条的限制，始终保持在固定位置。background-attachment属性的语法格式如下。

```
background-attachment: scroll | fixed;
```

background-attachment 属性的属性值说明见表4-5。

表4-5　　　　　　　　background-attachment 属性的属性值说明

属性值	说明
scroll	默认值，当页面滚动时，页面背景图像会自动跟随滚动条的下拉操作与页面的其余部分一起滚动
fixed	该属性值用于设置背景图像在页面的可见区域，也就是背景图像固定不动

实战　设置网页背景图像固定
最终文件：最终文件\第4章\4-1-5.html　　　视频：视频\第4章\4-1-5.mp4

01 执行"文件>打开"命令，打开页面"源文件\第4章\4-1-5.html"，可以看到页面的HTML代码，如图4-13所示。在IE浏览器中预览该页面，拖动浏览器滚动条时，网页背景图像会随着页面内容一起滚动，如图4-14所示。

```
<!doctype html>
<html>
<head>
<meta charset="utf-8">
<title>设置网页背景图像固定</title>
<link href="style/4-1-2.css" rel="stylesheet" type="text/css">
</head>

<body>
<div id="logo"><img src="images/41202.png" width="98" height="114" alt=""></div>
<div id="text">
  <p class="font01">我们 @ 向上</p>
  <p>每一次挖掘，都必须小心置放，小小的失误，都可能导致无法挽回的损失。寻找品牌价值的工作，同样如此。</p>
  <p>对于尊敬的客户，我们同样谨小慎微，未敢丝毫懈怠，始终保持热忱与感激，因为我们珍视您长久的信任。</p>
  <p>在中国市场，我们与众多优秀的知名企业合作，用卓越的创意与互动体验为客户提供互联网解决方案，成为他们长期信赖的合作伙伴。我们的专业领域涵盖互动行销与企业网站创意设计、Minisite产品活动网站设计，并动多媒体设计等服务。</p>
  <p>品质：无论是整体的框架，还是局部的细节，您都能感受到我们对于品质的追求。</p>
  <p>创新：从新思想、新创意开始，作为我们工作的主要推动力，您将获得与众不同的策略思想，并且我们将和您一起实施执行。</p>
  <p class="font01">我们最近的作品</p>
<img src="images/41203.jpg" width="210" height="118" alt=""/><img src="images/41204.jpg" width="210" height="118" alt=""/><img src="images/41205.jpg" width="210" height="118" alt=""/><img src="images/41206.jpg" width="210" height="118" alt=""/>
</body>
</html>
```

图4-13　页面HTML代码

图4-14　预览页面效果

02 转换到该网页所链接的外部CSS样式表文件中，找到名为body的标签CSS样式，可以看到该CSS样式中对背景图像设置的相关代码，如图4-15所示。在该CSS样式中添加background-attachment属性设置代码，如图4-16所示。

```
body {
    font-family: 微软雅黑;
    font-size: 14px;
    color: #FFF;
    line-height: 25px;
    background-color: #F8F8F8;
    background-image: url(../images/41201.jpg);
    background-repeat: no-repeat;
    background-position: center top;
}
```

图4-15　CSS样式代码

```
body {
    font-family: 微软雅黑;
    font-size: 14px;
    color: #FFF;
    line-height: 25px;
    background-color: #F8F8F8;
    background-image: url(../images/41201.jpg);
    background-repeat: no-repeat;
    background-position: center top;
    background-attachment: fixed;
}
```

图4-16　添加背景图像固定设置代码

03 保存外部CSS样式表文件，在浏览器中预览页面，可以看到为网页设置背景图像的效果，如图4-17所示。当拖动浏览器滚动条时，可以发现网页背景图像始终是固定不动的，如图4-18所示。

图4-17　预览页面效果

图4-18　背景图像固定不动

浏览器适配说明

背景基础CSS属性的浏览器兼容性见表4-6。

表4-6　　　　　　　　　　　　　　　背景基础CSS属性的浏览器兼容性

属性	Chrome	Firefox	Opera	Safari	IE
background-color	√	√	√	√	√
background-image	√	√	√	√	√
background-repeat	√	√	√	√	√
background-position	√	√	√	√	√
background-attachment	√	√	√	√	√

这5个基础的背景CSS属性从CSS1开始就已经写入到CSS规范中，所以获得了所有主流浏览器的广泛支持，在网页制作过程中可以放心大胆地使用这些属性来设置页面的背景效果。

▶▶▶ 4.2　CSS3背景尺寸属性

以前，网页中背景图像的大小是无法控制的，在CSS3中可以使用background-size属性来设置背景图像的尺寸，可以控制背景图像在水平和垂直两个方向的缩放，也可以控制背景图像拉伸覆盖背景区域的方式。

4.2.1　background-size属性的语法

CSS3中新增了background-size属性，通过该属性可以自由控制背景图像的大小。background-size属性的语法格式如下。

```
background-size: <length> | <percentage> | auto | cover | contain ;
```

background-size属性的属性值说明见表4-7。

┌─ **提示** ─
background-size属性可以使用<length>和<percentage>来设置背景图像的宽度和高度，第一个值设置宽度，第二个值设置高度，如果只给出一个值，则第二个值为auto。

表4-7　　　　　　　　　　　　　　　　　background-size属性的属性值说明

属性值	说明
length	由浮点数字和单位标识符组成的长度值，不可以为负值
percentage	取值为0%~100%之间的百分比值，不可以为负值。该百分比值是相对于页面元素来进行计算的，并不是根据背景图像的大小来进行计算
auto	默认值，将保持背景图像的原始尺寸大小
cover	对背景图像进行缩放，以适合铺满整个容器，但这种方法会对背景图像进行裁切
contain	保持背景图像本身的宽高比，将背景图像进行等比例缩放，但该方法会导致容器留白

4.2.2　background-size属性的浏览器兼容性

background-size属性与其他CSS3属性一样，得到了现代浏览器的较好支持，background-size属性的浏览器兼容性见表4-8。

表4-8　　　　　　　　　　　　　　　　background-size属性的浏览器兼容性

属性	Chrome	Firefox	Opera	Safari	IE
background-size	4.0+ √	4.0+ √	10.5+ √	3.1+ √	9+ √

浏览器适配说明

从表4-8中可以看出，在IE9+、Chrome 4.0+、Firefox 4.0+、Opera 10.5+ 和Safari 3.1+版本的浏览器中都可以直接使用W3C的标准写法，但是在低版本的浏览器中则需要加上各浏览器私有属性前缀。

```
background-size          /*W3C标准写法*/
-webkit-background-size   /*Webkit核心浏览器私有属性，如Chrome、Safari*/
-moz-background-size      /*Mozilla Gecko核心浏览器私有属性，如Firefox*/
-o-background-size        /*Presto核心浏览器私有属性，如Opera*/
-ms-background-size       /*Trident核心浏览器私有属性，如IE*/
```

但是在IE8及其以下版本的IE浏览器中是不支持background-size属性的，而且也很难通过其他的CSS属性直接模拟实现background-size属性所实现的效果。但是在一些实际应用中，如果背景图像只是一个小的视觉效果，可使用渐进增强来处理背景图像，仅从这个角度来说，就没有必要过于担心在IE浏览器下的缺陷了。

也可以通过Modernizr为IE8其及以下版本浏览器提供一个备选样式，Modernizr可以检测浏览器是否支持background-size属性，这样可以为不支持background-size属性的浏览器提供一个不同的背景图片，这种方案特别适合于背景图像缩放的情况。

实战　　**实现始终满屏显示的网页背景**

最终文件：最终文件\第4章\4-2-2.html　　　视频：视频\第4章\4-2-2.mp4

01 执行"文件>打开"命令，打开页面"源文件\第4章\4-2-2.html"，可以看到页面的HTML代码，如图4-19所示。在IE浏览器中预览该页面，可以看到该页面的效果，当前页面并没有设置背景图像，如图4-20所示。

```
<!doctype html>
<html>
<head>
<meta charset="utf-8">
<title>实现始终满屏显示的网页背景</title>
<link href="style/4-2-2.css" rel="stylesheet" type=
"text/css">
</head>

<body>
<div id="logo"><img src="images/42201.png" width="123"
height="120"  alt=""/></div>
<div id="menu_btn"><img src="images/42202.png" width="45"
 height="45"  alt=""/></div>
<div id="search_btn"><img src="images/42203.png" width=
"45" height="45"  alt=""/></div>
<div id="scroll_btn"><img src="images/42204.png" width=
"45" height="45"  alt=""/></div>
</body>
</html>
```

图4-19　页面HTML代码

图4-20　预览页面效果

02 转换到该网页所链接的外部CSS样式表文件中，找到名为body的标签CSS样式，在该CSS样式中添加背景图像相关的属性设置代码，如图4-21所示。保存CSS样式表文件，在IE11浏览器中预览页面，可以看到页面背景的效果，如图4-22所示。

```
body {
    font-size: 14px;
    color: #333;
    line-height: 25px;
    background-image: url(../images/42205.png);
    background-repeat: no-repeat;
    background-position: center center;
}
```

图4-21　添加背景相关属性设置代码

图4-22　预览页面效果

03 转换到外部CSS样式表文件中，在名为body的标签CSS样式中添加background-size属性设置代码，使用固定值，如图4-23所示。保存CSS样式表文件，在IE11浏览器中预览页面，可以看到以固定尺寸大小显示的页面背景图像，如图4-24所示。

```
body {
    font-size: 14px;
    color: #333;
    line-height: 25px;
    background-image: url(../images/42205.png);
    background-repeat: no-repeat;
    background-position: center center;
    background-size: 900px 600px;
}
```

图4-23　设置固定尺寸大小的背景图像

图4-24　预览页面效果

> **提示**
>
> background-size属性设置为固定尺寸大小，而背景图像将以所设置的固定尺寸大小显示，但这种方式会使背景图像不等比例缩放，从而使背景图像失真。如果background-size属性只取一个固定值呢？例如，background-size: 900px auto;，虽然此时背景图像的宽度依然是固定值900px，但背景图像的高度则会根据固定的宽度值进行等比例缩放。

04 转换到外部CSS样式表文件中，修改名为body的标签中background-size属性值的设置，使用百分比值，如图4-25所示。保存CSS样式表文件，在IE11浏览器中预览页面，可以看到设置背景图像显示百分比的效果，如图4-26所示。

```
body {
    font-size: 14px;
    color: #333;
    line-height: 25px;
    background-image: url(../images/42205.png);
    background-repeat: no-repeat;
    background-position: center center;
    background-size: 100% 100%;
}
```

图4-25　设置百分比大小的背景图像

图4-26　预览页面效果

提示

　　当background-size取值为百分比值时，不是相对于背景图片的尺寸大小来计算，而是相对于元素的宽度来计算。此处所设置的是<body>标签的背景图像，<body>标签就是整个页面，当设置的背景图像宽度和高度均为100%时，背景图像会始终占满整个屏幕，但这种情况下背景图像会不等比例缩放，从而导致背景图像失真。如果设置其中一个值为100%，另一个值为auto，能够实现背景图像的等比例缩放，保持背景图像不失真，但是这种方式又会导致背景图像可能无法完全覆盖整个容器区域。

---

05 转换到外部CSS样式表文件中，修改名为body的标签中background-size属性值为contain，如图4-27所示。保存CSS样式表文件，在IE11浏览器中预览页面，可以看到背景图像的效果，如图4-28所示。

```
body {
    font-size: 14px;
    color: #333;
    line-height: 25px;
    background-image: url(../images/42205.png);
    background-repeat: no-repeat;
    background-position: center center;
    background-size: contain;
}
```

图4-27　设置保持宽高比的背景图像

图4-28　预览页面效果

06 当设置background-size属性值为contain时，可以让背景图像保持本身的宽高比例，将背景图像缩放到宽度或高度正好适应所定义的容器区域，但这种情况下，会导致背景图像无法完全覆盖容器区域，出现留白。例如，当缩放浏览器窗口时，可以看到页面背景的留白，如图4-29所示。

07 转换到外部CSS样式表文件中，修改body标签中background-size属性值为cover，如图4-30所示。保存CSS样式表文件，在IE11浏览器中预览页面，可以看到以百分比值设置的背景图像效果，如图4-31所示。

提示

　　注意，在为<body>标签设置背景图像，并且设置background-size属性的值为cover时，必须添加body, html{height:100%;}的CSS样式设置，否则在页面中预览时背景效果可能会出错。

图4-29　调整浏览器窗口时页面背景出现留白

```
body {
    font-size: 14px;
    color: #333;
    line-height: 25px;
    background-image: url(../images/42205.png);
    background-repeat: no-repeat;
    background-position: center center;
    background-size: cover;
}
```

图4-30　设置cover属性值

图4-31　预览页面效果

08 当设置background-size属性为cover时，背景图像会自动进行等比例缩放，通过对背景图像进行裁切的方式铺满整个容器背景。所以，无论如何缩放浏览器窗口时，可以看到页面背景始终是满屏显示的，如图4-32所示。

图4-32　调整浏览器窗口时背景图像始终铺满背景

提示

　　background-size: cover属性设置配合background-position: center;属性设置常用来制作满屏的背景图像效果。唯一的缺点是，需要制作一张足够大的背景图像，保证即使在较大分辨率的浏览器中显示，背景图像依然能够表现得非常清晰。

浏览器适配说明

　　（1）为了能够使除IE浏览器以外的低版本浏览器也能够正常显示页面，所以除了使用标准写法外，还应该添加不同核心浏览器私有属性的写法，如图4-33所示。使用Chrome浏览器预览页面，可以看到同样满屏显示的背景图像，如图4-34所示。

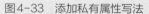

图4-33　添加私有属性写法　　　　　　图4-34　在Chrome浏览器中预览页面效果

（2）IE9以下版本的浏览器依然没有办法支持background-size属性所实现的效果，但是并没有关系，在IE9以下版本的浏览器中会降级显示，直接忽略background-size属性的设置，依然能够显示背景图像效果。例如，在IE7浏览器中预览该页面的效果如图4-35所示。

图4-35　在IE7中预览页面效果

> 提示
>
> IE9以下版本的IE浏览器不支持back-ground-size属性，这就需要我们能够提供一张足够大的背景图像，这样在IE9以下版本的IE浏览器中依然可以看到满屏显示的背景图像，只不过背景图像是以原始尺寸大小显示的，而没有进行缩放。

▶▶▶ 4.3　CSS3背景原点属性

默认情况下，background-position属性总是以元素左上角原点作为背景图像定位，使用CSS3中新增的background-origin属性可以改变背景图像的定位原点位置。

4.3.1　background-origin属性的语法

通过使用CSS3新增的background-origin属性可以极大地改善背景图像的定位方式，更加灵活地对背景图像进行定位。background-origin属性的语法格式如下。

```
background-origin: padding | border | content;
```

这种语法是早期的Wekit和Gecko核心浏览器（Chrome、Safari和Firefox低版本）支持的一种老的语法格式，在新版本的浏览器中background-origin属性具有新的语法格式如下。

```
background-origin: padding-box | border-box | content-box;
```

> **提示**
>
> 　　在IE9+、Chrome 4+、Firefox 4.0+、Safari 3.0+和Opera 10.5+版本的浏览器中都支持background-origin属性新的语法格式。

background-origin属性的属性值说明见表4-9。

表4-9 background-origin属性的属性值说明

属性值	说明
padding-box(padding)	默认值，表示background-position属性定位背景图像时，背景图像的起始位置从元素填充的外边缘（border的内边缘）开始显示背景图像
border-box(border)	表示background-position属性定位背景图像时，背景图像的起始位置从元素边框的外边缘开始显示背景图像
content-box(content)	表示background-position属性定位背景图像时，背景图像的起始位置从元素内容区域的外边缘（padding的内边缘）开始显示背景图像

> **提示**
>
> 　　在IE8以下版本的IE浏览器中，background-origin属性的默认值为border，背景图像的background-position属性是从border开始显示背景图像。

4.3.2　background-origin属性的浏览器兼容性

background-origin属性能够决定背景图像定位的起始点位置，background-origin属性的浏览器兼容性见表4-10。

表4-10 background-origin属性的浏览器兼容性

属性	Chrome	Firefox	Opera	Safari	IE
background-origin	1.0+ √	3.0+ √	10.5+ √	3.1+ √	9+ √

浏览器适配说明

　　虽然高版本的现代主流浏览器都能够支持background-origin属性，但是在不同核心的浏览器中还需要使用各自的私有属性前缀。

　　为了保证只要支持background-origin属性的浏览器都能够正常运行，可以按照下面的方式来使用background- origin属性。

```
/*低版本的Webkit和Gecko核心浏览器*/
-webkit-background-origin: padding | border | content;
-moz-background-origin: padding | border | content;
/*高版本的Webkit和Gecko核心浏览器*/
-webkit-background-origin: padding-box | border-box | content-box;
-moz-background-origin: padding-box | border-box | content-box;
```

```
/*Presto核心浏览器 */
-o-background-origin: padding-box | border-box | content-box;
/*Trident核心浏览器 */
-ms-background-origin: padding-box | border-box | content-box;
/*W3C标准 */
background-origin: padding-box | border-box | content-box;
```

实战 实现始终满屏显示的网页背景
最终文件:最终文件\第4章\4-3-2.html   视频:视频\第4章\4-3-2.mp4

01 执行"文件>打开"命令,打开页面"源文件\第4章\4-3-2.html",可以看到页面的HTML代码,如图4-36
所示。在IE浏览器中预览该页面,可以看到该页面的效果,如图4-37所示。

```
<!doctype html>
<html>
<head>
<meta charset="utf-8">
<title>使用background-origin属性控制背景图像显示原点位置</title>
<link href="style/4-3-2.css" rel="stylesheet" type="text/css">
</head>
<body>
<div id="box">
  <div id="bg"></div>
</div>
</body>
</html>
```

图4-36 页面HTML代码

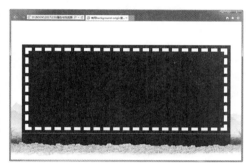

图4-37 预览页面效果

02 转换到该网页所链接的外部CSS样式表文件中,找到名为#bg的CSS样式,在该CSS样式中添加背景图像相
关的属性设置代码,如图4-38所示。保存CSS样式表文件,在IE11浏览器中预览页面,可以看到为页面中id名
称为bg的元素设置背景图像的效果,如图4-39所示。

```
#bg {
    width: 870px;
    height: 336px;
    padding: 15px;
    border: dashed 15px #FFF;
    background-image: url(../images/43202.jpg);
    background-repeat: no-repeat;
}
```

图4-38 添加背景图像设置代码

图4-39 默认背景图像显示效果

03 转换到外部CSS样式表文件中,在名为#bg的CSS样式中添加background-origin属性设置代码,如图
4-40所示。保存CSS样式表文件,在IE11浏览器中预览页面,可以看到背景图像从元素边框的内边缘开始显示,
如图4-41所示。

背景图像从元素边框
的内边缘开始显示 →

```
#bg {
    width: 870px;
    height: 336px;
    padding: 15px;
    border: dashed 15px #FFF;
    background-image: url(../images/43202.jpg);
    background-repeat: no-repeat;
    background-origin: padding-box;
}
```

图4-40　添加background-origin属性设置代码

图4-41　预览背景图像显示效果

> **提示**
>
> 　　通过观察可以发现，将background-origin属性设置为padding-box时，与没有添加background-origin属性设置时的效果完全一致。这是因为元素的background-origin默认值就是padding-box，换句话说，浏览器在显示背景图像时，默认从元素的边框内边缘（padding的外边缘）开始显示。

04 转换到外部CSS样式表文件中，在名为#bg的CSS样式中将background-origin属性值修改为border-box，如图4-42所示。保存CSS样式表文件，在IE11浏览器中预览页面，可以看到背景图像从元素边框的外边缘开始显示，如图4-43所示。

背景图像从元素边框
的外边缘开始显示 →

```
#bg {
    width: 870px;
    height: 336px;
    padding: 15px;
    border: dashed 15px #FFF;
    background-image: url(../images/43202.jpg);
    background-repeat: no-repeat;
    background-origin: border-box;
}
```

图4-42　修改background-origin属性值

图4-43　预览背景图像显示效果

> **提示**
>
> 　　将元素的background-origin值设置为border-box时不难发现，元素背景图像显示的起始位置不再是默认的从元素边框内边缘（padding外边缘）开始，而是变成了从元素边框外边缘开始，此时的背景图片直接在元素的边框底下。

05 转换到外部CSS样式表文件中，在名为#bg的CSS样式中将background-origin属性值修改为content-box，如图4-44所示。保存CSS样式表文件，在IE11浏览器中预览页面，可以看到背景图像从元素填充区域的内边缘开始显示，如图4-45所示。

> **提示**
>
> 　　当使用background-origin属性设置元素背景图像的起始位置时，需要将background-attachment属性设置为scroll，scroll为background-attachment属性的默认值。但是如果将background-attachment属性设置为fixed，则background-origin属性将不起任何作用。

背景图像从元素填充区
域的内边缘开始显示

```
#bg {
    width: 870px;
    height: 336px;
    padding: 15px;
    border: dashed 15px #FFF;
    background-image: url(../images/43202.jpg);
    background-repeat: no-repeat;
    background-origin: content-box;
}
```

图4-44　修改background-origin属性值

图4-45　预览背景图像显示效果

浏览器适配说明

（1）为了能够兼容除IE浏览器之外的其他低版本浏览器，可以在设置background-origin属性时，同时添加不同核心浏览器私有属性的写法，如图4-46所示。使用Chrome浏览器预览页面，可以同样看到使用background-origin属性设置元素背景图像起始位置的效果，如图4-47所示。

```
#bg {
    width: 870px;
    height: 336px;
    padding: 15px;
    border: dashed 15px #FFF;
    background-image: url(../images/43202.jpg);
    background-repeat: no-repeat;
    /*低版本的Webkit和Gecko内核浏览器*/
    -webkit-background-origin: content;
    -moz-background-origin: content;
    /*高版本的Webkit和Gecko内核浏览器*/
    -webkit-background-origin: content-box;
    -moz-background-origin: content-box;
    /*Presto内核浏览器*/
    -o-background-origin: content-box;
    /*Internet Explorer浏览器*/
    -ms-background-origin:content-box;
    /*W3C标准写法*/
    background-origin: content-box;
}
```

图4-46　添加不同核心浏览器私有属性写法

图4-47　在Chrome浏览器中预览效果

（2）遗憾的是IE9以下版本的浏览器依然没有办法支持background-origin属性所实现的效果，例如，在IE8浏览器中预览该页面的效果如图4-48所示。

图4-48　在IE8浏览器中预览效果

提示

在IE9以下版本的IE浏览器中不支持backgroun-origin属性，会自动跳过该属性的设置，使用低版本IE浏览器默认的背景图像起始位置开始显示背景图像。

▶▶▶ 4.4 CSS3背景裁切属性

在CSS3中新增了背景图像裁剪区域属性background-clip，通过该属性可以定义背景图像的裁剪区域。

4.4.1 background-clip属性的语法

background-clip属性与background-origin属性比较类似，background-clip属性的语法格式如下。

```
background-clip: border-box | padding-box | content-box;
```

background-clip属性的语法规则与background-origin属性的语法规则一样，其取值也很相似。back-ground-clip属性的属性值说明见表4-11。

表4-11   background-clip属性的属性值说明

属性值	说明
padding-box	所设置的背景图像从元素的padding区域向外裁剪，即元素padding区域之外的背景图像将被裁剪掉
border-box	默认值，所设置的背景图像从元素的border区域向外裁剪，即元素边框之外的背景图像都将被裁剪掉
content-box	所设置的背景图像从元素的content区域向外裁剪，即元素内容区域之外的背景图像将被裁剪掉

4.4.2 background-clip属性的浏览器兼容性

background-clip属性在浏览器兼容性方面与background-origin属性也极其相似，background-clip属性的浏览器兼容性见表4-12。

表4-12   background-clip属性的浏览器兼容性

属性	Chrome	Firefox	Opera	Safari	IE
background-clip	4.0+ √	4.0+ √	10.5+ √	5.0+ √	9+ √

浏览器适配说明

与background-origin属性相同，在使用background-clip属性时同样需要为不同核心的浏览器添加各自的私有属性前缀。

需要注意的是，background-clip属性在Gecko核心浏览器（Firefox 3.6及其以下版本）不支持content-box属性值，并且使用border和padding属性值来代替标准语法中的border-box和padding-box属性值。

Safari 5浏览器可以支持标准属性中的border-box和padding-box属性值，但是不支持content-box属性值，只有加上Webkit核心私有属性前缀时，才能够支持content-box属性值。

为了保证只要支持background-clip属性的浏览器都能够正常运行，可以按照下面的方式来使用background-clip属性。

```
/*低版本的Gecko核心浏览器*/
-moz-background-clip: padding | border;
```

```
/*高版本的Webkit和Gecko核心浏览器*/
-webkit-background-clip: padding-box | border-box | content-box;
-moz-background-clip: padding-box | border-box | content-box;
/*Presto核心浏览器*/
-o-background-clip: padding-box | border-box | content-box;
/*Trident核心浏览器*/
-ms-background-clip: padding-box | border-box | content-box;
/*W3C标准*/
background-clip: padding-box | border-box | content-box;
```

实战　使用background-clip属性控制元素背景图像的显示区域

最终文件：最终文件\第4章\4-4-2.html　　　视频：视频\第4章\4-4-2.mp4

01 执行"文件>打开"命令，打开页面"源文件\第4章\4-4-2.html"，转换到该网页所链接的外部CSS样式表文件中，可以看到名称为#box的CSS样式的设置代码，如图4-49所示。在IE浏览器中预览该页面，可以看到id名称为bg的元素背景图像的显示效果，如图4-50所示。

```
#box {
    width: 900px;
    height: 366px;
    background-color: #000;
    margin: 113px auto 0px auto;
    padding: 15px;
    border: dashed 15px #CCC;
    background-image: url(../images/44201.jpg);
    background-repeat: no-repeat;
}
```

图4-49　CSS样式代码

图4-50　预览页面效果

02 转换到外部CSS样式表文件中，在名为#box的CSS样式中添加background-clip属性设置，设置其属性值为border-box，如图4-51所示。保存CSS样式表文件，在IE11浏览器中预览页面，可以看到背景图像的显示效果，如图4-52所示。

```
#box {
    width: 900px;
    height: 366px;
    background-color: #000;
    margin: 113px auto 0px auto;
    padding: 15px;
    border: dashed 15px #CCC;
    background-image: url(../images/44201.jpg);
    background-repeat: no-repeat;
    background-clip: border-box;
}
```

图4-51　添加background-clip属性设置代码

图4-52　预览页面效果

> **提示**
>
> 通过观察可以发现，将background-clip属性设置为border-box时，与没有添加background-clip属性设置时的效果完全一致。这是因为元素的background-clip默认值就是border-box。元素中的背景图像从左上角的内部填充区域开始至右下角边框外边缘止。

03 转换到外部CSS样式表文件中，在名为#box的CSS样式中将background-clip属性值修改为padding-box，如图4-53所示。保存CSS样式表文件，在IE11浏览器中预览页面，可以看到背景图像的显示效果，如图4-54所示。

```
#box {
    width: 900px;
    height: 366px;
    background-color: #000;
    margin: 113px auto 0px auto;
    padding: 15px;
    border: dashed 15px #CCC;
    background-image: url(../images/44201.jpg);
    background-repeat: no-repeat;
    background-clip: padding-box;
}
```

图4-53　修改background-clip属性值

图4-54　预览页面效果

> **提示**
>
> 当设置background-clip属性为padding-box时，元素的背景发生了很大的变化，整个背景（背景颜色和背景图像）超出元素padding外边缘的部分全部被裁剪掉了，此时并不是成比例裁剪，而是直接将超出padding边缘的背景裁剪掉。

04 转换到外部CSS样式表文件中，在名为#box的CSS样式中将background-clip属性值修改为content-box，如图4-55所示。保存CSS样式表文件，在IE11浏览器中预览页面，可以看到背景图像的显示效果，如图4-56所示。

```
#box {
    width: 900px;
    height: 366px;
    background-color: #000;
    margin: 113px auto 0px auto;
    padding: 15px;
    border: dashed 15px #CCC;
    background-image: url(../images/44201.jpg);
    background-repeat: no-repeat;
    background-clip: content-box;
}
```

图4-55　修改background-clip属性值

图4-56　预览页面效果

> **提示**
>
> 当设置background-clip属性为content-box时，元素的背景发生了很大的变化，整个背景（背景颜色和背景图像）超出元素内容区域的部分全部被裁剪掉了。

浏览器适配说明

（1）为了能够兼容除IE浏览器之外的其他低版本浏览器，可以在设置background-clip属性时，同时添加不同核心浏览器的私有属性的前缀，如图4-57所示。使用Chrome浏览器预览页面，可以同样看到使用background-clip属性对背景图像进行裁剪的效果，如图4-58所示。

```
#box {
    width: 900px;
    height: 366px;
    background-color: #000;
    margin: 113px auto 0px auto;
    padding: 15px;
    border: dashed 15px #CCC;
    background-image: url(../images/44201.jpg);
    background-repeat: no-repeat;
    /*Webkit和Gecko内核浏览器*/
    -webkit-background-clip: content-box;
    -moz-background-clip: content-box;
    /*Presto内核浏览器*/
    -o-background-clip: content-box;
    /*Internet Explorer浏览器*/
    -ms-background-clip: content-box;
    /*W3C标准*/
    background-clip: content-box;
}
```

图4-57　添加不同核心浏览器的私有属性前缀

图4-58　在Chrome浏览器中预览效果

（2）遗憾的是IE9以下版本的IE浏览器依然没有办法支持background-clip属性所实现的效果，例如，在IE8浏览器中预览该页面的效果如图4-59所示。

图4-59　在IE8浏览器中预览效果

提示

在IE9以下版本的IE浏览器中不支持backgroun-clip属性，会自动跳过该属性的设置。如果一定需要在IE9以下版本的IE浏览器中表现出backgroun-clip属性所实现的效果，可以放弃使用backgroun-clip属性，而采用传统的Div嵌套并分别设置边框或背景的方法，同样能够实现相同的效果。

▶▶▶ 4.5　CSS3多背景属性

在CSS3之前，每个容器只能设置一张背景图像，因此每当需要增加一张背景图像时，必须至少添加一个容器来容纳它。早期使用嵌套Div容器显示特定背景的做法不是很复杂，但是它明显难以管理和维护。

在CSS3中可以通过background属性为一个容器应用一张或多张背景图像。代码与CSS2中一样，只需要用逗号来区分各个背景图设置。第一个声明的背景图像定位在容器顶部，其他的背景图像依次在其下排列。

4.5.1　CSS3多背景属性的语法

CSS3多背景属性的语法和CSS中背景属性的语法其实并没有本质上的区别，只是在CSS3中可以给多个背景图像设置相同或不同的背景相关属性，其中最重要的是在CSS3多背景属性中，相邻背景设置之间必须使用逗号分隔开。background多背景的语法格式如下。

```
background: [background-image]|[background-repeat]|[background-attachment]|
[background-position]|[background-size]|[background-origin]|[background-clip],*;
```

CSS3多背景的属性参数与CSS的基础背景属性参数类似，只是在其基础上增加了CSS3为背景添加的新属性，多背景图像的属性值说明见表4-13。

表4-13　　　　　　　　　　　　background属性的属性值说明

属性值	说明
background-image	设置元素的背景图像，可以使用相对地址或绝对地址的图像文件
background-repeat	设置元素背景图像的平铺方式，默认值为repeat
background-attachment	设置元素的背景图像是否为固定，默认值为scroll
background-position	设置元素背景图像的定位，默认值为left top
background-size	设置元素的背景图像尺寸大小，默认值为auto
background-origin	设置元素背景图像定位的默认起始点，默认值为padding-box
background-clip	设置元素背景图像的显示区域大小，默认值为border-box

除了background-color属性外，其他的属性都可以设置多个属性值，不过前提是元素有多个背景图像存在。如果这个条件成立，多个属性之间必须使用逗号分隔开。其中background-image属性需要设置多个，而其他属性可以设置一个或多个，如果一个元素有多个背景图像，其他属性只有一个属性值时，表示所有背景图像都应用了相同的属性值。

> **提示**
>
> 　　注意，在使用background属性为元素设置多个背景图像时，background-color属性值只能设置一个，如果设置了多个background-color属性值将是一种致命的语法错误。

4.5.2　CSS3多背景的优势

　　CSS3多背景属性的出现，使设计师部分摆脱了对Photoshop等绘图工具的依赖。伴随着浏览器支持力度的加强，CSS3多背景功能会得到广泛使用。

　　CSS3多背景也有层次之分，是按照浏览器中显示的图像叠放的顺序从上往下指定的，最先声明的背景图像将会居于最上层，最后指定的背景图像将放在最底层。

　　在CSS3出现之前要实现一个多背景图像的效果，需要在HTML标签中添加多个标签，也就是有多少张背景图像就需要设置多少个HTML标签；另一种方法是将多张背景图像通过Photoshop等绘图工具合成为一张图像，这样增加了后期修改的难度，页面控制不灵活。综合而言，这两种方法都不是最佳方案，不过这两种方法能够被所有浏览器兼容，故深受众多Web设计师喜欢。

　　CSS3的多背景属性只需要一个标签，设计师省去了合成图像的工作量，还易于代码维护、后期更新，但其浏览器兼容性不强，使得众多Web设计师不敢尝试使用。

4.5.3　CSS3多背景的浏览器兼容性

　　CSS3多背景属性在高版本的现代浏览器中都能够获得良好的支持，但是IE8及其以下版本的IE浏览器，以及Firefox和Opera低版本的浏览器并不支持。Background多背景属性的浏览器兼容性见表4-14。

属性	Chrome	Firefox	Opera	Safari	IE
background	10.0+ √	3.6+ √	10.6+ √	3.2+ √	9+ √

表4-14   background多背景属性的浏览器兼容性

浏览器适配说明

　　CSS3多背景属性在各支持的浏览器下都采用W3C的标准写法，并不需要添加各浏览器私有属性前缀，但是如果在多背景属性中需要设置background-size、background-origin、background-clip时，还是需要添加各浏览器私有属性前缀的。

　　在一些效果中，为元素使用多背景图像仅仅是起到锦上添花的效果，对于用户要求不是很高的时候可以不考虑其浏览器兼容性的处理。

　　但是在有些场合中，缺少一些图片总体效果会不尽如人意。如使用多背景制作一个按钮时，设计好的按钮有左中右三个图像切片组合而成，但是在不支持CSS3多背景属性的浏览器中仅显示中间的部分。这样的场景下使用CSS3多背景图像属性就需要谨慎，因为可选的兼容方案并不多。

　　对于不支持CSS3多背景图像属性的浏览器，最简单的方案就是提供一张单一的背景图像。通过Modernizr分别定义不同的浏览器。当然可以在属性中重复定义background-image属性，但特别要注意，多背景属性需要写在单一背景属性的后面，而且还需要确保这张单一背景图像确实可用。这是处理CSS3多背景图像属性兼容性的常用方案，也是最容易的方案，而且不会对多背景图像属性造成任何的影响。

　　相比上一种方案来说，使用嵌套HTML标签来显示多背景图像更稳妥，更具有扩展性，但工作强度也就相应增加了，而且又回到了CSS2时代。如果决定使用这种方案，必须使用Modernizr或者IE条件注释来检测浏览器，并相应地做不同的处理。否则，在支持多背景图像的浏览器中背景就会重复显示。因此这种方案也不能叫作兼容方案，因为嵌套的标签在所有浏览器上都能够正常工作，与其这样，倒不如完全不使用多背景图像技术。

实战   **为网页设置多背景图像效果**

最终文件：最终文件\第4章\4-5-3.html   视频：视频\第4章\4-5-3.mp4

01 执行"文件>打开"命令，打开页面"源文件\第4章\4-5-3.html"，可以看到页面的HTML代码，如图4-60所示。在IE11浏览器中预览该页面，可以看到页面的效果，如图4-61所示。

```
<!doctype html>
<html>
<head>
<meta charset="utf-8">
<title>为网页设置多背景图像效果</title>
<link href="style/4-5-3.css" rel="stylesheet" type="text/css">
</head>

<body>
<div id="menu"><img src="images/45304.png" width="97" height=
"124"  alt=""/></div>
<div id="logo"><img src="images/45305.png" width="167" height=
"50"  alt=""/></div>
<div id="text"><span class="font01">Welcome</span><br>
  2018 SEMESTRE
</div>
</body>
</html>
```

图4-60　页面HTML代码   图4-61　预览页面效果

02 转换到该网页所链接的外部CSS样式表文件中，找到名为body的标签CSS样式设置，可以看到该CSS样式设置代码，如图4-62所示。在该CSS样式中添加background多背景图像的设置代码，如图4-63所示。

```
body {
    font-family: 微软雅黑;
    font-size: 14px;
    color: #333;
    background-color: #EBEBEB;
}
```

图4-62　CSS样式代码

```
body {
    font-family: 微软雅黑;
    font-size: 14px;
    color: #333;
    background-color: #EBEBEB;
    background: url(../images/45301.png) no-repeat center 70px,
               url(../images/45302.png) no-repeat center top,
               url(../images/45303.png) repeat;
}
```

图4-63　添加background多背景图像设置代码

> **提示**
>
> 此处在background属性中同时设置了3个背景图像，中间使用逗号隔开，每个背景图像设置了不同的平铺方式，写在前面的背景图像会显示在上面，写在后面的背景图像则显示在下面。

03 保存外部CSS样式表文件，在IE11浏览器中预览页面，可以看到为页面同时设置多个背景图像的效果，如图4-64所示。但是如果使用IE9以下版本的IE浏览器进行预览时，则完全看不到所设置的多背景图像的效果，如图4-65所示。

图4-64　在IE11中预览页面效果

图4-65　在IE8中预览页面效果

浏览器适配说明

（1）为了解决低版本IE浏览器的兼容性问题，可以通过IE条件注释的方法来判断浏览器版本。返回到网页HTML代码中，在<head>与</head>标签之间添加IE条件注释代码，如图4-66所示。在外部CSS样式表4-5-3old.css文件中创建名为.bg01的类CSS样式，如图4-67所示。

```
<head>
<meta charset="utf-8">
<title>为网页设置多背景图像效果</title>
<link href="style/4-5-3.css" rel="stylesheet" type="text/css">
<!--[if lt IE 9]>
<link href="style/4-5-3old.css" rel="stylesheet" type="text/css">
<![endif]-->
</head>
```

图4-66　添加IE条件注释代码

```
.bg01 {
    background-image: url(../images/45306.jpg);
    background-repeat: no-repeat;
    background-position: center top;
}
```

图4-67　CSS样式代码

> **提示**
>
> 此处所添加的IE条件注释语句的作用是当判断出用户使用IE9以下版本的IE浏览器浏览页面时，将调用代码中的低版本浏览器CSS样式表文件。如果用户使用的是IE9及其以上版本IE浏览器或者是其他核心的浏览器，则会跳过该部分注释代码。

> **提示**
>
> 　　在低版本浏览器CSS样式表文件中创建一个类CSS样式，在该类CSS样式中使用基础的背景CSS属性设置页面背景效果。注意，这里所使用的背景图像是一个经过合成处理后的背景图像。

　　（2）返回4-5-3.html页面中，在<body>标签中应用名为bg01的类CSS样式，如图4-68所示。保存页面，在IE8浏览器中预览该页面，可以看到页面的背景效果，这样就实现了在低版本IE浏览器中保持显示效果的统一，如图4-69所示。

```
<body class="bg01">
<div id="menu"><img src="images/45304.png" width=
"97" height="124"  alt=""/></div>
<div id="logo"><img src="images/45305.png" width=
"167" height="50"  alt=""/></div>
<div id="text"><span class="font01">Welcome</span>
<br>
  2018 SEMESTRE
</div>
</body>
```

图4-68　CSS样式代码

图4-69　在IE8中预览页面效果

▶▶▶ 4.6　本章小结

　　通过CSS背景属性的应用能够很好地控制元素背景的表现，而CSS3中新增的背景设置属性能够使用户更加方便快捷地设置背景效果。目前，只有IE9以下版本的IE浏览器对CSS3新增的背景设置属性无法提供支持，而其他的主流浏览器基本上都能够提供良好的支持。本章涵盖了CSS中关于背景的所有属性及其使用方法，就算是新手，通过学习本章的内容，也能够将各CSS背景属性融会贯通。

第5章

CSS3丰富的颜色设置方法

随着互联网的迅速发展，一个网站给人留下的第一印象既不是它的内容，也不是它的设计，而是网站的颜色。在CSS3之前只提供了3种设置网页元素色彩的方式，分别是色彩名称关键词、十六进制颜色值和RGB颜色值。而在CSS3中新增了多种颜色设置方式，不仅可以设置半透明的颜色效果，还可以实现渐变的颜色效果。

本章知识点：

- 掌握opacity属性的使用方法及浏览器兼容性
- 了解RGBA、HSL和HSLA颜色模式
- 掌握RGBA、HSLA颜色的使用方法
- 理解并掌握CSS3线性渐变的使用方法及浏览器兼容性
- 理解并掌握CSS3径向渐变的使用方法及浏览器兼容性

▶▶▶ 5.1 CSS3透明属性

以前，网页中元素想要实现半透明的效果大多数都是通过背景图片来实现的，CSS3中新增了opacity属性，可以通过该属性直接设置网页元素的透明度。

5.1.1 opacity属性的语法

使用opacity属性可以通过具体的数值设置元素透明的程度，能够使网页任何元素呈现出半透明的效果。opacity属性的语法格式如下。

```
opacity: <length> | inherit;
```

opacity属性的属性值说明见表5-1。

表5-1 opacity属性的属性值说明

属性值	说明
length	默认值为1，可以取0~1之间的任意浮点数，不可以为负数。当取值为1时，元素完全不透明；反之，取值为0时，元素完全透明不可见
inherit	表示继承元素的opacity属性值，即继承父元素的不透明度

5.1.2 opacity属性的浏览器兼容性

除了IE8及其以下版本的IE浏览器不支持opacity属性外，其他的主流浏览器都支持opacity属性。opacity属性的浏览器兼容性见表5-2。

表5-2 opacity属性的浏览器兼容性

属性	Chrome	Firefox	Opera	Safari	IE
opacity	1.0+ √	1.5+ √	9.0+ √	3.1+ √	9+ √

浏览器适配说明

虽然IE8及其以下版本的IE浏览器不支持opacity属性，但是可以使用其专有的alpha滤镜来实现元素透明的效果。需要注意的是，IE8浏览器及其以下版本的IE浏览器对alpha滤镜的写法不同，具体写法如下。

```
/*IE5至IE7*/
filter: alpha(opacity=透明值);
/*IE8*/
-ms-filter:"progid:DXImageTransform.Microsoft.Alpha(Opacity=透明值)";
```

注意，alpha滤镜中的透明值并不是0~1之间的浮点数，而是0~100之间的任意整数，其中0表示元素完全透明不可见；反之，取值为100时，元素无任何透明度。

实战 实现图片的半透明显示效果

最终文件：最终文件\第5章\5-1-2.html 视频：视频\第5章\5-1-2.mp4

01 执行"文件>打开"命令，打开页面"源文件\第5章\5-1-2.html"，可以看到页面的HTML代码，如图5-1所示。在IE浏览器中预览该页面，可以看到当前页面中的图片都显示为默认的完全不透明效果，如图5-2所示。

02 转换到该网页所链接的外部CSS样式表文件中，创建名为.pic01的类CSS样式，在该类CSS样式中设置opacity属性，如图5-3所示。返回到网页HTML代码中，为相应的图片应用名称为pic01的类CSS样式，如图5-4所示。

03 保存外部CSS样式表文件和HTML文件，在IE11浏览器中预览该页面，可以看到图片半透明的显示效果，如图5-5所示。转换到外部CSS样式表文件中，分别创建名为.pic02和.pic03的类CSS样式，并分别设置不同的透明值，如图5-6所示。

```
<!doctype html>
<html>
<head>
<meta charset="utf-8">
<title>实现图片的半透明显示效果</title>
<link href="style/5-1-2.css" rel="stylesheet" type=
"text/css">
</head>

<body>
<div id="box">
    <div id="logo"><img src="images/51205.png" width="200"
height="125"  alt=""/></div>
    <div id="work"><img src="images/51202.jpg" width="320"
height="360"  alt=""/><img src="images/51203.jpg" width=
"320" height="360" alt=""><img src="images/51204.jpg"
width="320" height="360"  alt=""/></div>
</div>
</body>
</html>
```

图5-1　页面HTML代码

图5-2　预览页面效果

```
.pic01 {
        opacity: 0.3;
}
```

图5-3　CSS样式代码

```
<body>
<div id="box">
  <div id="logo">
      <img src="images/51205.png" width="200" height="125"  alt=""/>
  </div>
  <div id="work">
      <img src="images/51202.jpg" width="320" height="360" alt="" class="pic01"/>
      <img src="images/51203.jpg" width="320" height="360" alt=""/>
      <img src="images/51204.jpg" width="320" height="360" alt=""/>
  </div>
</div>
</body>
```

图5-4　应用类CSS样式

图片半透明的显示效果

图5-5　在IE11中预览半透明图片效果

```
.pic02 {
        opacity: 0.5;
}
.pic03 {
        opacity: 0.8;
}
```

图5-6　CSS样式代码

04 返回到网页HTML代码中，为相应的图片分别应用名称为pic02和pic03的类CSS样式，如图5-7所示。保存外部CSS样式表文件和HTML文件，在IE11浏览器中预览该页面，可以看到将图片设置为不同透明度的效果，如图5-8所示。

```
<body>
<div id="box">
  <div id="logo">
      <img src="images/51205.png" width="200" height="125"  alt=""/>
  </div>
  <div id="work">
      <img src="images/51202.jpg" width="320" height="360" alt="" class="pic01"/>
      <img src="images/51203.jpg" width="320" height="360" alt="" class="pic02"/>
      <img src="images/51204.jpg" width="320" height="360" alt="" class="pic03"/>
  </div>
</div>
</body>
```

图5-7　应用类CSS样式

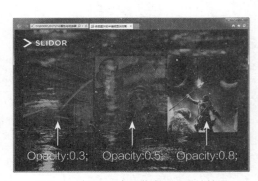

Opacity:0.3;　Opacity:0.5;　Opacity:0.8;

图5-8　在IE11中预览半透明图片效果

使用opacity属性设置可以设置任意网页元素的不透明度，不仅仅是图片的不透明度。但需要注意的是，为元素设置opacity属性后，该元素的所有后代元素都会继承该opacity属性设置。

浏览器适配说明

（1）大多数主流现代浏览器都能够为opacity属性提供良好的支持，而且并不需要使用各浏览器的私有属性前缀。例如，使用Chrome浏览器预览效果如图5-9所示。但是在IE8及其以下版本的IE浏览器中则无法支持opacity属性，故使用IE7浏览器的预览效果如图5-10所示。

图5-9　在Chrome浏览器中预览页面效果

图5-10　在IE7浏览器中预览页面效果

（2）前面已经介绍过，在IE8及其以下版本的IE浏览器中可以使用IE专有的alpha滤镜来实现元素的半透明效果。转换到外部CSS样式表文件中，在刚创建的类CSS样式中分别添加alpha滤镜的设置代码，如图5-11所示。保存外部CSS样式表文件，在IE7浏览器中预览该页面，同样可以看到图片半透明的显示效果，如图5-12所示。

```
.pic01 {
    /*IE5至IE7*/
    filter: alpha(opacity=30);
    /*IE8*/
    -ms-filter:"progid:DXImageTransform.Microsoft.Alpha(Opacity=30)";
    /*其他浏览器*/
    opacity: 0.3;
}
.pic02 {
    /*IE5至IE7*/
    filter: alpha(opacity=50);
    /*IE8*/
    -ms-filter:"progid:DXImageTransform.Microsoft.Alpha(Opacity=50)";
    /*其他浏览器*/
    opacity: 0.5;
}
.pic03 {
    /*IE5至IE7*/
    filter: alpha(opacity=80);
    /*IE8*/
    -ms-filter:"progid:DXImageTransform.Microsoft.Alpha(Opacity=80)";
    /*其他浏览器*/
    opacity: 0.8;
}
```

图5-11　添加alpha滤镜设置代码

图5-12　在IE7浏览器中预览页面效果

提示

alpha滤镜是低版本IE浏览器的专有滤镜，IE9及其以上版本中的IE浏览器已经不再支持该滤镜。IE9及其以上版本的IE浏览器或者其他非IE浏览器中，会自动忽略alpha滤镜的设置代码。

▶▶▶ 5.2　CSS3颜色模式

网页中的颜色搭配好可以更好地吸引浏览者的目光，在CSS2.1的基础上CSS3新增了RGBA、HSL和HSLA这3种颜色定义方法，有效地丰富了网页色彩的表现效果。

5.2.1　RGBA颜色模式

在CSS3中，RGBA颜色模式在RGB颜色模式的基础上增加了控制透明度alpha的参数，其中RGB颜色模式（也称为三原色）是工业界的一种颜色标准，通过红（R）、绿（G）、蓝（B）3个颜色通道的变化，以及它们相互之间的叠加得到各种颜色，RGB几乎包括人类视力所能感知的所有颜色，是目前运用最广的颜色系统之一。而RGBA颜色模式仅在RGB颜色模式的基础上增加了alpha通道，用来设置颜色的透明度。

RGBA颜色模式的语法格式如下。

```
rgba (r,g,b,<opacity>);
```

R、G和B分别表示红色、绿色和蓝色3种原色所占的比例，R、G和B的值可以是正整数或百分数，正整数值的取值范围为0~255，百分比数值的取值范围为0%~100%，超出范围的数值将被截至其最接近的取值极限。注意，并非所有浏览器都支持百分数值。第四个属性值<opacity>表示不透明度，取值范围为0~1。

5.2.2　alpha通道与opacity属性的区别

颜色的透明度可以分为alpha和opacity两种，opacity是CSS3中专门用来设置元素透明度的一个属性，可以为网页中所有元素设置半透明效果，其取值范围为0~1，0表示完全透明，1表示完全不透明。而alpha通道是在RGBA和HSLA颜色模式中用于实现半透明颜色的，针对的是背景颜色、边框颜色、文字颜色等色彩的透明度。

opacity属性只能够为元素设置一个透明度，并且其透明度直接会被其后代元素继承。例如，如果为某个Div元素设置了opacity属性，则该Div中所包含的所有元素，包括背景颜色、背景图像、文字、图片等全部都会继承该Div的opacity属性设置。

而alpha通道目前只存在于RGBA和HSLA两种颜色模式中，仅针对元素的颜色设置起作用，而不会对元素中所包含的其他非色彩元素起作用。换句话说，RGBA和HSLA主要应用于color属性、background-color属性、border-color属性、text-shadow属性、box-shadow属性等与元素色彩设置相关的属性。

5.2.3　HSL颜色模式

HSL与RGB一样，同属于工业界的一种颜色标准，通过色调（H）、饱和度（S）和亮度（L）3个颜色通道的变化，以及它们相互之间的叠加来获得各种颜色。

CSS3中新增了HSL颜色设置方式，在使用HSL方法设置颜色时，需要定义3个值，分别是色调（H）、饱和度（S）和亮度（L）。HSL颜色模式的语法格式如下。

```
hsl (<length>,<percentage>,<percentage>);
```

HSL颜色模式的相关参数说明见表5-3。

表5-3　　　　　　　　　　　　　　　　HSL颜色模式的参数说明

参数	说明
length	表示Hue（色调），取整数值，可为任意整数。其中0（或360或-360）表示红色，60表示黄色，120表示绿色，180表示青色，240表示蓝色，300表示洋红色。当取值大于360时，实际的值等于该值除360之后的余数。如果色调的值为480，则实际的颜色值为480除以360之后得到的余数120

参数	说明
percentage	表示Saturation（饱和度），就是颜色的鲜艳程度，取百分比值，取值范围为0%~100%。其中0%表示灰度，100%表示饱和度最高
percentage	表示Lightness（亮度），取百分比值，取值范围为0%~100%。其中0%最暗（黑色），100%最亮（白色）

5.2.4 HSLA颜色模式

HSLA是HSL颜色定义方法的扩展，在色相、饱和度、亮度三要素的基础上增加了不透明度的设置。使用HSLA颜色定义方法，能够灵活地设置各种不同的透明效果。HSLA颜色模式的语法格式如下。

```
hsla (<length>,<percentage>,<percentage>,<opacity>);
```

前3个参数与HSL颜色模式的参数相同，第四个参数用于设置颜色的不透明度，取值范围为0~1之间，如果值为0，则表示颜色完全透明，如果值为1，则表示颜色完全不透明。

5.2.5 RGBA、HSL和HSLA颜色模式的浏览器兼容性

RGBA、HSL和HSLA这3种颜色模式除了IE8及其以下版本的IE浏览器不支持外，其他的主流浏览器都能够很好地支持。RGBA、HSL和HSLA颜色模式的浏览器兼容性见表5-4。

表5-4　　　　　　　　　RGBA、HSL和HSLA颜色模式的浏览器兼容性

颜色模式	Chrome	Firefox	Opera	Safari	IE
RGBA	1.0+ √	3.0+ √	10.0+ √	3.1+ √	9+ √
HSL	1.0+ √	1.5+ √	9.6+ √	3.1+ √	9+ √
HSLA	1.0+ √	3.0+ √	10.0+ √	3.1+ √	9+ √

浏览器适配说明

前面已经介绍了IE8及其以下版本的IE浏览器并不支持RGBA和HSLA半透明背景颜色的表示方式，那么在IE8及其以下版本的IE浏览器中如何实现相同的半透明背景颜色效果呢？这里提供了3种解决方法。

（1）在IE8及其以下版本的IE浏览器中，一般在前面设置一个常规的十六进制或RGB模式的非透明色彩，其后紧跟一个RGBA或HSLA颜色模式。这样，不支持RGBA和HSLA的浏览器会以其他的颜色模式显示非半透明的颜色，而在支持的浏览器中会以RGBA或HSLA颜色模式显示所设置的半透明颜色。如下面的CSS代码设置。

```
.bg01 {
  background-color: rgb(255,0,0);
  background-color: rgba(255,0,0,0.5);
}
```

> **提示**
>
> 　　因为CSS样式都是从上至下解释执行的，如果有相同的属性设置，则下方的属性设置会覆盖上方的属性设置。IE8及其以下版本的IE浏览器不支持RGBA，所以并不会执行第二个background-color属性设置，元素将显示实色效果。而支持RGBA的浏览器，执行到第二个background-color属性设置时，会直接覆盖第一个background-color属性设置，使元素呈现出半透明颜色的效果。

　　（2）使用制作好的半透明颜色图片作为替代，但是这种方式只适用于将元素的背景颜色设置为RGBA或HSLA的情况下。如果是边框颜色或者文字颜色等，则无法通过这种方式来实现。这种解决方案会增加HTTP的请求，并且IE6以下版本的IE浏览器并不支持png格式图片的透明效果。

　　（3）使用Gradient滤镜可以指定半透明的颜色，将起始颜色和终止颜色设置为同一种颜色即可避免产生渐变。

　　为了在IE8及其以下版本的IE浏览器中实现半透明的颜色效果，需要将RGBA或HSLA中的透明度值（如透明度为0.6）乘以255，然后将其转换为十六进制值，再通过Gradient滤镜来表现半透明的颜色效果。

　　Gradient滤镜的颜色值和使用的6位数标准十六进制颜色值有所不同，共由8位组成颜色值，前两位表示Alpha透明度值，可以使用00~FF的任意十六进制值，其中00表示完全透明，而FF表示完全不透明。因此，0.6的透明度也就是（0.6×255=153），将其转换成十六进制，就是99，而A6DADC是一个常规则的十六进制颜色值。

　　例如，在IE8及其以下版本的IE浏览器中使用#A6DADC并且透明度为0.6的半透明颜色时，转换为Gradient滤镜的写法如下。

```
/*IE5至IE7*/
filter: progid:DXImageTransform.Microsoft.gradient(enabled='true',
startColorstr= '#99A6DADC', endColorstr='#99A6DADC');
/*IE8*/
-ms-filter:"progid:DXImageTransform.Microsoft.gradient(enabled='true',
startColorstr= '#99A6DADC', endColorstr='#99A6DADC')";
```

实战　实现网页元素半透明背景颜色

最终文件：最终文件\第5章\5-2-5.html　　　视频：视频\第5章\5-2-5.mp4

01 执行"文件>打开"命令，打开页面"源文件\第5章\5-2-5.html"，可以看到页面的HTML代码，如图5-13所示。在IE浏览器中预览该页面，可以看到当前页面中元素的实色背景效果，如图5-14所示。

```
<!doctype html>
<html>
<head>
<meta charset="utf-8">
<title>实现网页元素半透明背景颜色</title>
<link href="style/5-2-5.css" rel="stylesheet" type=
"text/css">
</head>

<body>
<div id="logo"><img src="images/52502.png" width="150"
height="94"  alt=""/></div>
<div id="text">匠心打造<br>
    纯手工皮革制品</div>
<div id="down"><img src="images/52503.png" width="56"
height="56"  alt=""/></div>
</body>
</html>
```

图5-13　页面HTML代码　　　　　　　　　　　　　　图5-14　预览页面效果

02 转换到该网页所链接的外部CSS样式表文件中，找到名称为#text的CSS样式，可以看到该元素的background-color属性中使用的是十六进制颜色值，如图5-15所示。修改background-color属性值，将其修改为HSLA的颜色模式，如图5-16所示。

```
#text {
    position: absolute;
    width: 560px;
    height: 160px;
    left: 50%;
    margin-left: -280px;
    top: 50%;
    margin-top: -110px;
    padding-top: 60px;
    font-size: 40px;
    font-weight: bold;
    line-height: 48px;
    text-align: center;
    background-color: #000;
    border: solid 1px #EC2529;
}
```

图5-15　CSS样式代码

```
#text {
    position: absolute;
    width: 560px;
    height: 160px;
    left: 50%;
    margin-left: -280px;
    top: 50%;
    margin-top: -110px;
    padding-top: 60px;
    font-size: 40px;
    font-weight: bold;
    line-height: 48px;
    text-align: center;
    background-color: hsla(0,0%,0%,0.5);
    border: solid 1px #EC2529;
}
```

图5-16　使用HSLA颜色模式

> **提示**
>
> 熟悉Photoshop的用户很清楚，Photoshop的拾色器对话框中提供了多种颜色值，其中就包括RGB颜色值和十六进制颜色值，所以十六进制颜色值与RGB颜色值的相互转换非常方便。但是Photoshop中并没有提供HSL颜色值，但没关系，在网络上能够找到很多颜色值转换的小工具，可以很方便地将RGB或十六进制颜色值转换成HSL颜色值。

03 保存外部CSS样式表文件，在IE11浏览器中预览页面，可以看到元素半透明背景颜色的效果，如图5-17所示。前面介绍过的opacity属性同样可以实现元素半透明效果，转换到外部CSS样式表文件中，在名为#text的CSS样式中修改background-color属性值为十六进制颜色，并添加opacity属性设置代码，如图5-18所示。

图5-17　预览元素半透明背景颜色效果

```
#text {
    position: absolute;
    width: 560px;
    height: 160px;
    left: 50%;
    margin-left: -280px;
    top: 50%;
    margin-top: -110px;
    padding-top: 60px;
    font-size: 40px;
    font-weight: bold;
    line-height: 48px;
    text-align: center;
    background-color: #000;
    border: solid 1px #EC2529;
    opacity: 0.3;
}
```

图5-18　添加opacity属性设置代码

04 保存外部CSS样式表文件，在IE11浏览器中预览页面，可以看到元素半透明的效果，如图5-19所示。转换到外部CSS样式表文件中，在名为#text的CSS样式中删除opacity属性设置代码，修改background-color属性值为rgba颜色值，如图5-20所示。

> **提示**
>
> 通过观察可以发现，使用opacity属性对元素设置不透明度后，该元素的背景、边框及元素中的文字内容都会应用该不透明度设置。而当使用HSLA或RGBA颜色模式设置元素的background-color属性时，只针对所设置的背景颜色显示为半透明效果，而元素的其他内容并不会显示为半透明效果。

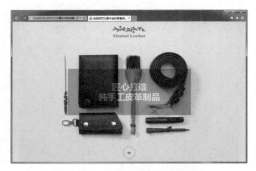

图5-19　预览元素半透明效果

```
#text {
    position: absolute;
    width: 560px;
    height: 160px;
    left: 50%;
    margin-left: -280px;
    top: 50%;
    margin-top: -110px;
    padding-top: 60px;
    font-size: 40px;
    font-weight: bold;
    line-height: 48px;
    text-align: center;
    background-color: rgba(0,0,0,0.4);
    border: solid 1px #EC2529;
}
```

图5-20　添加RGBA颜色模式

05　除了可以为元素的background-color属性值使用RGBA或HSLA模式实现半透明颜色效果外，元素中其他关于颜色设置的都可以使用RGBA或HSLA模式。在名为#text的CSS样式中修改border属性中的颜色值为RGBA颜色值，如图5-21所示。保存外部CSS样式表文件，在IE11浏览器中预览页面，可以看到元素背景颜色和边框颜色显示为半透明的效果，如图5-22所示。

```
#text {
    position: absolute;
    width: 560px;
    height: 160px;
    left: 50%;
    margin-left: -280px;
    top: 50%;
    margin-top: -110px;
    padding-top: 60px;
    font-size: 40px;
    font-weight: bold;
    line-height: 48px;
    text-align: center;
    background-color: rgba(0,0,0,0.4);
    border: solid 1px rgba(236,37,41,0.7);
}
```

图5-21　使用RGBA模式设置颜色值

图5-22　预览元素半透明颜色效果

浏览器适配说明

（1）目前RGBA、HSL和HSLA颜色模式得到了所有现代浏览器的支持，如使用Chrome浏览器预览效果如图5-23所示。但是在IE9以下版本的IE浏览器中则无法支持RGBA、HSL和HSLA颜色模式，故使用IE8浏览器预览效果如图5-24所示。

图5-23　在Chrome浏览器中预览页面效果

图5-24　在IE8浏览器中预览页面效果

　　通过在IE9以下版本的IE浏览器中预览可以发现，因为IE9以下版本的IE浏览器并不支持RGBA、HSL和HSLA颜色模式，所以在解析CSS样式时会自动忽略采用这3种方式进行设置的颜色属性，所以就导致了元素无背景颜色、无边框的效果。

　　（2）最简单的解决方法是为元素提供降级方案。转换到外部CSS样式表文件中，在名为#text的CSS样式中添加传统颜色值设置方式（十六进制、RGB）的属性设置代码，如图5-25所示。保存外部CSS样式表文件，在IE8浏览器中预览页面，元素会进行降级显示，忽略半透明背景颜色设置而采用纯色背景显示，如图5-26所示。

```
#text {
    position: absolute;
    width: 560px;
    height: 160px;
    left: 50%;
    margin-left: -280px;
    top: 50%;
    margin-top: -110px;
    padding-top: 60px;
    font-size: 40px;
    font-weight: bold;
    line-height: 48px;
    text-align: center;
    background-color: #000;            /*降级方案，适配IE9以下版本*/
    border: solid 1px rgb(236,37,41);  /*降级方案，适配IE9以下版本*/
    background-color: rgba(0,0,0,0.4);
    border: solid 1px rgba(236,37,41,0.7);
}
```

图5-25　添加降级显示方案属性设置

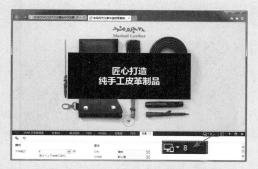

图5-26　在IE8浏览器中预览页面效果

　　注意，降级显示方案的代码需要写在前面，也就是当用户的浏览器支持RGBA、HSL和HSLA颜色模式时，会使用后面的相同属性名称的属性设置覆盖前面的属性设置，从而表现出半透明颜色的效果。

　　这种降级显示方案也存在一定的问题，就是纯色无法像半透明颜色那样完整表现元素下方的图片。那么我们还可以通过使用IE中的Gradient滤镜模拟表现出半透明背景颜色的效果。

　　（3）转换到外部CSS样式表文件中，在名为#text的CSS样式中添加Gradient滤镜的设置代码，如图5-27所示。保存外部CSS样式表文件，在IE8浏览器中预览页面，元素会应用Gradient滤镜所实现的半透明背景效果，如图5-28所示。

```
#text {
    position: absolute;
    width: 560px;
    height: 160px;
    left: 50%;
    margin-left: -280px;
    top: 50%;
    margin-top: -110px;
    padding-top: 60px;
    font-size: 40px;
    font-weight: bold;
    line-height: 48px;
    text-align: center;
    /*IE5至IE7*/
    filter:
progid:DXImageTransform.Microsoft.gradient(enabled='true'
,startColorstr='#66000000',endColorstr='#66000000');
    /*IE8*/
    -ms-filter:
"progid:DXImageTransform.Microsoft.gradient(enabled='true'
, startColorstr='#66000000',endColorstr='#66000000')";
    background-color: rgba(0,0,0,0.4);
    border: solid 1px rgba(236,37,41,0.7);
}
```

图5-27　添加Gradient滤镜设置代码

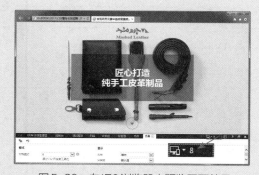

图5-28　在IE8浏览器中预览页面效果

▶▶▶ 5.3　CSS3渐变颜色

以前，必须使用图像来实现渐变效果。但是，在CSS3中新增了渐变设置属性gradient，通过该属性可以在网页中实现渐变颜色填充的效果。避免了过多地使用渐变图片所带来的麻烦，而且在放大页面的情况下一样过渡自然。

5.3.1　CSS3线性渐变的语法

使用CSS3来实现渐变效果，其实与使用图像处理软件中的渐变工具没有什么区别。需要指定渐变的方向、起始颜色和结束颜色，具有这3个参数就可以制作出一个最简单、最普通的渐变效果。

相对于其他的CSS3属性的语法而言，CSS3线性渐变的语法要复杂许多。在早期的各种不同核心的浏览器中CSS3线性渐变语法不尽相同，特别是在Webkit核心的浏览器中还分为新旧两种版本。接下来分别介绍不同核心浏览器中CSS3线性渐变的语法。

1. Webkit核心浏览器中CSS3线性渐变语法

Webkit是第一个支持CSS3渐变的浏览器引擎，不过其语法也比其他核心的浏览器要复杂，还分为新旧两个不同的版本。

（1）Webkit核心浏览器旧版本语法格式如下。

```
-webkit-gradient(<type>, <point>, <point>, from(<color>), to(<color>)
[,color-stop(<percent>, <color>)]*)
```

Webkit核心旧版本语法中各参数说明见表5-5。

表5-5　　　　　　　　　　　　　Webkit核心旧版本语法参数说明

参数	说明
<type>	表示渐变类型，可以是线性渐变linear或径向渐变radial
<point>	定义渐变的起始点和结束点：第一个表示起始点，第二个表示结束点。该坐标点的取值支持数值、百分比值和关键字，如（0.5，0.5）、（50%，50%）、（left，top）等。关键字包括：定义横坐标的left和right，定义纵坐标的top和bottom
from()	定义起始点的颜色
to()	定义结束点的颜色
color-stop()	可选函数，在渐变中多次添加渐变颜色，可以实现多种颜色的渐变
<color>	表示任意CSS颜色值

Webkit核心旧版本线性渐变语法的示例如下。

```
              渐变类型，linear表示线性渐变    起始点水平和垂直位置        起始点颜色
-webkit-gradient(linear, left top, left bottom, from(#FFF), to(000))
                               结束点水平和垂直位置          结束点颜色
```

（2）Webkit核心浏览器新版本语法格式如下。

```
-webkit-linear-gradient([<point>||<angle>,]?<color>[,(<color>[<percent>]?)]*,<color>)
```

Webkit核心新版本语法中各参数说明见表5-6。

表5-6　　　　　　　　　　　　　　Webkit核心新版本语法参数说明

参数	说明
<point>	定义渐变的起始点，该坐标的取值支持数值、百分比值和关键字，关键字包括：定义横坐标的left、center和right，定义纵坐标的top、center和bottom。默认坐标为（top center）。当指定一个值时，另一个值默认为center
<angle>	定义线性渐变的角度，单位可以是deg（角度）、grad（梯度）、rad（弧度）
<color>	表示渐变使用的CSS颜色值
<percent>	表示百分比值，用于确定起始点和结束点之间的某个位置

Webkit核心新版本线性渐变语法的示例如下。

2. Gecko核心浏览器中CSS3线性渐变语法

Gecko核心的浏览器从Firefox 3.6版本开始支持CSS3中的线性渐变属性。Gecko核心与Webkit核心的新版本渐变语法格式基本相同，只是使用的私有属性前缀不同。

Gecko核心的线性渐变语法格式如下。

```
-moz-linear-gradient([<point> | <angle>,]?<color>[,(<color>[<percent>]?)]*,<color>)
```

在Gecko核心的线性渐变中共有3个参数，第一个参数表示线性渐变的方向，如top是从上至下、left是从左至右，如果定义成"left top"，就是从左上角至右下角。第二个和第三个参数分别是起点颜色和终点颜色，还可以在它们之间插入更多的颜色参数，表示多种颜色的渐变。

Gecko核心线性渐变的示例如下。

3. Presto核心浏览器中CSS3线性渐变语法

Presto核心的Opera浏览器从11.6版本开始支持CSS3的线性渐变。在Presto核心浏览器中CSS3线性渐变的使用语法与Gecko核心浏览器中的线性渐变语法基本相同，只是使用的私有属性前缀不同。

Presto核心的线性渐变语法格式如下。

```
-o-linear-gradient([<point> || <angle>,]?<color>[,(<color>[<percent>]?)]*,<color>)
```

-o-linear-gradient语法中的参数与前面介绍的-moz-linear-gradient中的参数是完全相同的，这里不再重复介绍。

4. Trident核心浏览器中CSS3线性渐变语法

Trident核心的浏览器主要是IE浏览器,早期版本的IE浏览器是不支持CSS3线性渐变属性的,不过从IE10开始支持这个属性。这里主要针对IE10及以上版本的IE浏览器的CSS3线性渐变属性进行简单的介绍。

Trident核心的线性渐变语法格式如下。

```
-ms-linear-gradient([<point> || <angle>,]?<color>[,(<color>[<percent>]?)]*,<color>)
```

-ms-linear-gradient语法中的参数与前面介绍的-moz-linear-gradient中的参数是完全相同的,这里不再重复介绍。

5. W3C标准线性渐变语法

W3C组织于2012年4月发布了CSS3线性渐变的CR版本(候选版本),这一次发布的CSS3渐变属性有很大变化,使用语法较前面的版本要简单。目前许多现代浏览器都已经开始支持W3C的标准线性渐变语法。

W3C标准线性渐变语法格式如下。

```
linear-gradient([[<angle> || to <side-or-corner>],]?<color-stop>[,<color-stop>]+)
```

W3C标准线性渐变语法中包含3个主要的参数,第一个参数用于指定渐变的方向,同时决定渐变颜色的停止位置,这个参数值可以省略,当省略时其取值为to bottom。决定渐变的方向主要有两种方法。

- <angle>:通过角度来确定渐变的方向。
- 关键词:通过关键词来确定渐变的方向。如"to top""to right""to bottom"和"to left"。这些关键词对应的角度值为0deg、90deg、180deg和270deg。除了使用"to top""to left"外,还可以使用"top left"左上角至右下角、"top right"右上角至左下角。

第二个和第三个参数表示渐变起始点和结束点的颜色,也可以从中插入更多的颜色值,从而形成多种颜色的渐变效果。

5.3.2 CSS3径向渐变的语法

CSS3径向渐变是指圆形或椭圆形渐变,即颜色不再沿着一条直线轴变化,而是从一个起点朝所有方向变化。

CSS3的径向渐变已经得到主流现代浏览器的支持,只不过其语法的版本根据不同核心的浏览器有所不同,特别是在Webkit核心的浏览器中与线性渐变类似,也有新旧之分。而在其他几大核心引擎的浏览器中,其语法基本类似,只是使用的私有属性前缀不同而已。特别是在2013年4月,W3C为CSS3径向渐变推出了最新的语法格式。接下来将详细向大家介绍不同核心浏览器中CSS3径向渐变的语法。

1. Webkit核心浏览器中CSS3径向渐变语法

CSS3径向渐变在Webkit核心浏览器中的语法与线性渐变的语法一样,分为两种,一种是旧版本的语法,另外一种是新版本的语法。

Webkit核心浏览器旧版本语法格式如下。

```
-webkit-gradient ( [<type>] , [<point>,<radius>]{2},from(<color>),to(<color>)
[, color-stop(<percent>, <color>)]*)
```

Webkit核心旧版本语法中各参数说明见表5-7。

表5-7　　　　　　　　　　　　　Webkit核心旧版本语法参数说明

参数	说明
<type>	表示渐变类型,取值为radial表示径向渐变

续表

参数	说明
<point>	定义渐变的起始圆的圆心坐标和结束圆的圆心坐标。该坐标点的取值支持数值、百分比和关键字，如（200px 200px）、（50% 50%）、（left top）等。关键字包括：定义横坐标的left和right，定义纵坐标的top和bottom
<radius>	表示圆的半径，定义起始圆的半径和结束圆的半径。默认为元素尺寸的一半
from()	定义起始圆的颜色
to()	定义结束圆的颜色
<color>	表示任意CSS颜色值
color-stop()	可选函数，在渐变中多次添加渐变颜色，可以实现多种颜色的渐变
<percent>	表示百分比值，用于确定起始点和结束点之间的某个位置

Webkit核心浏览器新版本语法格式如下。

```
-webkit-radial-gradient([<point>||<angle>,]?<shape>||<radius>]?<color>[,(<color>)
[<percent>]?]*,<color>)
```

Webkit核心新版本语法中各参数说明见表5-8。

表5-8　　　　　　　　　　Webkit核心新版本语法参数说明

参数	说明
<point>	定义渐变的起始点，该坐标的取值支持数值、百分比和关键字，关键字包括：定义横坐标的left、center和right，定义纵坐标的top、center和bottom。默认坐标为（top center）。当指定一个值时，另一个值默认为center
<angle>	定义径向渐变的角度，单位可以是deg（角度）、grad（梯度）、rad（弧度）
<shape>	定义径向渐变的形状，包括circle（圆形）和ellipse（椭圆形）。默认为ellipse
<radius>	定义圆的半径或者椭圆的轴长度
<color>	表示渐变使用的CSS颜色值
<percent>	表示百分比值，用于确定起始点和结束点之间的某个位置

> **提示**
>
> 采用Webkit核心的Chrome 4~9和Safari 4~5版本浏览器支持旧版本的Webkit核心径向渐变语法，Chrome 10.0+和Safari 5.1+浏览器支持新版本的Webkit核心径向渐变语法。

2. Gecko核心浏览器中CSS3径向渐变语法

Gecko核心浏览器中的CSS3径向渐变语法与Webkit核心浏览器的新版语法类似，只是使用的浏览器私有属性前缀不同。

Gecko核心的径向渐变语法格式如下。

```
-moz-radial-gradient([<point> || <angle>,]?<shape> || <radius>]?<color>[,(<color>)
[<percent>]?]*,<color>)
```

采用Gecko核心的Firefox浏览器从Firefox 3.6+版本起开始支持CSS3的径向渐变。

3. Presto核心浏览器中CSS3径向渐变语法

Presto核心浏览器中的CSS3径向渐变语法与Webkit核心浏览器的新版语法类似，只是使用的浏览器私有属性前缀不同。

Presto核心的径向渐变语法格式如下。

```
-o-radial-gradient([<point> || <angle>,]?<shape> || <radius>]?<color>[,(<color>)
[<percent>]?]*,<color>)
```

采用Presto核心的Opera浏览器从Opera 11.6+版本支持CSS3的径向渐变。

4. Trident核心浏览器中CSS3径向渐变语法

采用Trident核心的IE浏览器从IE10开始支持CSS3径向渐变，其语法格式与Webkit核心浏览器的新版语法类似，只是使用的浏览器私有属性前缀不同。

Trident核心的径向渐变语法格式如下。

```
-ms-radial-gradient([<point> || <angle>,]?<shape> || <radius>]?<color>[,(<color>)
[<percent>]?]*,<color>)
```

5. W3C标准径向渐变语法

W3C组织从2013年4月开始，推出标准的径向渐变语法规则，目前许多现代浏览器都已经开始支持W3C的标准径向渐变语法，具体语法格式如下。

```
radial-gradient([[<shape>||<size>] [at <position>]?,|at <position>,]? <color-stop>
[,<color-stop>]+)
```

W3C标准径向渐变语法中各参数说明见表5-9。

表5-9   W3C标准径向渐变语法参数说明

参数	说明
<shape>	主要用来定义径向渐变的形状，主要包括两个值circle（圆形）和ellipse（椭圆形）。 • circle：如果<size>和<length>大小相等，径向渐变是一个圆形，也就是用来指定圆形的径向渐变； • ellipse：如果<size>和<length>大小不相等，径向渐变是一个椭圆形，也就是用来指定椭圆形的径向渐变
<size>	用来确定径向渐变的结束形状大小，如果省略，其默认值为farthest-corner。可以为其设置一些关键词。 • closest-side：指定径向渐变的半径长度为从圆心到离圆心最近的边。 • closest-corner：指定径向渐变的半径长度为从圆心到离圆心最近的角。 • farthest-side：指定径向渐变的半径长度为从圆心到离圆心最远的边。 • farthest-corner：指定径向渐变的半长度为从圆心到离圆心最远的角
<position>	主要用来定义径向渐变的圆心位置。该值类似于CSS中background-position属性，用于确定元素渐变的中心位置。如果这个参数省略了，其默认值为center。其值主要有以下几种。 • <length>：使用长度值指定径向渐变圆心的横坐标或纵坐标，可以为负值； • <percentage>：使用百分比值指定径向渐变圆心的横坐标或纵坐标，可以为负值； • left：设置左边为径向渐变圆心的横坐标值； • center：设置中间为径向渐变圆心的横坐标或纵坐标值； • right：设置右边为径向渐变圆心的横坐标值； • top：设置顶部为径向渐变圆心的纵坐标值； • bottom：设置底部为径向渐变圆心的纵坐标值
<color-stop>	径向渐变的停止颜色，类似于线性渐变的<color-stop>，渐变线从中心点向右扩散。其中0%表示渐变线的起始点，100%表示渐变线与容器相关结束的位置，而且其颜色停止可以定义一个负值

5.3.3　CSS3线性渐变与径向渐变的浏览器兼容性

最早支持CSS3线性渐变和径向渐变的是Webkit核心的浏览器，随后被Firefox和Opera等浏览器所支持，但是众多浏览器之间没有统一的标准，用法差异很大。不同的渲染引擎实现渐变的语法也不相同，各浏览器中都需要使用自身的私有属性前缀，这给前端设计师带来极大的不便。

不过，从Chrome 26.0+、Firefox 19.0+、Opera 12.1+和IE10+等浏览器版本开始已经能够全面支持W3C的标准线性渐变和径向渐变语法，但是在Webkit核心的Safari、iOS Safari、Android浏览器和Blackberry浏览器中还是需要添加浏览器私有属性前缀−webkit−。

CSS3线性渐变和径向渐变的语法几经变化，不过让前端设计师庆幸的是，目前W3C的线性渐变和径向渐变标准语法除了在Webkit核心的Safari浏览器和IE10以下版本的IE浏览器中没有得到支持外，其他的主流现代浏览器都能够支持。

W3C标准渐变语法的浏览器兼容性见表5−10。

表5−10　　　　　　　　　　　　　W3C标准渐变语法的浏览器兼容性

颜色模式	Chrome	Firefox	Opera	Safari	IE
Gradient	26.0+ √	19.0+ √	12.1+ √	5.1+ √	10+ √

在前面介绍CSS3渐变属性的时候，向大家介绍了渐变语法的多种版本，而各语法版本的浏览器兼容性也各有不同，见表5−11。

表5−11　　　　　　　　　　　　不同版本渐变语法的浏览器兼容性

	线性渐变	径向渐变
旧版本私有属性语法	Chrome 4 ~ Chrome 9、Safari 4 ~ Safari 5	Chrome 4 ~ Chrome 9、Safari 4 ~ Safari 5
新版本私有属性语法	Chrome 10+、Firefox 3.6+、Opera 11.6+、Safari 5.1+、IE10+	Chrome 10+、Firefox 3.6+、Opera 11.6+、Safari 5.1+、IE10+
W3C标准语法	Chrome 26.0+、Firefox 19.0+、Opera 12.1+、IE10+	Chrome 26.0+、Firefox 19.0+、Opera 12.1+、IE10+

浏览器适配说明

通过前面的介绍可以看出，CSS3渐变的浏览器兼容性比较复杂，下面分别介绍CSS3渐变效果适配不同浏览器的处理方法。

1. 适配低版本IE浏览器

IE9及其以下版本的IE浏览器并不支持CSS3渐变属性，但是可以使用IE专有的Gradient滤镜来创建简单的渐变效果。Gradient滤镜不支持色标、渐变角度和径向渐变，能做的仅是指定水平和垂直的线性渐变，以及渐变的开始颜色和结束颜色。

Gradient滤镜的语法格式如下。

```
/*IE6和IE7浏览器 */
filter:"progid:DXImageTransform.Microsoft.gradient(GradientType=0,startColorstr='颜色值',endColorstr='颜色值')";
/*IE8浏览器 */
```

```
-ms-filter:"progid:DXImageTransform.Microsoft.gradient(GradientType=0,startColor
str='颜色值',endColorstr='颜色值')";
```

语法中的 GradientType 参数主要用来设置渐变的方向，其中值为1表示的是水平线性渐变，值为0表示的是垂直线性渐变。

startColorstr 参数主要用来设置色彩渐变的开始颜色和透明度。其值是一个可选值，格式为 #AARRGGBB，AA、RR、GG、BB 为十六进制正整数，取值范围为 00~FF，RR 指定红色值，GG 指定绿色值，BB 指定蓝色值，AA 指定透明度（00 表示完全透明，FF 表示完全不透明）。取值范围为 #FF000000 至 #FFFFFFFF，默认值为 #FF0000FF，超出取值范围的值将被恢复为默认值。

endColorstr 参数主要用来设置色彩渐变的结束颜色和透明度，其参数值的格式与 startColorstr 参数值的格式相同，默认值为 #FF000000。

2. 适配其他浏览器

CSS3 渐变在虽然在主流的现代浏览器中都能够得到支持，但还是有很多用户使用的是低版本的浏览器，下面提供几种解决方法供大家参考。

（1）使用滤镜，如果需要适配 IE9 以下版本的 IE 浏览器，可以采用 IE 专有的 Gradient 滤镜，但该 Gradient 滤镜只能够模拟出简单的水平或垂直方向上的两种色彩的线性渐变效果，无法实现复杂的渐变或者径向渐变。

（2）使用纯色，对于不兼容的浏览器，设置一个 background-color 属性，不支持 CSS3 渐变色彩的浏览器会自动跳过渐变色彩设置，而使元素显示出所设置的纯色。

（3）使用图片，对于不支持 CSS3 渐变属性的浏览器来说，最简单的方法就是按照老方法实现渐变：创建一个渐变图片素材，并使用背景图片的方式来实现渐变效果。在使用这个解决方案的时候，必须要注意一点，运用的背景图片需要写在 CSS 渐变属性之前，只有这样才能够让支持渐变的浏览器使用渐变效果覆盖所设置的背景图像属性。

5.3.4　CSS3线性渐变使用详解

前面几节中已经详细向读者介绍了 CSS3 线性渐变与径向渐变的语法，包括 W3C 的标准语法及各种不同核心浏览器私有属性的语法。并且还介绍了五大主流浏览器对 CSS3 线性渐变与径向渐变的兼容性，接下来将通过案例来讲解如何使用 W3C 标准的线性渐变语法实现网页线性渐变背景，并且最后还会讲解适配各种不同的浏览器的方法。

实战　实现线性渐变的页面背景颜色
最终文件：最终文件\第5章\5-3-4.html　　视频：视频\第5章\5-3-4.mp4

01 执行"文件>打开"命令，打开页面"源文件\第5章\5-3-4.html"，可以看到页面的 HTML 代码，如图 5-29 所示。在 IE 浏览器中预览该页面，可以看到当前页面设置的纯色背景效果，如图 5-30 所示。

02 转换到该网页所链接的外部 CSS 样式表文件中，找到名为 body 的标签 CSS 样式，在该 CSS 样式中添加 W3C 标准语法的线性渐变设置代码，如图 5-31 所示。保存外部 CSS 样式文件，在 IE11 浏览器中预览页面，可以看到所设置的从上至下的线性渐变背景效果，如图 5-32 所示。

```
<!doctype html>
<html>
<head>
<meta charset="utf-8">
<title>实现线性渐变的页面背景颜色</title>
<link href="style/5-3-4.css" rel="stylesheet" type="text/css">
</head>

<body>
<div id="logo"><img src="images/53401.png" width="62" height="66"
alt=""/></div>
<div id="menu">Work     About</div>
<div id="share"><img src="images/53402.png" width="47" height="46"
alt=""/></div>
<div id="box"><img src="images/53403.png" width="549" height="563"
alt=""/></div>
</body>
</html>
```

图5-29　页面HTML代码

图5-30　预览页面效果

```
body {
    font-size: 14px;
    line-height: 30px;
    color: #FFF;
    background-color: #FFC74E;
    background-image: linear-gradient(to bottom,#FE8F00,#FFC74E);
}
```

图5-31　添加线性渐变设置代码

图5-32　在IE11中预览线性渐变背景效果

> **提示**
>
> 　　注意，本案例是为网页的 <body> 标签设置线性渐变背景，也就是为网页的整体背景设置线性渐变，所以必须要事先添加 html,body{height:100%;} 的 CSS 样式设置，将页面的高度设置为整个浏览器窗口的高度，否则在预览页面时有可能看不到页面的背景效果。

> **提示**
>
> 　　IE11支持W3C线性渐变的标准语法，所以最后在 background-image 属性中所设置的线性渐变效果会覆盖前面所设置的背景颜色效果，从而表现出线性渐变的背景效果。如果是使用不支持W3C标准语法的浏览器进行浏览，则会跳过线性渐变的设置代码，从而显示纯色的背景。

> **技巧**
>
> 　　此处所设置的线性渐变中使用了关键词"to bottom"来表示线性渐变的方向，从而实现第一个颜色向第二个颜色从上至下的线性渐变效果。还可以使用角度值来代替关键词，如写为 linear-gradient(180deg, #FE8F00,#FFC74E)，同样可实现从上至下的线性渐变效果。

03 转换到外部CSS样式表文件中，在 <body> 标签的CSS样式中修改线性渐变的设置代码，如图5-33所示。保存外部CSS样式文件，在IE11浏览器中预览页面，可以看到所设置的从下至上的线性渐变背景效果，如图5-34所示。

> **技巧**
>
> 　　想要实现从下至上的线性渐变效果，则可以将渐变方向关键词修改为"to top"，或者使用0deg角度值来表示线性渐变方向。

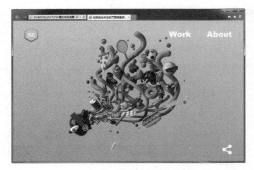

```
body {
    font-size: 14px;
    line-height: 30px;
    color: #FFF;
    background-color: #FFC74E;
    background-image: linear-gradient(to top,#FE8F00,#FFC74E);
}
```

图5-33　修改线性渐变方向关键词　　　　图5-34.　在IE11中预览线性渐变背景效果

04 转换到外部CSS样式表文件中，在<body>标签的CSS样式中修改线性渐变的设置代码，如图5-35所示。保存外部CSS样式文件，在IE11浏览器中预览页面，可以看到所设置的从左至右的线性渐变背景效果，如图5-36所示。

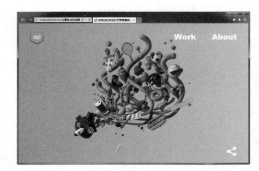

```
body {
    font-size: 14px;
    line-height: 30px;
    color: #FFF;
    background-color: #FFC74E;
    background-image: linear-gradient(to right,#FE8F00,#FFC74E);
}
```

图5-35　修改线性渐变方向关键词　　　　图5-36　在IE11中预览线性渐变背景效果

┌─ **技巧** ───┐
　　　想要实现从左至右的线性渐变效果，则可以将渐变方向关键词修改为"to right"，或者使用90deg角度值来表示线性渐变方向。如果想要实现从右至左的线性渐变效果，则可以将渐变方向关键词修改为"to left"，或者使用270deg角度值来表示线性渐变方向。
└──┘

05 转换到外部CSS样式表文件中，在<body>标签的CSS样式中修改线性渐变的设置代码，如图5-37所示。保存外部CSS样式文件，在IE11浏览器中预览页面，可以看到所设置的从左上角至右下角的线性渐变背景效果，如图5-38所示。

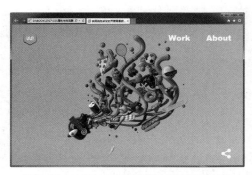

```
body {
    font-size: 14px;
    line-height: 30px;
    color: #FFF;
    background-color: #FFC74E;
    background-image: linear-gradient(to right bottom,#FE8F00,#FFC74E);
}
```

图5-37　修改线性渐变方向关键词　　　　图5-38　在IE11中预览线性渐变背景效果

如果要实现从左上角至右下角的线性渐变效果，则可以将渐变方向关键词修改为"to right bottom"，或者使用135deg角度值来表示；如果要实现从右上角至左下角的线性渐变效果，则可以将渐变方向关键词修改为"to left bottom"，或者使用225deg角度值来表示；如果要实现从右下角至左上角的线性渐变效果，则可以将渐变方向关键词修改为"to left top"，或者使用315deg角度值来表示；如果要实现从左下角至右上角的线性渐变效果，则可以将渐变方向关键词修改为"to right top"，或者使用45deg角度值来表示。

06 转换到外部CSS样式表文件中，在<body>标签的CSS样式中修改线性渐变的设置代码，如图5-39所示。保存外部CSS样式文件，在IE11浏览器中预览页面，可以看到所设置的从上至下3种色彩的线性渐变背景效果，如图5-40所示。

```
body {
    font-size: 14px;
    line-height: 30px;
    color: #FFF;
    background-color: #FFC74E;
    background-image: linear-gradient(to bottom,#FE8F00,#FDE907,#FFC74E);
}
```

图5-39　修改线性渐变方向与颜色数量　　　　图5-40　在IE11中预览线性渐变背景效果

07 还可以在线性渐变代码中为每种颜色添加位置值，从而确定每种颜色的显示位置。转换到外部CSS样式表文件中，在<body>标签的CSS样式中修改线性渐变的设置代码，如图5-41所示。保存外部CSS样式文件，在IE11浏览器中预览页面，可以看到设置每种渐变颜色位置的效果，如图5-42所示。

```
body {
    font-size: 14px;
    line-height: 30px;
    color: #FFF;
    background-color: #FFC74E;
    background-image: linear-gradient(to bottom,#FE8F00 30%,
#FDE907 50%,#FFC74E 70%);
}
```

图5-41　设置各渐变颜色的位置　　　　图5-42　在IE11中预览线性渐变背景效果

在CSS3的线性渐变中可以设置多个颜色值，各颜色的位置取值为0~1之间的小数，或者0%~100%之间的百分比数。关于设置各颜色的位置比例，其使用方法与Photoshop软件中的"渐变编辑器"对话框中颜色位置的用法相似。

通过上面的操作可以发现，W3C标准线性渐变的语法非常容易理解，首先指定线性渐变的方向，接着指定渐变颜色即可，可以指定多个颜色值，所指定的多个颜色值会按照线性渐变的方向平均分布。

浏览器适配说明

（1）前面的操作都是使用W3C标准线性渐变语法，只有高版本的现代浏览器才支持，为了兼容更多的浏览器版本，转换到外部CSS样式表文件中，在<body>标签的CSS样式中添加不同核心浏览器私有属性写法，如图5-43所示。保存外部CSS样式文件，在Chrome浏览器中预览页面，同样可以看到所设置的线性渐变背景效果，如图5-44所示。

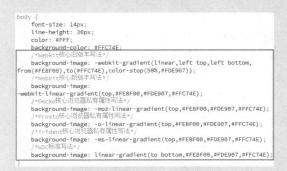

图5-43　添加各浏览器私有属性设置代码

图5-44　在Chrome中预览线性渐变背景效果

提示

添加各不同核心浏览器私有属性设置代码后，大多数浏览器都能够显示所设置的线性渐变背景效果，但是IE10以下版本的浏览器并不支持CSS3的线性渐变属性。

（2）使用IE9浏览器预览页面，发现页面并没有显示渐变颜色背景，而是显示background-color属性中所设置的纯色，效果如图5-45所示。这时可以在绘图软件中设计一张与渐变颜色填充相同的图片，使用该图片作为页面的背景图片，在CSS3渐变颜色设置代码上方添加背景图片设置代码，如图5-46所示。

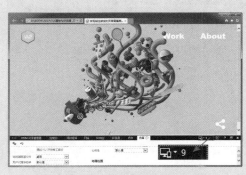

图5-45　在IE9中预览页面效果

图5-46　添加背景图像设置代码

提示

设置背景图像和设置线性渐变背景都是使用了background-image属性，所以这里一定要将设置背景图像的代码写在设置线性渐变颜色代码的前面，因为CSS样式是从上至下执行的，如果浏览器支持CSS3的线性渐变则会使用后面的同属性设置覆盖前面的设置，如果不支持则直接跳过。

（3）保存外部CSS样式表文件，在IE9浏览器预览页面，同样可以看到使用背景图像替代实现的渐变颜色背景效果，如图5-47所示。

提示

在这里并不推荐使用低版本IE专有的Gradient滤镜来实现渐变背景效果，因为此滤镜只支持两种色彩的渐变效果，只能是水平或垂直方向的线性渐变，并且IE9浏览器不支持该滤镜，只有IE6~IE8浏览器才支持该滤镜。所以使用背景图像的方式来适配低版本IE浏览器才是最好的方法。

图5-47 在IE9中预览页面效果

5.3.5 CSS3径向渐变使用详解

虽然CSS3的径向渐变要比线性渐变更复杂，但是只要了解了其基本语法及相关属性参数的作用，使用起来还是非常方便的。接下来将通过一个案例向读者详细讲解使用CSS3径向渐变属性实现径向渐变背景的效果。

实战 实现径向渐变的页面背景颜色
最终文件：最终文件\第5章\5-3-5.html 视频：视频\第5章\5-3-5.mp4

01 执行"文件＞打开"命令，打开页面"源文件\第5章\5-3-5.html"，可以看到页面的HTML代码，如图5-48所示。在IE浏览器中预览该页面，可以看到当前页面设置的纯色背景效果，如图5-49所示。

```
<!doctype html>
<html>
<head>
<meta charset="utf-8">
<title>实现径向渐变的页面背景颜色</title>
<link href="style/5-3-5.css" rel="stylesheet" type="text/css">
</head>

<body>
<div id="logo"><img src="images/53401.png" width="62" height=
"66" alt=""/></div>
<div id="menu">Work    About</div>
<div id="share"><img src="images/53402.png" width="47" height=
"46" alt=""/></div>
<div id="box"><img src="images/53501.png" width="712" height=
"438" alt=""/></div>
</body>
</html>
```

图5-48 页面HTML代码

图5-49 预览页面效果

02 转换到该网页所链接的外部CSS样式表文件中，找到名为body的标签CSS样式，在该CSS样式中添加W3C标准语法的径向渐变设置代码，如图5-50所示。保存外部CSS样式文件，在IE11浏览器中预览页面，可以看到所设置的椭圆形径向渐变背景效果，如图5-51所示。

03 如果需要创建一个圆形渐变，只需要在径向渐变代码中添加关键词circle即可。转换到外部CSS样式表文件中，在名为body的标签CSS样式中修改径向渐变设置代码，如图5-52所示。保存外部CSS样式文件，在IE11浏览器中预览页面，可以看到所设置的圆形径向渐变背景效果，如图5-53所示。

```
body {
    font-size: 14px;
    line-height: 30px;
    color: #FFF;
    background-color: #EEE;
    background-image: radial-gradient(#FFF,#999);
}
```

图5-50　添加径向渐变设置代码

图5-51　在IE11中预览径向渐变背景效果

```
body {
    font-size: 14px;
    line-height: 30px;
    color: #FFF;
    background-color: #EEE;
    background-image: radial-gradient(circle,#FFF,#999);
}
```

图5-52　添加径向渐变形状设置代码

图5-53　在IE11中预览径向渐变背景效果

> **提示**
>
> 　　圆形的径向渐变的水平半径和垂直半径具有相同的长度，如果不添加径向渐变形状设置，则其默认值为ellipse，即绘制一个椭圆形径向渐变。圆形径向渐变是椭圆形径向渐变的一种特殊情况，径向渐变的主要半径（水平半径）与次要半径（垂直半径）不相同时就是一个椭圆形渐变。

> **技巧**
>
> 　　除了可以使用关键词制作不同的径向渐变，还可以使用不同的渐变参数制作径向渐变效果，通过制作同心圆、主要半径和次要半径来决定径向渐变的形状。

04 转换到外部CSS样式表文件中，在名为body的标签CSS样式中修改径向渐变设置代码，如图5-54所示。保存外部CSS样式文件，在IE11浏览器中预览页面，可以看到所实现的径向渐变背景效果，如图5-55所示。

```
body {
    font-size: 14px;
    line-height: 30px;
    color: #FFF;
    background-color: #EEE;
    background-image: radial-gradient(60% 20% at 50% 50%,#FFF,#999);
}
```

图5-54　修改径向渐变设置代码

图5-55　在IE11中预览径向渐变背景效果

在径向渐变设置代码中可以使用百分比值或具体的像素值来指定圆心内径和圆心外径的位置，从而绘制出各种不同的径向渐变效果。如果采用像素值进行设置，当内径与外径的大小相同时，绘制出来的就是一个圆形径向渐变。

┌─ 技巧 ─

除了上述方法能够实现一些简单的径向渐变效果外，还可以使用渐变形状配合圆心定位。主要是使用at加上关键词来定义径向渐变中心位置。

05 转换到外部CSS样式表文件中，在名为body的标签CSS样式中修改径向渐变设置代码，如图5-56所示。保存外部CSS样式文件，在IE11浏览器中预览页面，可以看到所实现的径向渐变背景效果，如图5-57所示。

```css
body {
    font-size: 14px;
    line-height: 30px;
    color: #FFF;
    background-color: #EEE;
    background-image: radial-gradient(circle at center,#FFF,#999);
}
```

图5-56　修改径向渐变设置代码　　　　图5-57　在IE11中预览径向渐变背景效果

┌─ 提示 ─

此处绘制的是一个圆形径向渐变，并且通过添加at center关键词，将渐变中心位置设置在容器的中心点位置，相当于"at 50% 50%"，类似于background-positin: center center;的效果。

06 设置径向渐变的中心点位于顶边中心的位置，转换到外部CSS样式表文件中，在名为body的标签CSS样式中修改径向渐变设置代码，如图5-58所示。保存外部CSS样式文件，在IE11浏览器中预览页面，可以看到所实现的径向渐变背景效果，如图5-59所示。

```css
body {
    font-size: 14px;
    line-height: 30px;
    color: #FFF;
    background-color: #EEE;
    background-image: radial-gradient(circle at top,#FFF,#999);
}
```

图5-58　修改径向渐变设置代码　　　　图5-59　在IE11中预览径向渐变背景效果

┌─ 提示 ─

此处绘制的是一个圆形径向渐变，并且通过添加at top关键词，将渐变中心位置设置在容器的顶边中心点位置，相当于"at 50% 0%"，类似于background-positin: center top;的效果。

07 通过以上使用关键词来定位径向渐变中心位置的方法，可以推断出将径向渐变中心定位在容器各位置的代码，分别介绍如下。

（1）设置径向渐变圆心位于容器的右边中心点位置，如图5-60所示，相当于"at 100% 50%"，类似于back-ground-positin: right center;的效果。

```
body {
    font-size: 14px;
    line-height: 38px;
    color: #FFF;
    background-color: #EEE;
    background-image: radial-gradient(circle at right,#FFF,#999);
}
```

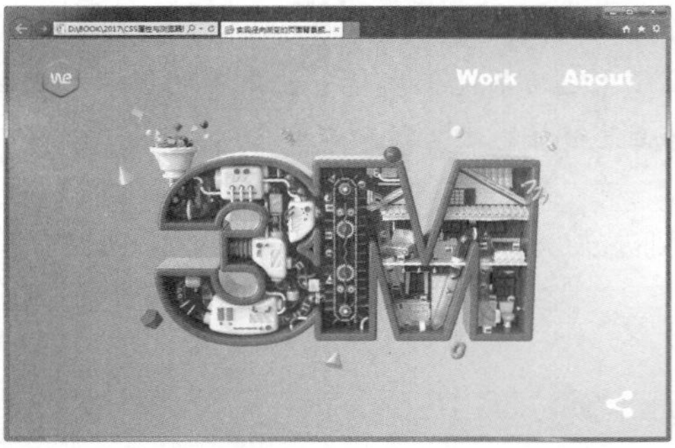

图5-60　将径向渐变中心定位于元素右侧的代码及效果

（2）设置径向渐变圆心位于容器的底边中心点位置，如图5-61所示，相当于"at 50% 100%"。类似于back-ground-positin: center bottom;的效果。

```
body {
    font-size: 14px;
    line-height: 38px;
    color: #FFF;
    background-color: #EEE;
    background-image: radial-gradient(circle at bottom,#FFF,#999);
}
```

图5-61　将径向渐变中心定位于元素底边中心的代码及效果

（3）设置径向渐变圆心位于容器的左边中心点位置，如图5-62所示，相当于"at 0% 50%"。类似于back-ground-positin: left center;的效果。

```
body {
    font-size: 14px;
    line-height: 38px;
    color: #FFF;
    background-color: #EEE;
    background-image: radial-gradient(circle at left,#FFF,#999);
}
```

图5-62　将径向渐变中心定位于元素左边中心的代码及效果

技巧

　　如果需要将径向渐变的中心定位于容器左上角顶点位置，可以使用关键词"left top"，相当于"at 0% 0%"；如果需要将径向渐变的中心定位于容器右上角顶点位置，可以使用关键词"right top"，相当于"at 100% 0%"；如果需要将径向渐变的中心定位于容器右下角顶点位置，可以使用关键词"right bottom"，相当于"at 100% 100%"；如果需要将径向渐变的中心定位于容器左下角顶点位置，可以使用关键词"left bottom"，相当于"at 0% 100%"。

提示

　　根据上面的讲解及对应的效果，在理解CSS3径向渐变使用关键词来设置径向渐变圆心位置时，可以将其当作元素背景中的background-position属性来理解。

---

08 还可以直接设置CSS3径向渐变的圆心半径大小。转换到外部CSS样式表文件中，在名为body的标签CSS样式中修改径向渐变设置代码，如图5-63所示。保存外部CSS样式文件，在IE11浏览器中预览页面，可以看到所实现的径向渐变背景效果，如图5-64所示。

```
body {
    font-size: 14px;
    line-height: 30px;
    color: #FFF;
    background-color: #EEE;
    background-image: radial-gradient(320px circle at center,#FFF,#999);
}
```

图5-63　修改径向渐变设置代码 　　　　　　　图5-64　在IE11中预览径向渐变背景效果

提示

　　如果一个径向渐变包含径向渐变类型circle和单一的大小值，就可以实现一个指定半径大小的径向渐变效果。如果一个径向渐变包含了径向渐变类型ellipse和两个大小值，或者只有两个大小值，就可以实现一个椭圆形的径向渐变效果。在设置径向渐变半径大小值时，可以使用任何CSS的单位值。

---

09 前面的操作都是简单的用两个颜色制作的径向渐变，接下来制作多色径向渐变效果。转换到外部CSS样式表文件中，在名为body的标签CSS样式中修改径向渐变设置代码，如图5-65所示。保存外部CSS样式文件，在IE11浏览器中预览页面，可以看到所实现的径向渐变背景效果，如图5-66所示。

```
body {
    font-size: 14px;
    line-height: 30px;
    color: #FFF;
    background-color: #EEE;
    background-image: radial-gradient(circle at center,#FFF,#CFF,#9CC);
}
```

图5-65　修改径向渐变设置代码 　　　　　　　图5-66　在IE11中预览径向渐变背景效果

这里设置了一个简单的3种颜色的径向渐变，3种颜色按先后顺序依次从径向渐变的中心向外进行扩散。

10 在径向渐变代码中还可以为每种颜色设置具体的显示位置。转换到外部CSS样式表文件中，在名为body的标签CSS样式中修改径向渐变设置代码，如图5-67所示。保存外部CSS样式文件，在IE11浏览器中预览页面，可以看到所实现的径向渐变背景效果，如图5-68所示。

图5-67 修改径向渐变设置代码　　　　　图5-68 在IE11中预览径向渐变背景效果

技巧

径向渐变中的颜色值可以使用任何表示颜色的格式，确定渐变颜色的位置可以使用任何表示长度的单位值，同时颜色数量也没有做任何限制，可以使用无限多种色彩，并且前面介绍的有关于径向渐变的属性参数都可以配合多种颜色，从而制作出一些更特殊的径向渐变效果。

浏览器适配说明

（1）前面的操作都是使用W3C标准径向渐变语法，只有高版本的现代浏览器才支持，为了兼容更多的浏览器版本，转换到外部CSS样式表文件中，在名为body的标签CSS样式中添加不同核心浏览器私有属性写法，如图5-69所示。保存外部CSS样式文件，在Chrome浏览器中预览页面，同样可以看到所设置的径向渐变背景效果，如图5-70所示。

图5-69 添加各浏览器私有属性设置代码　　　图5-70 在Chrome中预览线性渐变背景效果

（2）与线性渐变一样，IE10以下版本的IE浏览器不支持CSS3径向渐变。使用IE9浏览器预览页面，发现页面并没有显示径向渐变背景，而是显示background-color属性中所设置的纯色，如图5-71所示。可以在绘图软件中设计一张与径向渐变颜色填充相同的图片，使用该图片作为页面的背景图片，在径向渐变颜色设置代码上方添加背景图片设置代码，如图5-72所示。

图5-71 在IE9中预览页面效果

```
body {
    font-size: 14px;
    line-height: 30px;
    color: #FFF;
    background-color: #9CC;                           /*不支持渐变颜色时显示*/
    background-image: url(../images/53502.jpg);       /*不支持渐变颜色时显示*/
    background-repeat: no-repeat;                     /*不支持渐变颜色时显示*/
    background-position: center center;               /*不支持渐变颜色时显示*/
    /*Webkit核心旧版本写法*/
    background-image: -webkit-gradient(radial,center
center,from(#FFF),to(#9CC),color-stop(#CFF));
    /*Webkit核心新版本写法*/
    background-image: -webkit-radial-gradient(circle at center,#FFF,#CFF,#9CC);
    /*Gecko核心浏览器私有属性写法*/
    background-image: -moz-radial-gradient(circle at center,#FFF,#CFF,#9CC);
    /*Presto核心浏览器私有属性写法*/
    background-image: -o-radial-gradient(circle at center,#FFF,#CFF,#9CC);
    /*Trident核心浏览器私有属性写法*/
    background-image: -ms-radial-gradient(circle at center,#FFF,#CFF,#9CC);
    /*W3C标准写法*/
    background-image: radial-gradient(circle at center,#FFF,#CFF,#9CC);
}
```

图5-72 添加背景图像设置代码

> **提示**
>
> 　　在设计径向渐变背景图片时，尽可能将该图片的尺寸设置得大一些，从而能够适应大多数分辨率的浏览。如果是页面中某个固定尺寸的元素背景，则按该元素的固定尺寸大小进行设计即可。此外，还需要将背景颜色设置为径向渐变的结束颜色，这样即使背景图片没有分辨率尺寸大，也能够无缝地衔接背景图片，使网页的背景表现更加完整。

　　（3）保存外部CSS样式表文件，在IE9浏览器预览页面，同样可以看到使用背景图像替代实现的径向渐变颜色背景效果，如图5-73所示。

图5-73 在IE9中预览页面效果

> **提示**
>
> 　　通过案例的制作可以发现，CSS3的线性渐变和径向渐变在代码设置过程中有许多相似之处，只是所实现的渐变效果不同，特别是W3C的标准语法非常便于理解。并且这两种渐变的浏览器兼容性相同，同时也都可以采用背景图像的替代方案来适配低版本的浏览器。

▶▶▶ 5.4　了解CSS3重复渐变

　　CSS3中新增的线性渐变和径向渐变都属于CSS背景属性中的背景图片（background-image）属性。有时候希望创建一个重复的渐变填充效果，在没有重复渐变这个属性之前，主要是通过重复背景图像（使用background-repeat）创建线性渐变图片的平铺效果，但是没有创建重复的径向渐变的方法。幸运的是，CSS3中提供了repeating-linear-gradient和repeating-radial-gradient这两种方法，分别用于创建重复的线性渐变效果和重复的径向渐变效果。

　　repeating-linear-gradient和repeating-radial-gradient的语法格式与linear-gradient和radial-gradient的语法格式完全相同，只需要将linear-gradient替换为repeating-linear-gradient，将radial-gradient替换为repeating-radial-gradient即可。但是如果需要创建重复的渐变效果，那么在设置渐变颜色的位置时就需要使

用固定值来进行设置，而不能使用百分比值来设置渐变颜色位置。

关于repeating-linear-gradient和repeating-radial-gradient在这里不再做过多的介绍，感兴趣的读者可以亲自动手试一试。

▶▶▶ 5.5 本章小结

在CSS3中主要增强了网页在色彩表现方面的效果，通过RGBA和HSLA颜色模式能够实现半透明的颜色填充效果，通过linear-gradient和radial-gradient能够实现元素背景的线性渐变和径向渐变效果，这些都能够大大增强网页的表现力。在本章中详细向读者讲解了CSS3新增的各种颜色模式和实现渐变颜色背景的方法，并且介绍了其浏览器兼容性，通过学习本章的内容，读者能够在网页中合理地运用半透明颜色和渐变背景效果。

个性的边框设置属性

提到边框，大家首先想到的是CSS样式中的border属性，border属性是CSS盒模型的基础属性之一。通过使用border属性即可为网页中的任意元素设置边框效果。在CSS3中新增了多个关于元素边框设置的属性，从而帮助用户在网页中实现特殊的边框效果。在本章中将向读者介绍CSS3中边框的相关属性的使用方法及浏览器兼容性。

本章知识点：

- 熟练掌握边框基础CSS样式的应用
- 了解多种颜色边框的设置方法及浏览器兼容性
- 掌握CSS3圆角边框的使用方法及浏览器兼容性
- 掌握CSS3图像边框的使用方法及浏览器兼容性
- 掌握CSS3元素阴影的使用方法及浏览器兼容性

▶▶▶ 6.1 边框基础CSS属性

通过HTML定义的元素边框风格较为单一，只能改变边框的粗细，边框显示的都是黑色，无法设置边框的其他样式。在CSS样式中，通过对border属性进行定义，可以使网页元素的边框具有更加丰富的样式，从而使元素的效果更加美观。

6.1.1 边框的基础属性

CSS样式中关于边框设置的基础属性主要包括以下3个。

- border-width：设置元素的边框粗细。
- border-color：设置元素的边框颜色。
- border-style：设置元素的边框类型。

在实际使用过程中，可以将这3个属性合并在一起，其缩写的语法格式如下。

```
border: border-style | border-color | border-width;
```

缩写后的每个属性值之间使用空格分隔，并且它们之间没有先后顺序的要求。

1. border-width 属性

可以通过CSS样式中的border-width来设置元素边框的宽度，以增强边框的效果。border-width属性的语法格式如下。

```
border-width: medium | thin | thick | length;
```

border-width属性的属性值说明见表6-1。

表6-1　　　　　　　　　　　　border-width 属性的属性值说明

属性值	说明
medium	该值为默认值，中等宽度（大约3~4px）
thin	比medium细
thick	比medium粗
length	自定义宽度值

border-width属性可以拆分为border-top-width（上边框粗细）、border-right-width（右边框粗细）、border-bottom-width（下边框粗细）和border-left-width（左边框粗细）这4个子属性，可以分别对元素边框的4条边进行粗细不等的设置。

2. border-color 属性

在设置元素的边框样式时，不仅可以对边框的宽度进行设置，为了突出显示边框的效果，还可以通过CSS样式中的border-color属性来定义边框的颜色。

border-color属性的语法格式如下。

```
border-color: 颜色值;
```

border-color属性的颜色值可以使用十六进制和RGB等各种CSS样式接受的颜色值。

border-color属性与border-width属性相似，同样可以拆分为border-top-color（上边框颜色）、border-right-color（右边框颜色）、border-bottom-color（下边框颜色）和border-left-color（左边框颜色）这4个子属性，可以分别对元素边框的4条边设置不同的颜色。

3. border-style 属性

border-style属性用于设置元素边框的样式，即定义边框的风格。

border-style属性的语法格式如下。

```
border-style: none|hidden|dotted|dashed|solid|double|groove|ridge|inset|outset;
```

border-style属性的属性值说明见表6-2。

表6-2　　　　　　　　　　　　border-style 属性的属性值说明

属性值	说明	效果
none	设置元素无边框	none
hidden	与none相同，对于表格，可以用来解决边框的冲突	hidden

续表

属性值	说明	效果
dotted	设置点状边框效果	 dotted
dashed	设置虚线边框效果	 dashed
solid	设置实线边框效果	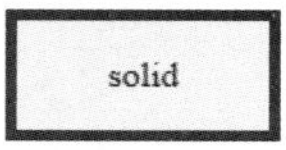 solid
double	设置双线边框效果，双线宽度等于border-width的值	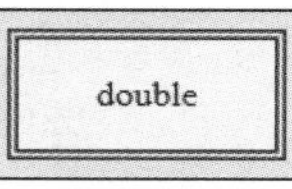 double
groove	设置3D凹槽边框效果，其效果取决于border-color的值	 groove
ridge	设置脊线式边框效果	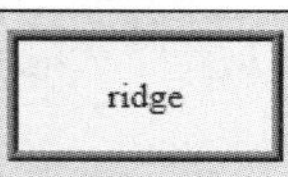 ridge
inset	设置内嵌效果的边框	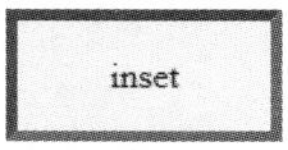 inset
outset	设置突起效果的边框	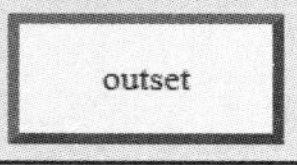 outset

以上所介绍的边框样式属性还可以定义在一个元素边框中，它是按照顺时针的方向分别对边框的上、右、下、左进行边框样式定义的，可以形成样式多样化的边框。

如下面所定义的边框样式。

```
img{
border-style: dashed solid double dotted;
}
```

此外，border-style属性同样可以拆分为border-top-style（上边框样式）、border-right-style（右边框样式）、border-bottom-style（下边框样式）和border-left-style（左边框样式）这4个子属性。

提示

border-style属性的多个属性值在不同的浏览器中呈现出来的效果可能会存在轻微的差异，其中最不可预测的是double样式，它定义两条线的宽度加上这两条线之间的空间等于border-width属性的值，CSS规范并没有说其中一条线是否比另一条粗或者两条线是否应该一样粗，也没有指出线之间的空间是否应该比线粗。

实战 为网页元素设置边框效果
最终文件：最终文件\第6章\6-1-1.html　　视频：视频\第6章\6-1-1.mp4

01 执行"文件>打开"命令，打开页面"源文件\第6章\6-1-1.html"，可以看到页面的HTML代码，如图6-1所示。在IE浏览器中预览该页面，可以看到页面的效果，如图6-2所示。

```
<!doctype html>
<html>
<head>
<meta charset="utf-8">
<title>为网页元素设置边框效果</title>
<link href="style/6-1-1.css" rel="stylesheet" type="text/css">
</head>

<body>
<div id="top">
  <div id="top-ico">
    <ul>
      <li>ES</li>
      <li><img src="images/61103.png" width="55" height="27"  alt=""/></li>
      <li><img src="images/61104.png" width="55" height="27"  alt=""/></li>
      <li><img src="images/61105.png" width="55" height="27"  alt=""/></li>
      <li><img src="images/61106.png" width="55" height="27"  alt=""/></li>
    </ul>
  </div>
  <img src="images/61102.png" width="189" height="45"  alt=""/> </div>
<div id="text">纵享美食季<br><br>
  <span class="font01">ENJOY DELICACY SEASON</span>
</div>
<div id="scroll"><img src="images/61107.png" width="86" height="86"  alt=""/></div>
</body>
</html>
```

图6-1　页面HTML代码

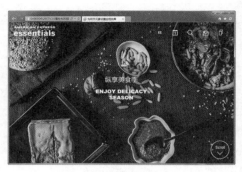

图6-2　预览页面效果

02 转换到该网页所链接的外部CSS样式表文件中，找到名称为#top的CSS样式，在该CSS样式中添加border-bottom属性设置，为该元素添加下边框效果，如图6-3所示。保存外部CSS样式表文件，在IE浏览器中预览页面，可以看到为页面中id名称为top的元素所设置的下边框的效果，如图6-4所示。

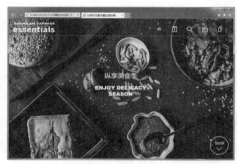

```
#top{
    width: auto;
    height: 60px;
    background-color: rgba(0,0,0,0.3);
    padding: 20px 20px 0px 20px;
    border-bottom: solid 1px #999;
}
```

图6-3　CSS样式代码

图6-4　预览元素下实线边框效果

03 转换到外部CSS样式表文件中，找到名为#top-ico li的CSS样式，在该CSS样式中添加border-left属性设置，为元素添加左边框效果，如图6-5所示。保存外部CSS样式表文件，在IE浏览器中预览页面，可以看到为页面右上角多个li元素设置的左侧虚线边框效果，如图6-6所示。

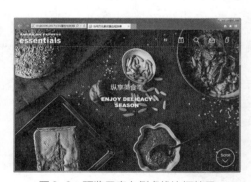

```
#top-ico li {
    list-style-type: none;
    float: left;
    width: 70px;
    height: 45px;
    text-align: center;
    font-weight: bold;
    padding-top: 15px;
    border-left: 1px #FFF dashed;
}
```

图6-5　CSS样式代码

图6-6　预览元素左侧虚线边框效果

04 转换到外部CSS样式表文件中，找到名为#text的CSS样式，在该CSS样式中添加border属性设置，为元素同时设置四边的边框效果，如图6-7所示。保存外部CSS样式表文件，在IE浏览器中预览页面，可以看到为页面中id名称为text的元素设置的实线边框效果，如图6-8所示。

```
#text {
    position: absolute;
    width: 250px;
    height: 200px;
    left: 50%;
    margin-left: -127px;
    top: 50%;
    margin-top: -127px;
    background-color: rgba(0,0,0,0.3);
    padding-top: 50px;
    font-size: 30px;
    text-align: center;
    border: solid 5px #FFF;
}
```

图6-7 CSS样式代码

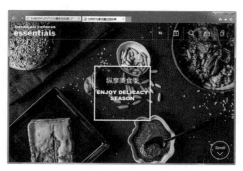

图6-8 预览元素实线边框效果

提示

通过该案例的制作可以发现，为网页中的元素添加合适的边框效果，能有效地起到划分页面内容区域的作用，并且元素边框的应用还能够突出内容的表现效果。

技巧

元素的边框属性可以不完全定义，仅单独定义宽度与样式，不定义边框的颜色，通过这种方法设置的边框，默认颜色是黑色。如果单独定义宽度与样式，元素边框也会有效果，但是如果单独定义颜色，图片边框不会有任何效果。

6.1.2 边框基础属性的浏览器兼容性

边框基础CSS属性的浏览器兼容性见表6-3。

表6-3   边框基础CSS属性的浏览器兼容性

属性	Chrome	Firefox	Opera	Safari	IE
border-width	√	√	√	√	√
border-color	√	√	√	√	√
border-style	√	√	√	√	√
border	√	√	√	√	√

浏览器适配说明

边框的基础属性包括border-width、border-color、border-style和border（早在CSS1就已经写入CSS规范），经过多年的应用，获得了所有主流浏览器的广泛支持。虽然border-style属性的个别属性值在不同的浏览器中呈现出的效果会有差异，但并不影响效果的表现，并且border-style属性常用的属性值solid（实线）、dashed（虚线）等在主流浏览器中的表现效果是一致的。

综上所述，在网页制作过程中可以放心大胆地使用CSS样式中的边框基础属性来表现网页元素的边框效果。

▶▶▶ 6.2　CSS3 多种颜色边框

border-color 属性早在 CSS1 中就已经定义了，不过在 CSS3 中增强了该属性的功能，通过该属性可以为元素边框设置多种不同的颜色，从而使设计师能够表现出更为绚丽的边框效果。

6.2.1　border-color 属性的语法

border-color 属性早在 CSS1 就已经写入 CSS 语法规范，为了避免与 border-color 属性的原生功能（即在 CSS1 中定义边框颜色的功能）发生冲突，如果需要为边框设置多种色彩，直接使用 border-color 属性，并在该属性值中设置多个颜色值是不起任何作用的。必须将这个 border-color 属性拆分为 4 个边框颜色子属性，使用多种颜色才会有效果。

```
border-top-colors:[<color> | transparent]{1,4} | inherit;
border-right-colors:[<color> | transparent]{1,4} | inherit;
border-bottom-colors:[<color> | transparent]{1,4} | inherit;
border-left-colors:[<color> | transparent]{1,4} | inherit;
```

需要注意的时，这 4 个属性与前面所介绍的 border-color 属性的 4 个基础子属性是不同的，这里的属性中 color 是复数 colors，如果在书写过程中少写了字母 s 就会导致无法实现多种边框颜色的效果。

多种边框颜色属性的参数其实很简单，就是颜色值，可以取任意合法的颜色值。如果设置了 border 的宽度为 Npx，那么就可以在这个 border 上使用 N 种颜色，每种颜色显示 1px 的宽度。如果所设置的 border 的宽度为 10 像素，但只声明了 5 或 6 种颜色，那么最后一个颜色将被添加到剩下的宽度。

6.2.2　border-color 属性的浏览器兼容性

CSS3 中的多种边框颜色效果虽然功能强大，但目前能够支持该效果的浏览器仅有 Firefox 3.0 及其以上版本的 Firefox 浏览器，而且还需要使用该浏览器的私有属性写法。CSS3 多种边框颜色的浏览器兼容性见表 6-4。

表6-4　　　　　　　　　　　　　　CSS3 多种边框颜色的浏览器兼容性

属性	Chrome	Firefox	Opera	Safari	IE
border-color	×	3.0+ √	×	×	×

由于 CSS3 的多种边框颜色属性到目前还没有形成正式的标准规范，所以在使用时需要加上不同核心浏览器的私有属性前缀。

浏览器适配说明

CSS3 的多种边框颜色属性能够帮助设计师实现渐变、内阴影、外阴影等多种绚丽的元素边框效果，但目前仅有 Firefox 3.0 及其以上版本的 Firefox 浏览器支持，而且还需要使用其私有属性前缀，因此该属性的实用性并不是很强，在网页制作过程中一定要谨慎使用该属性。

好在 CSS 样式具有优雅降级的特性，在不支持 CSS3 多种边框颜色的浏览器中会将元素的边框颜色显示为单一的纯色。

　　如果一定要在所有浏览器中都能够表现出多种颜色边框的效果，无外乎两种方法：一种是通过添加额外的标签，在每个标签上设置不同的颜色；另一种就是通过背景图片来实现。不过这两种方法都有一定的弊端，第一种方法多了很多冗余的标签，维护起来非常麻烦；第二种方法如果需要改变边框的颜色，则需要对背景图片进行修改，并且如果元素的尺寸大小不固定，则无法通过背景图片的方法来实现。

实战　实现多彩绚丽的边框效果

最终文件：最终文件\第6章\6-2-2.html　　　视频：视频\第6章\6-2-2.mp4

01 执行"文件>打开"命令，打开页面"源文件\第6章\6-2-2.html"，可以看到页面的HTML代码，如图6-9所示。在IE浏览器中预览该页面，可以看到页面元素的实色边框效果，如图6-10所示。

```
<!doctype html>
<html>
<head>
<meta charset="utf-8">
<title>实现多彩绚丽边框效果</title>
<link href="style/6-2-2.css" rel="stylesheet" type="text/css">
</head>

<body>
<div id="bg">
  <div id="box">
    <div id="logo"><img src="images/62202.png" width="55" height="63"
alt=""/></div>
    <div id="mbtn"><img src="images/62203.png" width="32" height="25"
alt=""/></div>
    <div id="text">我们是 <span class="font01">UI/UX </span><br>
      <span class="font02">DESIGN STUDIO</span><br>
      <span class="font03">我们的作品</span>
    </div>
  </div>
</div>
</body>
</html>
```

图6-9　页面HTML代码

图6-10　预览页面效果

02 转换到该网页所链接的外部CSS样式表文件中，找到名称为#box的CSS样式，在该CSS样式中可以看到通过基础的border属性为元素所设置的10像素宽实线边框的设置代码，如图6-11所示。在该CSS样式表中添加Gecko核心浏览器的边框多重颜色的私有属性设置代码，如图6-12所示。

```
#box {
    position: absolute;
    width: 90%;
    height: 90%;
    top: 4%;
    left: 4%;
    border: solid 10px #F04E59;
}
```

图6-11　CSS样式代码

```
#box {
    position: absolute;
    width: 90%;
    height: 90%;
    top: 4%;
    left: 4%;
    border: solid 10px #F04E59;
    -moz-border-top-colors: #F0E64E #F0E64E #4EF08B #4EF08B #4E61F0
#4E61F0 #C44EF0 #C44EF0 #F04E59 #F04E59;
    -moz-border-right-colors: #F0E64E #F0E64E #4EF08B #4EF08B #4E61F0
#4E61F0 #C44EF0 #C44EF0 #F04E59 #F04E59;
    -moz-border-bottom-colors: #F0E64E #F0E64E #4EF08B #4EF08B #4E61F0
#4E61F0 #C44EF0 #C44EF0 #F04E59 #F04E59;
    -moz-border-left-colors: #F0E64E #F0E64E #4EF08B #4EF08B #4E61F0
#4E61F0 #C44EF0 #C44EF0 #F04E59 #F04E59;
}
```

图6-12　添加Gecko核心私有属性设置代码

提示

　　很遗憾的是目前只有采用Gecko核心的Firefox浏览器才支持多种颜色边框的效果，并且还需要使用私有属性前缀。

03 保存外部CSS样式表文件，在Firefox浏览器中预览页面，可以看到为页面中id名称为box的元素所设置的多种颜色边框的效果，如图6-13所示。

图6-13 在Firefox浏览器中预览多种颜色边框效果

> **提示**
>
> 因为在该CSS样式中已经通过border属性设置了元素边框的宽度为10像素，那么在多种边框颜色的属性设置中可以最多设置10个不同的颜色值，颜色值之间使用空格进行分隔。默认情况下，每种颜色只占1像素，并且颜色是由外到内显示的。如果所设置的颜色值少于边框的宽度，则最后一种颜色将被用于剩下的宽度。

浏览器适配说明

（1）前面已经介绍过目前只有采用Gecko核心的Firefox浏览器支持CSS3新增的多种颜色边框效果，即使在最新的IE11或Chrome 62中，无论是W3C的标准属性还是私有属性都不支持，图6-14所示为分别在IE11和Chrome 62浏览器中预览的效果。

图6-14 在不支持多种颜色边框的浏览器中显示为纯色边框效果

> **提示**
>
> 通过观察可以发现，CSS3属性能够实现优雅降级，在不支持多种颜色边框的浏览器中会跳过该属性，直接应用border属性中的边框颜色效果。其实显示为一种颜色的边框效果也并不会影响到页面整体效果的表现，只是多种色彩的边框能够给人一种奇特的印象。

（2）在该页面中还通过RGBA颜色值为页面的背景设置了半透明背景颜色，可以根据第5章中讲解的方法，通过Gradient滤镜，从而在IE9以下版本的IE浏览器中同样显示出半透明背景色。转换到外部CSS样式表文件中，找到名为#bg的CSS样式，添加Gradient滤镜的设置代码，如图6-15所示。保存外部CSS样式表文件，在IE8浏览器中预览页面，效果如图6-16所示。

图6-15 添加Gradient滤镜设置代码　　　图6-16 在IE8浏览器中预览页面效果

▶▶▶ 6.3 CSS3圆角边框属性

在CSS3之前，如果需要在网页中实现圆角边框效果，通常都是使用图像来实现，而在CSS3中新增了圆角边框属性border-radius，通过该属性可以轻松地在网页中实现圆角边框效果。

6.3.1 border-radius属性的语法

圆角能够让页面元素看起来不那么生硬，能够增强页面的曲线之美。CSS3中专门针对元素的圆角效果新增了border-radius属性。

border-radius属性的语法格式如下。

```
border-radius: none | <length>{1,4} [ / <length>{1,4} ]?
```

border-radius属性的属性值说明见表6-5。

表6-5　　　　　　　　　　　　　　border-radius属性的属性值说明

属性值	说明
none	none为默认值，表示不设置圆角效果
<length>	由浮点数和单位标识符组成的长度值，不可以为负值

— 提示 —
　　如果在border-radius属性所设置的参数值中存在反斜杠符号"/"，"/"前面的值是设置水平方向的圆角半径，"/"后面的值是设置垂直方向上的半径；如果所设置的参数值没有反斜杠符号"/"，则所设置圆角的水平和垂直方向的半径值相等。

border-radius属性是一种缩写方式，在该属性中可以按照top-left、top-right、bottom-right和bottom-left的顺时针顺序同时设置4个角的圆角半径值，其主要会有以下4种情况出现。

（1）border-radius属性只设置1个值。

如果border-radius属性只设置1个属性值，那么说明top-left、top-right、bottom-right和bottom-left这4个值是相等的，也就是元素的4个圆角效果相同。

（2）border-radius属性设置两个值。

如果border-radius属性设置两个属性值，那么就说明top-left与bottom-right值相等，并取第一个值；top-right与bottom-left值相等，并取第二个值。也就是元素的左上角与右下角取第一个值，右上角与左下角取第二个值。

（3）border-radius属性设置3个值。

如果border-radius属性设置3个属性值，则第一个值设置top-left，第二个值设置top-right和bottom-left，第三个值设置bottom-right。

（4）border-radius属性设置4个值。

如果border-radius属性设置4个属性值，则第一个值设置top-left，第二个值设置top-right，第三个值设置bottom-right，第四个值设置bottom-left。

> **技巧**
>
> 如果需要重置元素使之没有圆角效果，设置border-radius属性值为none并没有效果，需要将元素的border- radius属性值设置为0。

6.3.2 border-radius属性的4个子属性

border-radius属性和border属性一样，可以将各个角单独拆分出来。这样border-radius属性就派生出另外4个子属性，并且它们都是先y轴再x轴。

border-radius属性的4个子属性的语法格式如下。

```
border-top-left-radius: <length>/<length>;        /*设置元素左上角圆角*/
border-top-right-radius: <length>/<length>;       /*设置元素右上角圆角*/
border-bottom-right-radius: <length>/<length>;    /*设置元素右下角圆角*/
border-bottom-left-radius: <length>/<length>;     /*设置元素左下角圆角*/
```

上面4个子属性取值和border-radius属性是一样的，只不过水平和垂直方向仅一个值，"/"前面的值为水平方向半径，"/"后面的值为垂直方向半径。如果第二个值省略，元素水平和垂直方向的半径相等，其实表现出来的就是以<length>值为半径的1/4圆。如果水平或垂直方向的任意一个值为0，则这个角就不是圆角，而是一个直角。

由于各浏览器厂商对border-radius的4个子属性的解析方式不一致，造成了不同核心浏览器中border-radius的派生子属性的写法有所区别，分别介绍如下。

（1）Webkit核心浏览器（Chrome、Safari等）。

```
-webkit-border-top-left-radius: <length>/<length>;        /*设置元素左上角圆角*/
-webkit-border-top-right-radius: <length>/<length>;       /*设置元素右上角圆角*/
-webkit-border-bottom-right-radius: <length>/<length>;    /*设置元素右下角圆角*/
-webkit-border-bottom-left-radius: <length>/<length>;     /*设置元素左下角圆角*/
```

（2）Gecko核心浏览器（Firefox等）。

```
-moz-border-radius-topleft: <length>/<length>;        /*设置元素左上角圆角*/
-moz-border-radius-topright: <length>/<length>;       /*设置元素右上角圆角*/
-moz-border-radius-bottomright: <length>/<length>;    /*设置元素右下角圆角*/
-moz-border-radius-bottomleft: <length>/<length>;     /*设置元素左下角圆角*/
```

（3）Presto核心和Trident核心浏览器（Opera、IE9+等）。

```
border-top-left-radius: <length>/<length>;        /*设置元素左上角圆角*/
border-top-right-radius: <length>/<length>;       /*设置元素右上角圆角*/
border-bottom-right-radius: <length>/<length>;    /*设置元素右下角圆角*/
border-bottom-left-radius: <length>/<length>;     /*设置元素左下角圆角*/
```

border-radius属性所派生出来的4个子属性虽然能够很方便地为元素设置指定角的圆角效果，但是为了兼容各浏览器的新老版本写法，不得不将上面所介绍的不同核心浏览器中的写法都写上，非常烦琐。例如，只需要设置元素的左上角为圆角效果，如果使用子属性border-top-left-radius，则需要写为如下的形式。

```
-webkit- border-top-left-radius: 20px;
-moz-border-radius-topleft: 20px;
border-top-left-radius: 20px;
```

这样给元素设置单个圆角效果是件非常痛苦的事情，而且难以维护，也容易出错。其实给元素设置单个圆角效果完全可以借助border-radius属性的标准写法，只需要将其他角的圆角半径值设置为0即可。

```
border-radius: 20px 0px 0px 0px;
```

6.3.3 border-radius属性的浏览器兼容性

目前，border-radius属性得到了主流现代浏览器的支持，如Chrome 5+、Firefox 4+、Opera 10.5+、Safari 5+、IE9+版本都能够支持W3C标准的border-radius属性写法。如果需要支持一些老版本的浏览器，还可以为border-radius属性添加不同核心浏览器的私有属性前缀。但是IE9以下版本的IE浏览器并不支持border-radius属性。

border-radius的浏览器兼容性见表6-6。

表6-6　　　　　　　　　　　border-radius属性的浏览器兼容性

属性	Chrome	Firefox	Opera	Safari	IE
border-radius	1.0+ √	3.0+ √	10.5+ √	3.0+ √	9+ √

浏览器适配说明

CSS3中新增的border-radius属性的应用目前在网站中随处可见，特别是国外的网站，国内很多网页设计师也越来越广泛地应用该属性。在IE9以下版本的IE浏览器中，设计师可以采用以下3种方法来处理浏览器适配问题。

（1）使用第三方插件，如IE-css3.htc或者其他的JavaScript脚本插件。

（2）CSS样式具有优雅降级的特点，在不支持border-radius属性的浏览器中元素显示为默认的直角效果。

（3）在不支持border-radius属性的低版本IE浏览器中为元素应用另外一套CSS样式，在该CSS样式中使用设计好的圆角图片作为元素的背景来表现元素的圆角效果。

使用CSS3的border-radius属性实现网页中的元素圆角效果，在少数不支持border-radius的浏览器中，牺牲一些效果的一致性并不是问题。我们所做的是一种渐进增强、优雅降级，即使有圆角效果的元素在不支持CSS3的border-radius属性的浏览器中完全有效果且易读，只不过在支持border-radius属性的浏览器中该元素看起来会更美观，视觉效果更细腻圆润。如果客户要求必须在所有浏览器中都能够达到一样的圆角效果，那么可以考虑使用上面所介绍的3种方法来解决。

实战　为网页元素设置圆角效果

最终文件：最终文件\第6章\6-3-3.html　　　视频：视频\第6章\6-3-3.mp4

01 执行"文件>打开"命令，打开页面"源文件\第6章\6-3-3.html"，可以看到页面的HTML代码，如图6-17所示。在IE浏览器中预览该页面，可以看到页面中相应的元素显示为直角的边框效果，如图6-18所示。

```
<!doctype html>
<html>
<head>
<meta charset="utf-8">
<title>为网页元素设置圆角效果</title>
<link href="style/6-3-3.css" rel="stylesheet" type=
"text/css">
</head>

<body>
<div id="pic"></div>
<div id="box">
    <div id="work01"><img src="images/63302.jpg" width="180"
height="150" alt=""/></div>
    <div id="work02"><img src="images/63303.jpg" width="180"
height="150" alt=""/></div>
    <div id="work03"><img src="images/63304.jpg" width="180"
height="150" alt=""/></div>
</div>
</body>
</html>
```

图6-17　页面HTML代码

图6-18　预览页面效果

02 转换到该网页所链接的外部CSS样式表文件中，找到名称为#work01的CSS样式，添加border-radius属性设置代码，如图6-19所示。保存外部CSS样式表文件，在IE11浏览器中预览该页面，可以看到所实现的元素4个角为相同圆角的效果，如图6-20所示。

```
#work01 {
        width: 230px;
        height: 188px;
        float: left;
        margin: 0px 15px;
        background-color: #FFF;
        padding-top: 49px;
        text-align: center;
        border: solid 10px #CCC;
        border-radius: 10px;
}
```

图6-19　添加border-radius属性设置

图6-20　预览元素显示为圆角效果

03 转换到外部CSS样式表文件中，在名为#work01的CSS样式中修改border-radius属性值为两个值，如图6-21所示。保存外部CSS样式表文件，在IE11浏览器中预览该页面，可以看到所实现的元素对角显示为相同圆角的效果，如图6-22所示。

```
#work01 {
    width: 230px;
    height: 188px;
    float: left;
    margin: 0px 15px;
    background-color: #FFF;
    padding-top: 49px;
    text-align: center;
    border: solid 10px #CCC;
    border-radius: 10px 30px;
}
```

图6-21 修改border-radius属性为两个值

图6-22 预览元素的圆角效果

提示

border-radius属性本身又包含4个子属性,当为该属性赋一组值的时候,将遵循CSS的赋值规则。从border-radius属性语法可以看出,其值也可以同时包含两个值、3个值或4个值,多个值的情况使用空格进行分隔。

---

04 在border-radius属性中还可以单独设置各个角的水平和垂直半径值。转换到外部CSS样式表文件中,在名为#work01的CSS样式中修改border-radius属性值,如图6-23所示。保存外部CSS样式表文件,在IE11浏览器中预览该页面,可以看到元素左上角与右上角的水平和垂直半径值不同的效果,如图6-24所示。

```
#work01 {
    width: 230px;
    height: 188px;
    float: left;
    margin: 0px 15px;
    background-color: #FFF;
    padding-top: 49px;
    text-align: center;
    border: solid 10px #CCC;
    border-radius: 40px 40px 20px 20px / 30px 30px 20px 20px;
}
```
4个角水平方向圆角值   4个角垂直方向圆角值

图6-23 修改border-radius属性值

图6-24 预览元素的圆角效果

提示

在border-radius属性中设置"水平/垂直"两个半径参数时,元素的每个角不是1/4圆角,得到的圆角效果是不规则的。元素左上角是一个水平半径为40px,垂直半径为30px的不规则圆角;右上角是一个水平半径为40px,垂直半径为30px的不规则圆角;而右下角和左下角因为所设置的水平半径与垂直半径相同,所以右下角和左下角得到的是规则的圆角。

---

05 如果元素设置了边框效果,则在border-radius属性中设置不同的圆角值会使元素的角表现出不同的效果。转换到外部CSS样式表文件中,在名为#work01的CSS样式中修改border-radius属性值,如图6-25所示。保存外部CSS样式表文件,在IE11浏览器中预览该页面,可以看到元素的圆角效果,如图6-26所示。

提示

元素设置有边框效果时,当元素的圆角半径值小于或等于边框宽度时,该角会显示为外圆内直的效果;当元素的圆角半径值大于边框宽度时,该角会显示为内外都是圆角的效果。

```
#work01 {
    width: 230px;
    height: 188px;
    float: left;
    margin: 0px 15px;
    background-color: #FFF;
    padding-top: 49px;
    text-align: center;
    border: solid 10px #CCC;
    border-radius: 40px 10px;
}
```

图6-25　修改border-radius属性值

图6-26　预览元素的圆角效果

06　使用相同的制作方法，为其他两个元素应用圆角效果。转换到外部CSS样式表文件中，在名为#work02和#work03的CSS样式中添加border-radius属性设置，如图6-27所示。保存外部CSS样式表文件，在IE11浏览器中预览该页面，可以看到元素的圆角效果，如图6-28所示。

```
#work02 {
    width: 230px;
    height: 188px;
    float: left;
    margin: 0px 15px;
    background-color: #FFF;
    padding-top: 49px;
    text-align: center;
    border: solid 10px #CCC;
    border-radius: 40px 10px;
}
#work03 {
    width: 230px;
    height: 188px;
    float: left;
    margin: 0px 15px;
    background-color: #FFF;
    padding-top: 49px;
    text-align: center;
    border: solid 10px #CCC;
    border-radius: 40px 10px;
}
```

图6-27　添加border-radius属性设置

图6-28　预览元素的圆角效果

技巧

　　使用border-radius属性可以为网页中任意元素应用圆角效果，但是在为图片<img>元素应用圆角效果时，只有Webkit核心的浏览器不会对图片进行剪切，而在其他的浏览器中都能够实现图片的圆角效果。

浏览器适配说明

　　（1）为了使更多低版本的浏览器也能够支持元素的圆角效果，需要添加不同核心浏览器的私有属性前缀。转换到外部CSS样式表文件中，分别在#work1、#work02和#work03的CSS样式中添加border-radius属性私有属性前缀，如图6-29所示。保存外部CSS样式表文件，在Chrome浏览器中预览该页面，可以看到元素的圆角效果，如图6-30所示。

　　（2）但是在IE9以下版本的IE浏览器中依然无法支持border-radius属性，好在CSS3具有优雅降级的特性，例如，使用IE8浏览器预览页面，因为该浏览器不支持border-radius属性，则降级显示为直角，如图6-31所示。

　　（3）为了解决IE9以下版本IE浏览器的兼容性问题，可以通过IE条件注释的方法来判断浏览器版本。返回到网页HTML代码中，在<head>与</head>标签之间添加IE条件注释代码，如图6-32所示。

```
#work01 {
    position:relative;
    width: 230px;
    height: 188px;
    float: left;
    margin: 0px 15px;
    background-color: #FFF;
    padding-top: 49px;
    text-align: center;
    border: solid 10px #CCC;
    -webkit-border-radius: 40px 10px;    /*Webkit核心私有属性写法*/
    -moz-border-radius: 40px 10px;       /*Gecko核心私有属性写法*/
    -o-border-radius: 40px 10px;         /*Presto核心私有属性写法*/
    border-radius: 40px 10px;
}
```

图6-29　添加私有属性写法

图6-30　在Chrome浏览器中预览圆角效果

图6-31　在IE8浏览器中预览效果

图6-32　添加IE条件注释代码

（4）事先在图像处理软件中制作一张相同的圆角效果图片，创建名为6-3-3old.css文件，在该外部CSS样式表中创建名称为#work1、#work2、#work3的CSS样式，如图6-33所示。保存外部CSS样式表文件和HTML页面，在IE8浏览器预览页面，可以看到通过使用背景图像所实现的元素圆角效果，如图6-34所示。

```
#work01,#work02,#work03 {
    width: 250px;
    height: 208px;
    float: left;
    margin: 0px 15px;
    background: none;
    padding-top: 49px;
    text-align: center;
    border: none;
    background-image: url(../images/63305.png);
    background-repeat: no-repeat;
}
```

图6-33　CSS样式设置代码

图6-34　在IE8浏览器中预览效果

提示

判断出用户使用的是低于IE9的IE浏览器时，则自动调用名为6-3-3old.css的外部CSS样式表文件，在该外部CSS样式表文件中定义了一个名称相同的ID CSS样式，在该CSS样式中使用背景图像的方式来实现元素圆角的效果。

►►► 6.4 CSS3图像边框属性

在CSS3中新增了图像边框属性border-image，通过使用该属性能够模拟出background-image属性的功能，其功能比background-image强大，通过border-image属性能够为页面的任何元素设置图像边框效果，还可以使用该属性来制作圆角按钮效果等。

6.4.1 border-image属性的语法

CSS3中新增的border-image属性，专门用于图像边框的处理，它的强大之处在于它能灵活地分割图像，并应用于边框。

border-image属性的语法格式如下。

```
border-image: none|<image>[<number>|<percentage>]{1,4}[/<border-width>{1,4}]?
[stretch|repeat|round] {0,2}
```

border-image属性的参数说明见表6-7。

表6-7 border-image属性的参数说明

参数	说明
none	none为默认值，表示无图像
<image>	用于设置边框图像，可以使用绝对地址或相对地址
<number>	number是一个数值，用来设置边框或者边框背景图片的大小，其单位是像素（px），可以使用1~4个值，表示4个方位的值，可以参考border-width属性设置方式
<percentage>	percentage也是用来设置边框或者边框背景图片大小的，与number不同之处是，percentage使用的是百分比值
<border-width>	由浮点数字和单位标识符组成的长度值，不可以为负值，用于设置边框宽度
stretch、repeat、round	这3个属性参数用来设置边框背景图片的铺放方式，类似于background-position属性，其中stretch会拉伸边框背景图片，repeat是会重复边框背景图片，round是平铺边框背景图片，其中stretch为默认值

6.4.2 border-image属性使用详解

为了更好地理解，暂时把border-image属性的语法表达形式进行分解并分别阐述，需要注意的是，在实际应用中是不能进行分解的，必须使用border-image属性进行设置，此处分解说明只是用来帮助大家更好地理解border-image属性。border-image属性可拆分为以下4个方面。

- 引入边框图片：border-image-source。
- 切割边框图片：border-image-slice。
- 边框图片的宽度：border-image-width。
- 边框背景图片的排列方式：border-image-repeat。

下面将分别从border-image属性所拆分出来的这4个方面来分别进行讲解。

1. 引入边框图片：border-image-source

border-image-source语法格式如下。

```
border-image-source: url(边框图片);
```

从语法可以看出，引入边框图片的方式与使用background-image属性相似，也是通过url()来调用边框图片，图片的路径可以是相对地址，也可以是绝对地址。当然如果不想使用边框图片也可以设置border-image: none，其默认值就是none。

2. 切割边框图片：border-image-slice

border-image-slice语法格式如下。

```
border-image-slice: [<number> | <percentage>] {1,4} && fill?
```

border-image-slice是用来切割边框图片的，这个参数相对来说比较复杂和特别，主要表现在以下几点。

（1）取值支持<number>或<percentage>两种方式，其中<number>是固定大小，其默认单位就是像素。<percentage>表示取百分比数值，即相对于边框图片而言的。<number>或<percentage>都可以取1~4个值，类似于CSS1中的border-width属性的取值方式，也是遵循top、right、bottom、left的原则，如果对这个还不太清楚，可以好好温习一下前面讲解过的border-width属性。

fill从字面上说就是填充的意思，如果使用这个关键字，图片边界的中间部分将保留下来，默认情况下为空。

（2）剪切特性（slice）。在border-image属性中，边框图片的剪切是一个关键部分，也是让人难以理解的部分，它是将边框图片切割为9份，再像background-image属性一样进行重新布置。

图6-35所示为W3C官网中border-image属性的背景图片，接下来将通过该图片来讲解边框图片的切割。

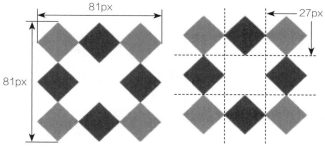

图6-35　九宫格示意图

从图6-35中可以发现，4条切割线分别在距边框图片27px的位置切割了4下，将边框图片分成9个部分，包括8个边块border-top-image、border-right-image、border-bottom-image、border-left-image、border-top-right-image、border-bottom-right-image、border-bottom-left-image、border-top-left-image和最中间的内容区域，如果元素的border-width刚好是27px，则上面所说的9个部分正好如图6-36所示的对应位置。

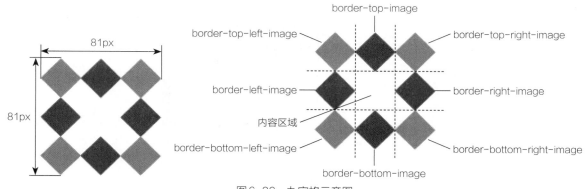

图6-36　九宫格示意图

其中border-top-right-image、border-bottom-right-image、border-bottom-left-image和border-top-left-image这4个边角部分，在border-image属性中是没有任何展示效果的，可以将这4个部分称为盲区；而对应的border-top-image、border-right-image、border-bottom-image和border-left-image这4个部分在border-image属性中属于展示效果区域。

其中上下区域border-top-image和border-bottom-image区域受到水平方向效果影响，而border-right-image和border-left-image区域则受到垂直方向效果影响。接下来一起来看几种在不同方向上使用不同的切割处理方式的表现效果。

● 水平方向平铺（round）效果。

HTML代码如下。

```
<body>
<div id="box"></div>
</body>
```

CSS样式代码如下。

```
#box {
    width: 150px;
    height: 100px;
    border:27px solid transparent;
    -webkit-border-image:url(images/border.png)27 round stretch;  /*Webkit核心写法*/
    -moz-border-image:url(images/border.png)27 round stretch;     /*Gecko核心写法*/
    -o-border-image:url(images/border.png)27 round stretch;       /*Presto核心写法*/
    -ms-border-image:url(images/border.png)27 round stretch;      /*Trident核心写法*/
    border-image:url(images/border.png)27 round stretch;          /*W3C标准写法*/
}
```

在不同浏览器中预览效果如图6-37所示。

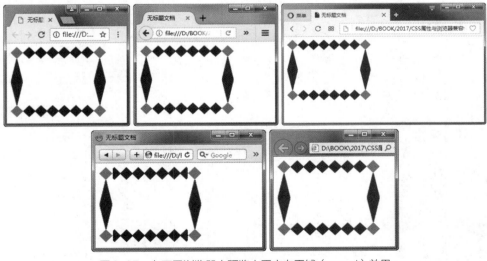

图6-37　在不同浏览器中预览水平方向平铺（round）效果

当设置border-image属性中边框图片的切片处理方式为round时，会对边框图片的切片进行压缩以适应边框宽度大小进行排列，使其正好显示在区域内。需要注意的是，在Safari浏览器中，repeat和round这两种处理方式的效果是相同的。

● 水平方向重复（repeat）效果。

CSS样式代码如下。

```
#box {
    width: 150px;
    height: 100px;
    border:27px solid transparent;
    -webkit-border-image:url(images/border.png)27 repeat stretch; /*Webkit核心写法*/
    -moz-border-image:url(images/border.png)27 repeat stretch;    /*Gecko核心写法*/
    -o-border-image:url(images/border.png)27 repeat stretch;      /*Presto核心写法*/
    -ms-border-image:url(images/border.png)27 repeat stretch;     /*Trident核心写法*/
    border-image:url(images/border.png)27 repeat stretch;         /*W3C标准写法*/
}
```

在不同浏览器中预览效果如图6-38所示。

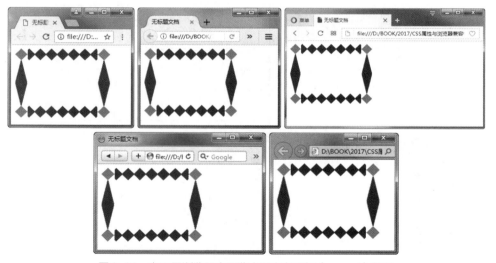

图6-38　在不同浏览器中预览水平方向重复（repeat）效果

当设置border-image属性中边框图片的切片处理方式为repeat时，边框图片中间的切片会向两端不断平铺，在平铺的过程中保持边框图片切片的大小，这样就造成了两端边缘处有被切的现象。

● 水平方向拉伸（stretch）效果。

CSS样式代码如下。

```
#box {
    width: 150px;
```

```
    height: 100px;
    border:27px solid transparent;
    -webkit-border-image:url(images/border.png)27 stretch stretch; /*Webkit核心写法*/
    -moz-border-image:url(images/border.png)27 stretch stretch;  /*Gecko核心写法*/
    -o-border-image:url(images/border.png)27 stretch stretch;    /*Presto核心写法*/
    -ms-border-image:url(images/border.png)27 stretch stretch;  /*Trident核心写法*/
    border-image:url(images/border.png)27 stretch stretch;       /*W3C标准写法*/
}
```

在不同浏览器中预览效果如图6-39所示。

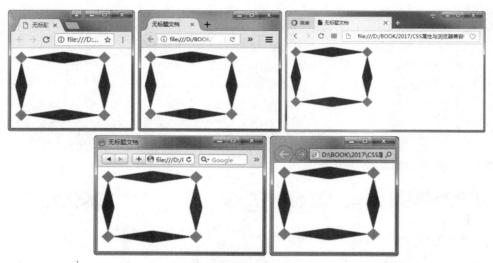

图6-39 在不同浏览器中预览水平方向拉伸（stretch）效果

提示

　　当设置border-image属性中边框图片的切片处理方式为stretch时，会将边框图片的切片进行拉伸，从而适应边框的大小。stretch处理方式为border-image属性中边框图片切片的默认处理方式。

通过上面的演示说明，很容易看出round、repeat和stretch这3种处理方式所产生的图像边框效果的不同之处。对于垂直方向上的边框图片处理也是相同的方法，在这里不再演示。

3. 边框图片的宽度：border-image-width

border-image-width语法格式如下。

```
border-image-width: [<length> | <percentage> | <number> | auto] {1,4}
```

该语句用来设置边框图片的显示大小，其实也可以理解为border-width，它的使用方法与border-width属性的使用方法是一样的。

4. 边框背景图片的排列方式：border-image-repeat

border-image-repeat语法格式如下。

```
border-image-repeat: [stretch | repeat | round] {1,2}
```

用来指定边框图片的排列方式，其默认值为stretch。border-image-repeat不遵循top、right、bottom、left的方位原则，它只能接受一个或两个参数值，当只取一个参数值时，表示水平和垂直方向的排列方式相同；

当取两个参数值时，第一个参数值表示水平方向的排列方式，第二个参数值表示垂直方向的排列方式。如果不指定边框图片的排列方式，水平和垂直都会以其默认值stretch方式来进行排列。

6.4.3 border-image属性的浏览器兼容性

border-image属性是CSS3新增的核心属性之一，也是非常实用的属性，目前主流的现代浏览器都能够支持该属性。

border-image的浏览器兼容性见表6-8。

表6-8 border-image属性的浏览器兼容性

属性	Chrome	Firefox	Opera	Safari	IE
border-image	3.0+ √	3.5+ √	10.5+ √	1.0+ √	11+ √

浏览器适配说明

虽然目前主流的现代浏览器都能够支持CSS3新增的border-image属性，但是为了适配一些低版本的浏览器，在书写该属性的时候，还是需要添加各不同核心浏览器私有属性前缀，如下所示。

```
-webkit-border-image    /*Webkit核心浏览器私有属性写法*/
-moz-border-image       /*Gecko核心浏览器私有属性写法*/
-o-border-image         /*Presto核心浏览器私有属性写法*/
-ms-border-image        /*Trident核心浏览器私有属性写法*/
border-image            /*W3C标准属性写法*/
```

另外在IE11以下版本的IE浏览器中并不支持该属性，包括私有属性也不支持border-image属性。所以如果需要适配IE11以下版本的IE浏览器，则需要使用传统的背景图像的方法来实现，但是使用背景图片来实现图像边框的效果也有一定的局限性，如果元素的宽度和高度是固定的，那么使用背景图片来实现图像边框是非常简单的，但是如果元素的宽度和高度并不固定，在这种情况下单独使用背景图片的方式来实现图像边框效果就非常困难了。

实战 为网页中的元素应用图像边框效果
最终文件：最终文件\第6章\6-4-3.html 视频：视频\第6章\6-4-3.mp4

01 执行"文件>打开"命令，打开页面"源文件\第6章\6-4-3.html"，可以看到页面的HTML代码，如图6-40所示。在IE浏览器中预览该页面，目前页面的效果如图6-41所示。

02 转换到该网页所链接的外部CSS样式表文件中，找到名称为#title的CSS样式，首先在该CSS样式中添加border属性设置代码，为其添加边框，如图6-42所示。保存外部CSS样式表文件，在IE11浏览器中预览该页面，可以看到页面中id名称为title的元素的边框效果，如图6-43所示。

— **提示** —
需要注意的是，如果需要为元素添加图像边框效果，则首先必须为该元素通过border属性设置边框效果，在border属性设置的边框宽度直接决定了图像边框的宽度。

```
<body>
<div id="top">
    <div id="logo"><img src="images/65201.png" width="105" height="52" alt=""/></div>
    <div id="menu">
        <ul>
            <li>网站首页</li>
            <li>我们的作品</li>
            <li>关于我们</li>
            <li>与我们联系</li>
        </ul>
    </div>
</div>
<div id="title">
    <h1>我们的作品</h1>
    互联网UI/UX设计专家 </div>
<div id="box">
    <div class="work01"><img src="images/65202.jpg" width="280" height="171" alt=""/></div>
    <div class="work01"><img src="images/65203.jpg" width="280" height="171" alt=""/></div>
    <div class="work01"><img src="images/65204.jpg" width="280" height="171" alt=""/></div>
    <div class="work01"><img src="images/65205.jpg" width="280" height="171" alt=""/></div>
    <div class="work01"><img src="images/65206.jpg" width="280" height="171" alt=""/></div>
    <div class="work01"><img src="images/65207.jpg" width="280" height="171" alt=""/></div>
</div>
</body>
```

图6-40 页面HTML代码

图6-41 预览页面效果

```
#title {
    width: 500px;
    height: auto;
    overflow: hidden;
    text-align: center;
    margin: 20px auto;
    border: 20px solid #AEDEF8;
}
```

图6-42 添加border属性设置代码

图6-43 预览元素默认的实线边框效果

03 转换到外部CSS样式表文件，在名为#title的CSS样式中添加border-image属性设置代码，如图6-44所示。这里所引用的边框图像是一张事先设计好的较小的图像，效果如图6-45所示。

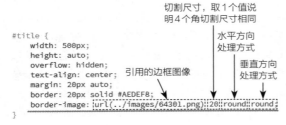

切割尺寸，取1个值说明4个角切割尺寸相同

水平方向处理方式

垂直方向处理方式

引用的边框图像

```
#title {
    width: 500px;
    height: auto;
    overflow: hidden;
    text-align: center;
    margin: 20px auto;
    border: 20px solid #AEDEF8;
    border-image: url(../images/64301.png) 20 round round;
}
```

图6-44 添加border-image属性设置代码

图6-45 边框图像

04 保存外部CSS样式表文件，在IE11浏览器中预览该页面，可以看到页面中id名称为title的元素的图像边框效果，如图6-46所示。

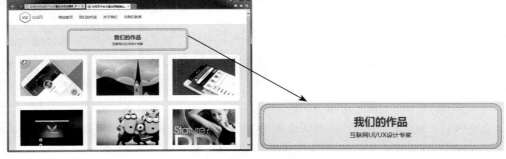

图6-46 预览元素的图像边框效果

浏览器适配说明

（1）虽然现代浏览器都能够支持border-image属性，但是为了能够适配更多的低版本浏览器，还需要添加不同核心浏览器私有属性前缀，如图6-47所示。保存外部CSS样式表文件，在Chrome浏览器中预览页面，同样可以看到为元素所设置的图像边框效果，如图6-48所示。

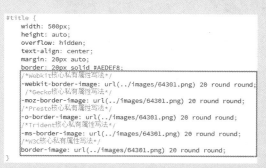

图6-47　添加不同核心浏览器私有属性写法

图6-48　在Chrome浏览器中预览页面效果

（2）但是IE11以下版本的IE浏览器依然不支持border-image属性，包括私有属性。所以当使用IE11以下版本的IE浏览器进行浏览时，会跳过border-image属性，降级显示为普通的边框效果，如图6-49所示。

（3）如果想要在IE11以下版本的IE浏览器中显示相同的边框效果，则只能通过一些传统的方法，如使用背景图像的方式。返回到网页HTML代码中，在<head>与</head>标签之间添加IE条件注释代码，如图6-50所示。

图6-49　在IE10浏览器中预览页面效果

图6-50　添加IE条件注释代码

（4）事先在图像处理软件中制作一张相同的图像边框图片，创建名为6-4-3old.css文件，在该外部CSS样式表中创建名称为#title的CSS样式，如图6-51所示。保存外部CSS样式表文件和HTML页面，在IE10浏览器预览页面，可以看到并没有实现使用背景图像表现为图像边框的效果，如图6-52所示。

（5）在IE9浏览器预览页面，可以看到使用背景图像表现为图像边框的效果，如图6-53所示。这是因为IE10及其以上版本的IE浏览器并不支持IE条件注释，所以还需要对IE10浏览器进行单独的处理。返回到网页HTML代码中，在<head>与</head>标签之间添加JavaScript脚本代码，如图6-54所示。

提示

注意，IE条件注释语句只有IE5～IE9才支持，IE10和IE11都不支持IE条件注释语句，所以当使用IE10及以上版本的IE浏览器预览时，会自动跳过页面中的IE条件注释语句。

```
#title {
    width: 540px;
    height: auto;
    overflow: hidden;
    text-align: center;
    margin: 20px auto;
    border: none;
    padding: 20px 0px;
    background-image: url(../images/64302.png);
    background-repeat: no-repeat;
}
```

图6-51 CSS样式代码

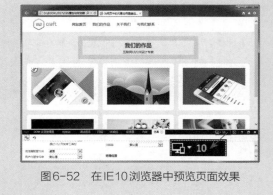

图6-52 在IE10浏览器中预览页面效果

图6-53 在IE9浏览器中预览页面效果

```
<head>
<meta charset="utf-8">
<title>为网页中的元素应用图像边框效果</title>
<link href="style/6-4-3.css" rel="stylesheet" type="text/css">
<!--[if lte IE 10]>
<link href="style/6-4-3old.css" rel="stylesheet"
type="text/css">
<![endif]-->
<script type="text/javascript">
var a = document.documentElement;
a.setAttribute('data-useragent',navigator.userAgent);
a.setAttribute('data-platform', navigator.platform );
// IE 10 == Mozilla/5.0 (compatible; MSIE 10.0; Windows NT 6.2;
Trident/6.0)
</script>
</head>
```

图6-54 添加JavaScript脚本代码

（6）在 <head> 与 </head> 标签之间添加针对IE10浏览器的 CSS 样式，如图6-55所示。保存外部 CSS 样式表文件和HTML页面，在IE10浏览器预览页面，可以看到使用背景图像表现为图像边框的效果，如图6-56所示。

```
<script type="text/javascript">
var a = document.documentElement;
a.setAttribute('data-useragent',navigator.userAgent);
a.setAttribute('data-platform', navigator.platform );
// IE 10 == Mozilla/5.0 (compatible; MSIE 10.0; Windows NT 6.2;
Trident/6.0)
</script>
<style type="text/css">
html[data-useragent*='MSIE 10.0'] #title {
    width: 540px;
    height: auto;
    overflow: hidden;
    text-align: center;
    margin: 20px auto;
    border: none;
    padding: 20px 0px;
    background-image: url(images/64302.png);
    background-repeat: no-repeat;
}
</style>
```

图6-55 编写针对IE10浏览器的CSS样式

图6-56 在IE10浏览器中预览页面效果

▶▶▶ 6.5 CSS3元素阴影属性

在CSS3中新增了为元素添加阴影的新属性box-shadow，通过该属性可以轻松地实现网页中元素的阴影效果。

6.5.1 box-shadow属性的语法

通过box-shadow属性可以为网页中的元素设置一个或多个阴影效果，如果在box-shadow属性同时设置了多个阴影效果，则多个阴影的设置代码之间必须使用英文逗号"，"隔开。

box-shadow属性的法语法规则如下。

```
box-shadow: none|[<length> <length> <length>?<length>?||<color>][,<length> <length>
<length>?<length>? || <color>] +;
```

上面的语法规则可以简写如下。

```
box-shadow: none|[inset x-offset y-offset blur-radius spread-radius color],[inset
x-offset y-offset blur-radius spread-radius color];
```

box-shadow属性的参数说明见表6-9。

表6-9   box-shadow属性的参数说明

参数	说明
none	none为默认值，表示元素没有任何阴影效果
inset	可选值，如果不设置该参数，则默认的阴影方式为外阴影；如果设置该参数，则可以为元素设置内阴影效果
x-offset	该参数表示阴影的水平偏移值，其值可以为正值，也可以为负值。如果取正值，则阴影在元素的右边；如果取负值，则阴影在元素的左边
y-offset	该参数表示阴影的垂直偏移值，其值可以为正值，也可以为负值。如果取正值，则阴影在元素的底部；如果取负值，则阴影在元素的顶部
blur-radius	该参数为可选参数，表示阴影的模糊半径，其值只能为正值。如果取值为0时，表示阴影不具有模糊效果，如果取值越大，阴影边缘就越模糊
spread-radius	该参数为可选参数，表示阴影的扩展半径，其值可能为正负值。如果取正值，则整个阴影都延展扩大；如果取负值，则整个阴影都缩小
color	可选参数，表示阴影的颜色。如果不设置该参数，浏览器会取默认颜色为阴影颜色，但是各浏览器的默认阴影颜色不同，特别是在Webkit核心的浏览器将会显示透明，建议在设置box-shadow属性时不要省略该参数

6.5.2 box-shadow属性的浏览器兼容性

现代浏览器都能够为CSS3新增的box-shadow属性提供良好的支持。box-shadow属性的浏览器兼容性见表6-10。

表6-10   box-shadow属性的浏览器兼容性

属性	Chrome	Firefox	Opera	Safari	IE
box-shadow	2.0+ √	3.5+ √	10.5+ √	4.0+ √	9+ √

浏览器适配说明

虽然主流的现代浏览器都能够支持box-shadow属性的W3C标准写法，但是考虑到向前兼容，在书写该属性的时候，还是需要添加各不同核心浏览器私有属性前缀，如下所示。

```
-webkit-box-shadow      /*Webkit核心浏览器私有属性写法*/
-moz-box-shadow         /*Gecko核心浏览器私有属性写法*/
-o-box-shadow           /*Presto核心浏览器私有属性写法*/
-ms-box-shadow          /*Trident核心浏览器私有属性写法*/
box-shadow              /*W3C标准属性写法*/
```

IE9以下版本的IE浏览器并不支持box-shadow属性，包括私有属性写法，但是目前box-shadow属性在实际的网页中的应用越来越普遍，因为box-shadow属性实现阴影的方法比使用背景图像来实现更加方便，同时也能够为前端设计师节省很多时间，维护起来也很方便。

还有一种方法就是使用IE中的Shadow滤镜来模拟实现元素的阴影效果。IE中的shadow滤镜的语法格式如下。

```
filter:"progid:DXImageTransform.Microsoft.Shadow(color=颜色值, Direction=阴影角度, Strength=阴影半径)";
```

其实，在低版本的IE浏览器中，DropShadow滤镜和Shadow滤镜都是为了实现元素阴影效果而存在的，另外Glow滤镜则用于在盒容器四周实现发光效果。但这些滤镜可设置的参数并不像box-shadow属性那样提供较多的自定义参数，所以使用IE滤镜所实现的阴影效果并没有使用box-shadow属性所实现的阴影效果自然。在这里我们并不推荐使用滤镜的方法。

提示

现代浏览器中可以使用box-shadow属性来实现元素的阴影效果，而不支持box-shadow的低版本浏览器中则无法表现出阴影效果，如果一定要兼容低版本的浏览器，一种方法就是刚刚介绍的使用IE中的Shadow滤镜来实现，另一种方法就是使用传统的背景图像的方式来表现阴影效果。

实战 为网页元素添加阴影效果

最终文件：最终文件\第6章\6-5-2.html　　视频：视频\第6章\6-5-2.mp4

01 执行“文件>打开”命令，打开页面“源文件\第6章\6-5-2.html”，可以看到页面的HTML代码，如图6-57所示。在IE浏览器中预览该页面，目前页面中的元素并没有应用阴影效果，效果如图6-58所示。

```
<body>
<div id="top">
  <div id="logo"><img src="images/65201.png" width="105" height="52"  alt=""/></div>
  <div id="menu">
    <ul>
      <li>网站首页</li>
      <li>我们的作品</li>
      <li>关于我们</li>
      <li>与我们联系</li>
    </ul>
  </div>
</div>
<div id="title">
  <h1>我们的作品</h1>
  互联网UI/UX设计专家 </div>
<div id="box">
  <div class="work01"><img src="images/65202.jpg" width="280" height="171" alt=""/></div>
  <div class="work01"><img src="images/65203.jpg" width="280" height="171" alt=""/></div>
  <div class="work01"><img src="images/65204.jpg" width="280" height="171" alt=""/></div>
  <div class="work01"><img src="images/65205.jpg" width="280" height="171" alt=""/></div>
  <div class="work01"><img src="images/65206.jpg" width="280" height="171" alt=""/></div>
  <div class="work01"><img src="images/65207.jpg" width="280" height="171" alt=""/></div>
</div>
</body>
```

图6-57　页面HTML代码

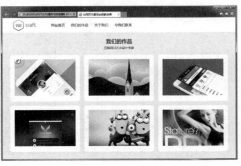

图6-58　预览页面效果

02 转换到该网页所链接的外部CSS样式表文件中，找到名称为#top的CSS样式，添加box-shadow属性设置代码，如图6-59所示。保存外部CSS样式表文件，在IE11浏览器中预览该页面，可以看到页面中id名称为top的元素的阴影效果，如图6-60所示。

```
#top {
    width: 100%;
    height: 70px;
    background-color: #FFF;
    box-shadow: 0px 2px 0px #CCC;
}
```

图6-59　添加box-shadow属性设置　　　　　　　　　图6-60　预览元素阴影效果

> **提示**
>
> 　　在此处的box-shadow属性设计中，第一个值为水平方向偏移值，该值为0px，表示水平方向不发生偏移；第二个值为垂直方向偏移值，该值为2px，表示阴影在垂直方向上向下偏移2像素；第三个值为阴影模糊半径值，该值为0px，表示不对阴影进行模糊处理；第4颜色值为阴影颜色。此处因为并没有对阴影进行模糊处理，所以产生的阴影效果类似于元素的底部边框效果。

03 转换到外部CSS样式表文件中，在名为#top的CSS样式中修改box-shadow属性设置代码，如图6-61所示。保存外部CSS样式表文件，在IE11浏览器中预览该页面，可以看到页面中id名称为top的元素的模糊阴影效果，如图6-62所示。

```
#top {
    width: 100%;
    height: 70px;
    background-color: #FFF;
    box-shadow: 0px 2px 10px #CCC;
}
```

图6-61　修改box-shadow属性设置　　　　　　　　　图6-62　预览元素阴影效果

> **提示**
>
> 　　当在box-shadow属性中添加了阴影的模糊半径值设置后，阴影不再是实影投影，阴影清晰度向外扩散，更具有阴影的效果。

04 想要使单边阴影的表现效果更加真实，还可以在box-shadow属性中添加扩展半径的设置参数。转换到外部CSS样式表文件中，在名为#top的CSS样式中修改box-shadow属性设置代码，如图6-63所示。保存外部CSS样式表文件，在IE11浏览器中预览该页面，可以看到页面中id名称为top的元素的阴影效果，如图6-64所示。

```
#top {
    width: 100%;
    height: 70px;
    background-color: #FFF;
    box-shadow: 0px 2px 10px -2px #CCC;
}
```

阴影扩展半径

图6-63 修改box-shadow属性设置

图6-64 预览元素阴影效果

> **提示**
>
> 当在box-shadow属性中设置阴影扩展半径值为负值时，可以缩小阴影效果；当设置阴影扩展半径为正值时，可以扩展阴影效果。在使用box-shadow属性实现元素单边的阴影效果时，添加阴影扩展半径值的设置可以使得到的阴影效果更真实。

05 转换到外部CSS样式表文件中，找到名称为.work01的类CSS样式，添加box-shadow属性设置代码，如图6-65所示。保存外部CSS样式表文件，在IE11浏览器中预览该页面，可以看到页面中应用了名为work01的类CSS的元素都会应用相同的阴影效果，如图6-66所示。

```
.work01 {
    width: 280px;
    height: auto;
    overflow: hidden;
    background-color: #FFF;
    margin:0px 10px 20px 10px;
    padding: 20px;
    float: left;
    -webkit-border-radius: 10px;    /*Webkit核心私有属性写法*/
    -moz-border-radius: 10px;       /*Gecko核心私有属性写法*/
    -o-border-radius: 10px;         /*Presto核心私有属性写法*/
    border-radius: 10px;
    box-shadow: 5px 5px 10px #CCC;
}
```

图6-65 添加box-shadow属性设置

图6-66 预览元素阴影效果

06 转换到外部CSS样式表文件中，在名为.work01的类CSS样式中修改box-shadow属性设置，添加inset参数，如图6-67所示。保存外部CSS样式表文件，在IE11浏览器中预览该页面，可以看到页面中相应的元素应用内阴影的效果，如图6-68所示。

```
.work01 {
    width: 280px;
    height: auto;
    overflow: hidden;
    background-color: #FFF;
    margin:0px 10px 20px 10px;
    padding: 20px;
    float: left;
    -webkit-border-radius: 10px;    /*Webkit核心私有属性写法*/
    -moz-border-radius: 10px;       /*Gecko核心私有属性写法*/
    -o-border-radius: 10px;         /*Presto核心私有属性写法*/
    border-radius: 10px;
    box-shadow: inset 5px 5px 10px #CCC;
}
```

图6-67 修改box-shadow属性设置

图6-68 预览元素内阴影效果

07 转换到外部CSS样式表文件中，在名为.work01的类CSS样式中修改box-shadow属性设置，如图6-69所示。保存外部CSS样式表文件，在IE11浏览器中预览该页面，可以看到页面中相应的元素四周的阴影效果，如图6-70所示。

```
.work01 {
    width: 280px;
    height: auto;
    overflow: hidden;
    background-color: #FFF;
    margin:0px 10px 20px 10px;
    padding: 20px;
    float: left;
    -webkit-border-radius: 10px;    /*Webkit核心私有属性写法*/
    -moz-border-radius: 10px;       /*Gecko核心私有属性写法*/
    -o-border-radius: 10px;         /*Presto核心私有属性写法*/
    border-radius: 10px;
    box-shadow: 0px 0px 20px #CCC;
}
```

图6-69　修改box-shadow属性设置　　　　　　　图6-70　预览元素四周外阴影效果

提示

可以看到，在box-shadow属性中将阴影水平偏移值和垂直偏移值都设置为0px，通过阴影模糊半径值和阴影颜色就可以实现元素四周相同的外阴影效果。如果需要实现元素四周相同的内阴影效果，则只需要在box-shadow属性中添加inset参数即可，如box-shadow: inset 0px 0px 20px #CCC;。

浏览器适配说明

（1）虽然现代浏览器都能够支持box-shadow属性，但是为了能够适配更多的低版本浏览器，还需要添加不同核心浏览器私有属性前缀，如图6-71所示。

```
#top {
    width: 100%;
    height: 70px;
    background-color: #FFF;
    -webkit-box-shadow: 0px 2px 10px -2px #CCC;  /*Webkit核心私有属性写法*/
    -moz-box-shadow: 0px 2px 10px -2px #CCC;     /*Gecko核心私有属性写法*/
    -o-box-shadow: 0px 2px 10px -2px #CCC;       /*Presto核心私有属性写法*/
    box-shadow: 0px 2px 10px -2px #CCC;          /*W3C标准属性写法*/
}
```

```
.work01 {
    width: 280px;
    height: auto;
    overflow: hidden;
    background-color: #FFF;
    margin:0px 10px 20px 10px;
    padding: 20px;
    float: left;
    -webkit-border-radius: 10px;    /*Webkit核心私有属性写法*/
    -moz-border-radius: 10px;       /*Gecko核心私有属性写法*/
    -o-border-radius: 10px;         /*Presto核心私有属性写法*/
    border-radius: 10px;
    -webkit-box-shadow: 0px 0px 20px #CCC;  /*Webkit核心私有属性写法*/
    -moz-box-shadow: 0px 0px 20px #CCC;     /*Gecko核心私有属性写法*/
    -o-box-shadow: 0px 0px 20px #CCC;       /*Presto核心私有属性写法*/
    box-shadow: 0px 0px 20px #CCC;          /*W3C标准属性写法*/
}
```

图6-71　添加浏览器私有属性前缀

（2）保存外部CSS样式表文件，在Chrome浏览器中预览页面，同样可以看到为元素所设置的阴影效果，如图6-72所示。但是IE9以下版本的IE浏览器并不支持box-shadow属性，预览时无法显示元素的阴影效果，如图6-73所示。

提示

因为该页面中不但有元素的阴影效果，还包括元素的圆角边框效果，所以推荐在IE9以下版本的IE浏览器中使用背景图像的方式来实现相同的效果。

图6-72 在Chrome浏览器中预览效果

图6-73 在IE8浏览器中预览效果

（3）返回到网页HTML代码中，在<head>与</head>标签之间添加IE条件注释代码，如图6-74所示。事先在图像处理软件中制作带有阴影的背景图像素材，创建名为6-5-2old.css文件，在该外部CSS样式表中创建名称为#top的CSS样式，如图6-75所示。

```
<head>
<meta charset="utf-8">
<title>为网页元素添加阴影效果</title>
<link href="style/6-5-2.css" rel="stylesheet" type="text/css">
<!--[if lt IE 9]>
<link href="style/6-5-2old.css" rel="stylesheet" type="text/css">
<![endif]-->
</head>
```

图6-74 添加IE条件注释语句

```
#top {
    width: 100%;
    height: 75px;
    background-image: url(../images/65208.png);
    background-repeat: repeat-x;
}
```

图6-75 CSS样式代码

（4）继续在6-5-2old.css文件中创建名称为.work01的CSS样式，如图6-76所示。在IE8浏览器中预览该页面，同样可以看到使用背景图像实现的元素阴影与圆角的效果，如图6-77所示。

```
.work01 {
    width: 280px;
    height: auto;
    overflow: hidden;
    background-image: url(../images/65209.png);
    background-repeat: no-repeat;
    margin: 0px;
    padding: 30px;
    float: left;
}
```

图6-76 CSS样式代码

图6-77 在IE8浏览器中预览效果

▶▶▶ 6.6 本章小结

　　本章主要向读者介绍了CSS3边框设置的相关属性，首先从基础的边框属性入手，这些基础边框属性从早期的CSS1就已经成为CSS规范，经过多年的发展，目前已经得到所有浏览器的支持。接着还详细讲解了CSS3中新增的border-radius、border-color、border-image和box-shadow属性，通过CSS3新增的属性，能够有效增强元素边框的表现效果。通过学习本章的内容，读者能够掌握CSS3边框设置相关属性的使用方法及各种属性浏览器兼容性的处理方式。

揭开CSS3盒模型的秘密

在设计制作网站页面时，能否控制好各个元素在页面中的位置非常关键。CSS有一种基础设计模式叫作盒模型，通过盒模型可以将网页中的元素看作盒子来进行解析。在本章中将向读者详细介绍W3C标准盒模型及CSS3盒模型的相关属性，从而使读者对CSS3盒模型有全面的认识和深入的理解。

本章知识点：

- 理解W3C标准盒模型
- 理解并掌握盒模型相关属性的使用方法
- 了解CSS盒模型的浏览器兼容性
- 掌握浮动布局的设计与使用方法
- 掌握各种页面元素定位的方法
- 掌握CSS3新增的相关属性的使用方法及浏览器兼容性

▶▶▶ **7.1 W3C标准盒模型**

盒模型是使用CSS对网页元素进行控制时一个非常重要的概念，浏览器把网页中的每个元素都看作一个盒模型，每个盒模型都由以下几个属性决定：display、position、float、width、height、margin、padding和border等。不同类型的盒模型会产生不同的布局。

7.1.1 什么是CSS盒模型

CSS中，所有的页面元素都包含在一个矩形框内，这个矩形框就称为盒模型。盒模型描述了元素及其属性在页面布局中所占的空间大小，因此盒模型可以影响其他元素的位置及大小。一般来说，这些被占据的空间往往都比单纯的内容要大。换句话说，可以通过整个盒子的边框和距离等参数来调节盒子的位置。

盒模型是由margin（边界）、border（边框）、padding（填充）和content（内容）几个部分组成的，此外，在盒模型中还具备高度和宽度两个辅助属性，如图7-1所示。

从图7-1可以看出，盒模型包含以下4个部分的内容。

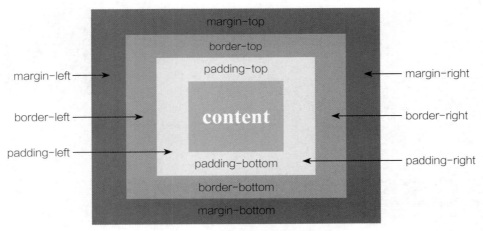

图7-1 CSS盒模型示意图

- margin属性。

margin属性称为边界或外边距，用来设置内容与内容之间的距离。

- border属性。

border属性称为边框、内容边框线，可以设置边框的粗细、颜色和样式等。

- padding属性。

padding属性称为填充或内边距，用来设置内容与边框之间的距离。

- content。

content称为内容，是盒模型中必备的一部分，可以放置文字、图像等内容。

> ── 提示 ──
>
> 　　一个盒子的实际高度或宽度是由content+padding+border+margin组成的。在CSS中，可以通过设置width或height属性来控制content部分的大小，并且对于任何一个盒子，都可以分别设置4边的border、margin和padding。

7.1.2　CSS盒模型的要点

关于CSS盒模型，有以下几个要点是在使用过程中需要注意的。

- 边框默认的样式（border-style）可设置为不显示（none）。
- 填充值（padding）不可为负。
- 边界值（margin）可以为负，其显示效果在各浏览器中可能会不同。
- 内联元素，如<a>，定义上下边界不会影响到行高。
- 对于块级元素，未浮动的垂直相邻元素的上边界和下边界会被压缩。如有上下两个元素，上面元素的下边界为10px，下面元素的上边界为5px，则实际两个元素的间距为10px（两个边界值中较大的值），这就是盒模型的垂直空白边叠加的问题。
- 浮动元素（无论是左浮动还是右浮动）边界不压缩。并且如果浮动元素不声明宽度，则其宽度趋向于0，即压缩到其内容能承受的最小宽度。
- 如果盒中没有内容，则即使定义了宽度和高度都为100%，实际上只占0%，因此不会被显示，此处在使用Div+CSS布局的时候需要特别注意。

7.1.3　CSS盒模型属性说明

1. margin属性

margin属性用于设置页面中元素和元素之间的距离，即定义元素周围的空间范围，是页面排版中一个比较重要的概念。

margin属性的语法格式如下。

```
margin: auto | length;
```

其中，auto表示根据内容自动调整，length表示由浮点数字和单位标识符组成的长度值或百分数，百分数是基于父对象的尺寸大小。对于内联元素来说，左右外延边距可以是负值。

margin属性包含4个子属性，用于分别控制元素四周的边距，分别是margin-top（上边距）、margin-right（右边距）、margin-bottom（下边距）和margin-left（左边距）。

> **提示**
>
> 在为margin设置值时，如果提供4个参数值，将按顺时针的顺序作用于上、右、下、左4条边；如果只提供1个参数值，则将作用于4条边；如果提供两个参数值，则第一个参数值作用于上、下两边，第二个参数值作用于左、右两边；如果提供3个参数值，第一个参数值作用于上边，第二个参数值作用于左、右两边，第三个参数值作用于下边。

2. border属性

border属性是内边距和外边距的分界线，可以分离不同的HTML元素，border的外边是元素的最外围。在网页设计中，计算元素的宽和高时需要把border属性值计算在内。

border属性的语法格式如下。

```
border : border-style | border-color | border-width;
```

border属性有3个子属性，分别是border-style（边框样式）、border-width（边框宽度）和border-color（边框颜色）。

3. padding属性

在CSS中，可以通过设置padding属性定义内容与边框之间的距离，即内边距，也可以称为内填充。

padding属性的语法格式如下。

```
padding: length;
```

padding属性值可以是一个具体的长度，也可以是一个相对于父元素的百分数，但不可以使用负值。

padding属性包括4个子属性，用于分别控制元素四周的填充，分别是padding-top（上填充）、padding-right（右填充）、padding-bottom（下填充）和padding-left（左填充）。

> **提示**
>
> 在为padding设置值时，如果提供4个参数值，将按顺时针的顺序作用于上、右、下、左4条边；如果只提供1个参数值，则将作用于4条边；如果提供两个参数值，则第一个参数值作用于上、下两边，第二个参数值作用于左、右两边；如果提供3个参数值，第一个参数值作用于上边，第二个参数值作用于左、右两边，第三个参数值作用于下边。

实战 设置网页元素的盒模型

最终文件：最终文件\第7章\7-1-3.html　　　视频：视频\第7章\7-1-3.mp4

`01` 执行"文件>打开"命令，打开页面"源文件\第7章\7-1-3.html"，可以看到页面的HTML代码，如图7-2所示。转换到该网页的设计视图中，可以看到页面中id名称为pic的元素默认显示效果，如图7-3所示。

```html
<!doctype html>
<html>
<head>
<meta charset="utf-8">
<title>设置网页元素盒模型</title>
<link href="style/7-1-3.css" rel="stylesheet" type=
"text/css">
</head>

<body>
<div id="bg">
 <div id="pic"><img src="images/71303.jpg" width="811"
 height="302" alt=""/></div>
</div>
</body>
</html>
```

图7-2　页面HTML代码

图7-3　元素默认显示效果

`02` 转换到该网页所链接的外部CSS样式表文件中，创建名称为#pic的CSS样式，在该CSS样式中添加margin属性设置，如图7-4所示。返回网页设计视图中，选中页面中id名称为pic的Div元素，可以看到设置的外边距的效果，如图7-5所示。

```css
#pic {
    width: 851px;
    height: 342px;
    background-color: rgba(0,0,0,0.4);
    margin: 60px auto 0px auto;
}
```

图7-4　CSS样式代码

图7-5　元素外边距效果

> **提示**
>
> 在网页中如果希望元素水平居中显示，则可以通过margin属性设置左边距和右边距均为auto，则该元素在网页中会自动水平居中显示。

`03` 转换到外部CSS样式表文件中，在名为#pic的CSS样式中添加border属性设置，如图7-6所示。返回网页设计视图中，可以看到为页面中id名称为pic的Div设置边框的效果，如图7-7所示。

`04` 转换到外部CSS样式表文件中，在名为#pic的CSS样式中添加padding属性设置，如图7-8所示。返回网页设计视图中，选中页面中id名称为pic的Div元素，可以看到设置的填充效果，如图7-9所示。

> **提示**
>
> 在CSS样式代码中，width和height属性分别定义的是元素内容区域的宽度和高度，并不包括margin、border和padding，此处在CSS样式中添加了padding属性，设置四边的填充均为20像素，则需要在高度值上减去40像素，在宽度值上同样减去40像素，这样才能够保证Div的整体宽度和高度不变。

```
#pic {
    width: 851px;
    height: 342px;
    background-color: rgba(0,0,0,0.4);
    margin: 60px auto 0px auto;
    border: 12px solid #FFF;
}
```

图7-6 添加border属性设置

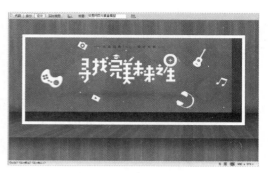

图7-7 元素边框效果

```
#pic {
    width: 811px;
    height: 302px;
    background-color: rgba(0,0,0,0.4);
    margin: 60px auto 0px auto;
    border: 12px solid #FFF;
    padding: 20px;
}
```

图7-8 添加padding属性设置

图7-9 元素填充效果

05 保存外部CSS样式表文件和HTML页面，在IE浏览器中预览页面，如图7-10所示。

图7-10 预览页面效果

> **提示**
>
> 从盒模型中可以看出中间部分就是content（内容），它主要用来显示内容，这部分也是整个盒模型的主要部分，对margin、border、padding等所做的操作都是对content部分所做的修饰。对内容部分的操作，也就是对文、图像等页面元素的操作。

7.1.4 CSS盒模型的浏览器兼容性

CSS盒模型中的width、height、margin、padding、border等属性都是从CSS1起就已经加入到CSS规范中，所以获得了浏览器的广泛支持。

需要注意的是，CSS中的盒模型被分为两种，第一种是W3C的标准模型，另一种是IE6以下版本IE浏览器的传统模型。相同之处是这两种模型都是对元素计算尺寸的模型，具体说就是对元素的width、height、margin、border和padding，以及元素实际尺寸的计算关系；不同之处是两者的计算方法不一致。前面进行介绍的都是W3C标准盒模型。

浏览器适配说明

下面向大家介绍一个W3C标准盒模型和IE6以下版本IE浏览器的传统盒模型对于元素尺寸的计算方法。

（1）W3C标准盒模型。

● 外盒尺寸计算（元素空间尺寸）

元素空间高度＝内容高度（height）+上下填充（padding）+上下边框（border）+上下外边距（margin）

元素空间宽度＝内容宽度（width）+左右填充（padding）+左右边框（border）+左右外边距（margin）

● 内盒尺寸计算（元素大小）

高度＝内容高度（height）+上下填充（padding）+上下边框（border）

宽度＝内容宽度（width）+左右填充（padding）+左右边框（border）

（2）IE6以下版本IE浏览器的传统盒模型。

● 外盒尺寸计算（元素空间尺寸）

元素空间高度＝内容高度（height）+上下外边距（margin）（height包含了元素内容高度、上下边框和上下填充）

元素空间宽度＝内容宽度（width）+左右外边距（margin）（width包含了元素内容宽度、左右边框和左右填充）

● 内盒尺寸计算（元素大小）

高度＝内容高度（height包含了元素内容高度、上下边框和上下填充）

宽度＝内容宽度（width包含了元素内容宽度、左右边框和左右填充）

换句话说，在IE6以下版本的IE浏览器中，其内容真正的宽度是width+padding+border。用内外盒来说，W3C标准盒模型中的内容宽度等于IE6以下版本IE浏览器的外盒宽度。这就需要在IE6以下版本的IE浏览器中编写Hack以统一其外盒的宽度，关于如何处理这样的兼容性问题这里不多介绍，因为浏览器发展到今天，目前使用IE6以下版本IE浏览器的用户几乎已经绝迹。这里我们只需要了解，在使用过程中可以放心大胆地使用W3C标准的盒模型对网页元素进行设置。

▶▶▶ 7.2 揭开浮动布局的秘密

默认情况下，块级元素（block）在页面中占据一整行的空间，依次向下排列。如果希望块级元素能够在一行中显示，则可以通过为元素设置浮动的方式来实现。浮动定位是在网页布局制作过程中使用最多的定位方式。

7.2.1 float属性

浮动定位是CSS排版中非常重要的手段。浮动定位只能在水平方向上定位，而不能在垂直方向上定位。浮动的框可以左右移动，直到它外边缘碰到包含框或另一个浮动框的边缘。

float属性语法规则如下。

```
float: none | left | right | inherit;
```

float属性的属性值说明见表7-1。

表7-1 float属性的属性值说明

属性值	说明
none	表示元素不浮动

续表

属性值	说明
left	表示元素向左浮动
right	表示元素向右浮动
inherit	表示继承父元素的float属性设置。注意，不建议使用inherit属性值，因为IE浏览器不支持该属性值

实战 制作图片列表效果

最终文件：最终文件\第7章\7-2-1.html　　　　视频：视频\第7章\7-2-1.mp4

01 执行"文件>打开"命令，打开页面"源文件\第7章\7-2-1.html"，可以看到页面的HTML代码，如图7-11所示。转换到该网页的设计视图中，可以看到页面中id名称为pic1、pic2和pic3的元素的默认显示效果，如图7-12所示。

```
<!doctype html>
<html>
<head>
<meta charset="utf-8">
<title>实现网页元素浮动定位</title>
<link href="style/7-2-1.css" rel="stylesheet" type=
"text/css">
</head>
<body>
<div id="box">
  <div id="pic1"><img src="images/72103.jpg" width=
"214" height="114" alt="" /></div>
  <div id="pic2"><img src="images/72104.jpg" width=
"214" height="114" alt="" /></div>
  <div id="pic3"><img src="images/72105.jpg" width=
"214" height="114" alt="" /></div>
</div>
</body>
</html>
```

图7-11　页面HTML代码

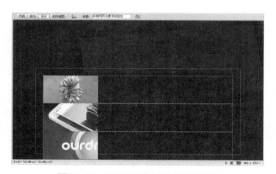

图7-12　页面元素默认显示效果

02 转换到该网页链接的外部CSS样式表文件中，分别创建名为#pic1、#pic2和#pic3的CSS样式代码，如图7-13所示。返回网页设计视图中，可以看到id名称为pic1、pic2和pic3的3个元素的显示效果，如图7-14所示。

```
#pic1 {
    width: 214px;
    height: 114px;
    background-color: #FFF;
    margin: 10px;
    padding: 5px;
}
#pic2 {
    width: 214px;
    height: 114px;
    background-color: #FFF;
    margin: 10px;
    padding: 5px;
}
#pic3 {
    width: 214px;
    height: 114px;
    background-color: #FFF;
    margin: 10px;
    padding: 5px;
}
```

图7-13　CSS样式代码

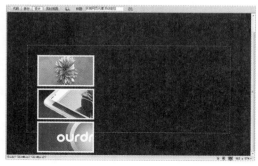

图7-14　页面元素显示效果

03 将id名为pic1的Div向右浮动，在名为#pic1的CSS样式代码中添加右浮动代码，如图7-15所示。返回设计视图中，可以看到id名为pic1的Div脱离文档流并向右浮动，直到该Div的边缘碰到包含框box的右边框，如图7-16所示。

```
#pic1 {
    width: 214px;
    height: 114px;
    background-color: #FFF;
    margin: 10px;
    padding: 5px;
    float: right;
}
```

图7-15　添加右浮动代码设置

图7-16　页面元素右浮动显示效果

04 转换到外部样式表文件中，让id名为pic1的Div向左浮动，在名为#pic1的CSS样式代码中添加左浮动代码，如图7-17所示。返回网页设计视图，id名为pic1的Div向左浮动，id名为pic2的Div被遮盖了，如图7-18所示。

```
#pic1 {
    width: 214px;
    height: 114px;
    background-color: #FFF;
    margin: 10px;
    padding: 5px;
    float: left;
}
```

图7-17　添加左浮动代码设置

图7-18　页面元素左浮动显示效果

提示

　　让id名为pic1的Div脱离文档流并向左浮动，直到它的边缘碰到包含box的左边缘。因为它不再处于文档流中，所以它不占据空间，实际上覆盖了id名为pic2的Div，使pic2的Div从视图中消失，但是该Div中的内容还占据着原来的空间。

---

05 转换到外部CSS样式表文件中，分别在#pic2和#pic3的CSS样式中添加向左浮动代码，如图7-19所示。将这3个Div都向左浮动，返回网页设计视图，可以看到页面效果，如图7-20所示。

```
#pic2 {
    width: 214px;
    height: 114px;
    background-color: #FFF;
    margin: 10px;
    padding: 5px;
    float: left;
}
#pic3 {
    width: 214px;
    height: 114px;
    background-color: #FFF;
    margin: 10px;
    padding: 5px;
    float: left;
}
```

图7-19　添加左浮动代码设置

图7-20　页面元素左浮动显示效果

提示

　　将3个Div都向左浮动，那么id名为pic1的Div向左浮动直到碰到包含box的左边缘，另两个Div向左浮动直到碰到前一个浮动Div。

---

06 转换到网页HTML代码中，在id名为pic3的Div之后分别插入id名为pic4～pic6的Div，并在各Div中插入相应的图像，如图7-21所示。转换到设计视图中，可以看到页面的效果，如图7-22所示。

```
<body>
<div id="box">
  <div id="pic1"><img src="images/72103.jpg" width="214" height="114" alt="" /></div>
  <div id="pic2"><img src="images/72104.jpg" width="214" height="114" alt="" /></div>
  <div id="pic3"><img src="images/72105.jpg" width="214" height="114" alt="" /></div>
  <div id="pic4"><img src="images/72106.jpg" width="214" height="114" alt="" /></div>
  <div id="pic5"><img src="images/72107.jpg" width="214" height="114" alt="" /></div>
  <div id="pic6"><img src="images/72108.jpg" width="214" height="114" alt="" /></div>
</div>
</body>
```

图7-21 编写页面代码

图7-22 页面元素显示效果

技巧

网页中的元素可分为行内元素和块元素，行内元素是可以显示在同一行上的元素，如<span>；块元素是占据整行空间的元素，如<div>。如果需要将两个<div>显示在同一行上，就需要使用float属性。

07 转换到外部CSS样式表文件中，定义名为#pic4，#pic5，#pic6的CSS样式，如图7-23所示。保存页面，并保存外部CSS样式文件，在浏览器中预览页面，页面效果如图7-24所示。

```
#pic4,#pic5,#pic6 {
    width: 214px;
    height: 114px;
    background-color: #FFF;
    margin: 10px;
    padding: 5px;
    float: left;
}
```

图7-23 CSS样式代码

图7-24 预览页面效果

提示

如果包含框太窄，无法容纳水平排列的多个浮动元素，那么其他浮动元素将向下移动到有足够空间的地方。如果浮动元素的高度不同，那么当它们向下移动时可能会被其他浮动元素卡住。

7.2.2 清除浮动

前面已经介绍了通过为元素应用float属性设置，可以使块级元素在一行中显示。虽然浮动布局在网页中的应用较多，但有些时候不想由于浮动的某些特性影响到网页的布局，这时候就需要使用清除浮动。

清除浮动主要应用的是CSS中的clear属性，该属性的语法规则如下。

```
clear: left | right | both;
```

clear属性的属性值说明见表7-2。

表7-2 clear属性的属性值说明

属性值	说明
left	表示该元素的左侧不允许出现浮动元素
right	表示该元素的右侧不允许出现浮动元素
both	表示该元素的两侧都不允许出现浮动元素

7.2.3 float与clear属性的浏览器兼容性

与前面所介绍的W3C标准盒模型相关属性相同，float属性和清除浮动的clear属性都是早在CSS1就已经成为CSS规则中的一部分，所以所有的主流浏览器都能够对这两个属性提供良好的支持。

float和clear属性的浏览器兼容性见表7-3。

表7-3 float和clear属性的浏览器兼容性

属性	Chrome	Firefox	Opera	Safari	IE
float	√	√	√	√	√
clear	√	√	√	√	√

唯一需要注意的是，在使用float属性设置元素的浮动方式时，建议不要使用inherit属性值，因为IE浏览器不支持该属性值。

▶▶▶ 7.3 看穿CSS定位技术

定位是CSS基础学习中的一个重点，也是一个难点。在CSS样式中除了可以使用float属性实现元素的浮动定位外，还可以使用position属性设置元素的定位方式，结合使用top、right、bottom和left属性设置元素的二维（x轴和y轴）偏移量，使用z-index属性设置元素垂直于屏幕的层叠顺序。在本节中将详细向读者介绍使用position属性对页面元素进行定位的方式。

7.3.1 position属性

在布局制作网站页面的过程中，都是通过CSS的定位属性完成对元素位置和大小的控制的。定位就是精确定义HTML元素在页面中的位置，可以是页面中的绝对位置，也可以是与父级元素的相对位置。

position属性是最主要的定位属性，position属性既可以定义元素的绝对位置，又可以定义元素的相对位置。position属性的语法格式如下。

```
position: static | absolute | fixed | relative;
```

position属性的属性值说明见表7-4。

表7-4 position属性的属性值说明

属性值	说明
static	表示无特殊定位，元素定位的默认值，对象遵循HTML元素定位规则，不能通过z-index属性进行层次分级

续表

属性值	说明
absolute	表示绝对定位，相对于其父级元素进行定位，元素的位置可以通过top、right、bottom和left等属性进行设置。可以通过z-index属性进行层次分级
fixed	表示悬浮，使元素固定在屏幕的某个位置，其包含块是可视区域本身，因此元素不随滚动条的滚动而滚动。元素的位置可以通过top、right、bottom和left等属性进行设置。IE6以下版本的IE浏览器不支持该属性值
relative	表示相对定位，对象不可以重叠，可以通过top、right、bottom和left等属性设置在页面中的偏移位置，并可以通过z-index属性进行层次分级

在CSS样式中设置了position属性后，还可以对其他的定位属性进行设置，包括width、height、z-index、top、right、bottom、left、overflow和clip，其中top、right、bottom和left只有在position属性值为absolute、relative或fixed时才会起到作用。

其他定位相关属性说明见表7-5。

表7-5　　　　　　　　　　　　　其他定位相关属性说明

属性	说明
top、right、bottom和left	top属性用于设置元素垂直距父元素顶边界的距离；right属性用于设置元素水平距父元素右边界的距离；bottom属性用于设置元素垂直距父元素底边界的距离；left属性用于设置元素水平距父元素左边界的距离
z-index	用于设置元素的层叠顺序，值越大层级越高
width和height	width属性用于设置元素的宽度；height属性用于设置元素的高度
overflow	用于设置元素内容溢出的处理方法
clip	设置元素剪切方式

7.3.2 相对定位技术

设置position属性为relative，即可将元素的定位方式设置为相对定位。对一个元素进行相对定位，首先它将出现在为它设定的位置上。然后通过设置垂直或水平位置，让这个元素相对于它的原始起点进行移动。另外，相对定位时，无论是否进行移动，元素仍然占据原来的空间。因此，移动元素会导致它覆盖其他元素。

> **实战**　　**实现网页元素的叠加显示**
> 最终文件：最终文件\第7章\7-3-2.html　　　视频：视频\第7章\7-3-2.mp4

01 执行"文件>打开"命令，打开页面"源文件\第7章\7-3-2.html"，可以看到页面的HTML代码，如图7-25所示。转换到该网页的设计视图中，可以看到页面中id名称为box的元素的默认显示位置，如图7-26所示。

02 转换到该网页所链接的外部CSS样式表文件中，找到名为#box的CSS样式，在该CSS样式中添加绝对定位设置代码，如图7-27所示。保存页面，在IE浏览器中预览该页面，可以看到通过绝对定位的方法，使元素在页面中居中显示的效果，如图7-28所示。

> **技巧**
>
> 当元素设置为绝对定位时，设置left值为50%，margin-left值为负的该元素宽度的一半，可以使元素在水平方向居中显示；设置top值为50%，margin-top值为负的该元素高度的一半，可以使元素在垂直方向居中显示。

```
<!doctype html>
<html>
<head>
<meta charset="utf-8">
<title>实现网页元素的叠加显示</title>
<link href="style/7-3-2.css" rel="stylesheet" type=
"text/css">
</head>

<body>
<div id="box">
  <img src="images/73203.jpg" width="456" height=
"280"  alt=""/>
</div>
</body>
</html>
```

图7-25　页面HTML代码

图7-26　页面元素默认显示位置

```
#box {
    width: 456px;
    height: 280px;
    background-image: url(../images/73202.png);
    background-repeat: no-repeat;
    padding: 16px 13px 106px 13px;
    position: absolute;
    left: 50%;
    margin-left: -241px;
    top: 50%;
    margin-top: -201px;
    z-index: 1;
}
```

图7-27　添加绝对定位设置代码

图7-28　预览页面元素显示效果

03 转换到该网页的HTML代码中，在容器中的图片之后添加id名称为pic的Div，并在该Div中插入相应的图片，如图7-29所示。返回到网页设计视图中，可以看到刚插入的id名为pic的Div的默认显示效果，如图7-30所示。

```
<body>
<div id="box">
  <img src="images/73203.jpg" width="456" height=
"280"  alt=""/>
  <div id="pic"><img src="images/73204.png" width=
"88" height="89"  alt=""/></div>
</div>
</body>
```

图7-29　添加代码

图7-30　元素默认显示效果

04 转换到外部CSS样式表文件中，创建名为#pic的CSS样式，在该CSS样式中添加相对定位设置代码，如图7-31所示。保存页面及外部CSS样式文件，在浏览器中预览页面，可以看到网页元素相对定位的效果，如图7-32所示。

提示

在使用相对定位时，无论是否进行移动，元素仍然占据原来的空间。因此，移动元素会导致它覆盖其他框。此处在CSS样式代码中设置元素的定位方式为相对定位，使元素相对于原位置向右移动了184像素，向上移动了185像素。

```
#pic {
    position: relative;
    width: 88px;
    height: 89px;
    top: -185px;
    left: 184px;
}
```

图7-31　CSS样式代码 　　　　　　　　　　　　　　图7-32　预览页面元素显示效果

技巧

要想实现这两个元素的叠加显示效果，此处还可以使用绝对定位的方式，因为其父级元素已经设置了定位方式，所以如果该元素设置为绝对定位，那么其位置的参考点为父元素的左上角。

7.3.3　绝对定位技术

设置position属性为absolute，即可将元素的定位方式设置为绝对定位。绝对定位是参照浏览器的左上角，配合top、right、bottom和left进行定位的，如果没有设置上述的4个值，则默认依据父级元素的坐标原点为原始点。

在父级元素的position属性为默认值时，top、right、bottom和left的坐标原点以body的坐标原点为起始位置。

实战　　使网页元素固定在页面右侧显示
最终文件：最终文件\第7章\7-3-3.html　　　视频：视频\第7章\7-3-3.mp4

01 执行"文件>打开"命令，打开页面"源文件\第7章\7-3-3.html"，可以看到页面的HTML代码，如图7-33所示。转换到该网页的设计视图中，可以看到页面中id名称为link的元素的默认显示位置，如图7-34所示。

```
<!doctype html>
<html>
<head>
<meta charset="utf-8">
<title>使网页元素固定在页面右侧显示</title>
<link href="style/7-3-3.css" rel="stylesheet" type=
"text/css">
</head>

<body>
<div id="box">
  <img src="images/73203.jpg" width="456" height="288"
  alt=""/>
  <div id="pic"><img src="images/73204.png" width="88"
height="89" alt=""/></div>
</div>
<div id="link"><img src="images/73301.png" width="50"
height="203" alt=""/></div>
</body>
</html>
```

图7-33　页面HTML代码

图7-34　页面元素默认显示位置

02 转换到该网页所链接的外部CSS样式表文件中，创建名为#link的CSS样式，在该CSS样式中添加相应的绝对定位代码，如图7-35所示。保存页面，并保存外部CSS样式表文件，在浏览器中预览页面，可以看到网页中元素绝对定位的效果，如图7-36所示。

```
#link {
    position: absolute;
    width: 50px;
    height: 203px;
    right: 30px;
    top: 200px;
}
```

图7-35　CSS样式代码　　　　　　　　　　　图7-36　预览页面元素绝对定位效果

提示

　　在名为#link的CSS样式设置中，通过设置position属性为absolute，将id名为link的Div设置为绝对定位，通过设置right属性为30像素，将id名为link的Div显示在距离浏览器右边界30像素的位置，通过设置top属性为200像素，将id名为link的Div显示在距离浏览器上边界200像素的位置。

技巧

　　定位的主要问题是要记住每种定位的意义。相对定位是相对于元素在文档流中的初始位置，而绝对定位是相对于最近的已定位的父元素，如果不存在已定位的父元素，就相对于最初的包含块。因为绝对定位的框与文档流无关，所以它们可以覆盖页面上的其他元素。可以通过设置z-index属性来控制这些框的堆放次序。z-index属性的值越大，框在堆中的位置就越高。

7.3.4　固定定位技术

　　设置position属性为fixed，即可将元素的定位方式设置为固定定位。固定定位和绝对定位比较相似，它是绝对定位的一种特殊形式，固定定位的容器不会随着滚动条的拖动而变化位置。在视线中，固定定位的容器位置是不会改变的。固定定位可以把一些特殊效果固定在浏览器的某一位置上。

实战	实现固定在顶部的导航菜单
	最终文件：最终文件\第7章\7-3-4.html　　　视频：视频\第7章\7-3-4.mp4

01 执行"文件>打开"命令，打开页面"源文件\第7章\7-3-4.html"，可以看到页面的HTML代码，如图7-37所示。在IE浏览器中预览该页面，发现顶部的导航菜单分随着滚动条一起滚动，如图7-38所示。

```
<body>
<div id="top">
  <div id="menu">美食首页<span>|</span>新品上市<span>|</span>餐厅分布
<span>|</span>美食推荐<span>|</span>在线订餐<span>|</span>联系我们</div>
</div>
<div id="box">
  <div id="box-main"><img src="images/73402.png" width="310" height=
"93" alt="" /></div>
</div>
<div id="bottom">
  <div id="bottom-link">美食首页<span>|</span>新品上市<span>|</span>餐
厅分布<span>|</span>美食推荐<span>|</span>在线订餐<span>|</span>联系我们</div>
  <div id="bottom-address">地址：北京市海淀区上地信息路222号实创大厦
18层　电话：010-00000000　传真：010-00000000<br>
  CopyRight &copy; 卡拉卡美食Pizza总汇 2015.</div>
</div>
```

图7-37　页面HTML代码　　　　　　　　　　图7-38　预览页面效果

02 转换到该网页所链接的外部 CSS 样式表文件中，找到名为 #top 的 CSS 样式，如图 7-39 所示。在该 CSS 样式代码中添加 position 属性，设置其属性值为 fixed，如图 7-40 所示。

```
#top {
    width: 100%;
    height: 40px;
    background-color: #333;
    border-bottom: solid 1px #000;
    line-height: 40px;
}
```

图 7-39   CSS 样式代码

```
#top {
    width: 100%;
    height: 40px;
    background-color: #333;
    border-bottom: solid 1px #000;
    line-height: 40px;
    position: fixed;
}
```

图 7-40   添加 position 属性设置代码

03 保存页面，并保存外部 CSS 样式文件，在浏览器中预览页面，可以看到页面效果，如图 7-41 所示。拖动浏览器滚动条，发现顶部导航菜单始终固定在浏览器顶部不动，如图 7-42 所示。

图 7-41   预览页面效果

图 7-42   导航菜单固定在页面顶部

> **技巧**
>
> 可以使用固定定位来创建类似传统框架的样式布局，以及广告框架或导航框架等。使用固定定位的元素可以脱离页面，无论页面如何滚动，始终处在页面的同一位置上。

7.3.5   定位属性的浏览器兼容性

定位属性 position 及定位相关的其他属性都是从 CSS2 起正式加入 CSS 规则中的，目前几乎所有的主流浏览器都能够对元素定位的相关属性提供良好的支持。

定位属性的浏览器兼容性见表 7-6。

表 7-6 　　　　　　　　　　　　　定位属性的浏览器兼容性

属性	Chrome	Firefox	Opera	Safari	IE
position	√	√	√	√	√
top、right、bottom 和 left	√	√	√	√	√
z-index	√	√	√	√	√
clip	√	√	√	√	√

在网页制作过程中可以放心大胆地使用 position 属性设置元素的定位方式，再结合 top、right、bottom 和

left属性来设置元素的位置，通过z-index属性来设置元素的叠放顺序，通过clip属性来设置元素的裁切效果。

▶▶▶ 7.4 CSS3盒模型属性

在前面介绍CSS基础盒模型时介绍过在IE6以下版本的IE浏览器中，元素的边框和填充都包含在宽度和高度之内。而在标准的浏览器中，宽度和高度仅仅包含元素内容的宽度和高度，除去了边框和填充的区域，这给Web设计师处理效果增添了很多的麻烦。

7.4.1 box-sizing属性的语法

CSS3对盒模型进行了改善，新增了box-sizing属性，通过该属性可按盒模型尺寸进行计算。box-sizing属性的语法格式如下。

```
box-sizing: content-box | border-box | inherit;
```

box-sizing属性的属性值说明见表7-7。

表7-7　　　　　　　　　　　box-sizing属性的属性值说明

属性	说明
content-box	默认值，让元素维持W3C的标准盒模型。元素的宽度和高度等于元素边框宽度加上元素填充再加上元素内容宽度或高度，即元素的宽度或高度＝ border + padding + 内容宽度或高度
border-box	该属性值会重新定义CSS2中盒模型组成的模式，让元素维持IE6以下版本IE浏览器的传统盒模型，元素的宽度或高度等于元素内容的宽度或高度
inherit	该属性值表示元素继承父元素的盒模型模式

box-sizing属性主要用来控制元素的盒模型的解析方式，其主要目的是控制元素的总尺寸大小。在W3C规范中，元素的box-sizing属性默认值为content-box值，也就是W3C标准盒模型的解析方式，在这种情况下会使页面布局更加方便。

> 提示
> 在Gecko核心的Firefox浏览器中，box-sizing属性还有一个属性值是padding-box，用来指定元素的宽度或高度包括内容的宽度或高度及填充，但不包括边框宽度。但因为该属性值目前只有Gecko核心的Firefox浏览器才支持，其他浏览器都不支持，所以很少使用。

IE6以下版本IE浏览器中的传统盒模型虽然不符合W3C的标准规范，但是这种解析方式并不是一无是处，它也有优点：不管如何修改元素的边框或者内填充大小，都不会影响到元素盒子的总尺寸，也就不会打乱页面的整体布局。而在W3C标准盒模型中，一旦修改了元素的边框或者内填充，就会影响元素的盒子尺寸，也就不得不重新计算元素的盒子尺寸，从而影响到整个页面的布局。

7.4.2 box-sizing属性的浏览器兼容性

目前，各主流现代浏览器都能够支持CSS3新增的box-sizing属性，注意，在Gecko核心的Firefox浏览器中需要使用其私有属性-moz-box-sizing。

box-sizing属性的浏览器兼容性见表7-8。

表7-8　　　　　　　　　　　box-sizing 属性的浏览器兼容性

属性	Chrome	Firefox	Opera	Safari	IE
box-sizing	1.0+ √	1.5+ √	9.0+ √	3.1+ √	8+ √

浏览器适配说明

在 IE7 及其以下版本的 IE 浏览器中并不支持 box-sizing 属性，而 box-sizing 属性和实现纯装饰性效果的属性不同，因此目前阶段还是有必要为 IE7 及其以下版本的浏览器提供一定的替代方案。

可以使用 JavaScript 脚本，能够让 box-sizing 属性在 IE8 以下版本的 IE 浏览器中正常使用。这种方案的不足之处是，如果浏览器禁用脚本，则整个功能都将失去，无法保证 box-sizing 属性的正常运行，这样就存在一定的风险。

还有另一种方式就是使用 IE 条件注释，为 IE7 及其以下版本的 IE 浏览器提供另一套样式重新计算容器的盒模型尺寸。该方法的不足之处就是，如果容器尺寸使用百分比计算，那么盒模型尺寸计算的准确性存在一定问题。

实战　**设置网页元素的尺寸大小**
最终文件：最终文件\第7章\7-4-2.html　　　视频：视频\第7章\7-4-2.mp4

01 执行"文件>打开"命令，打开页面"源文件\第7章\7-4-2.html"，可以看到页面的 HTML 代码，如图7-43所示。在 IE 浏览器中预览该页面，可以看到页面默认的显示效果，如图7-44所示。

```
<!doctype html>
<html>
<head>
<meta charset="utf-8">
<title>设置网页元素的尺寸大小</title>
<link href="style/7-4-2.css" rel="stylesheet" type="text/css">

</head>

<body>
<div id="left_box"><img src="images/74201.jpg" width="312"
height="480"  alt=""/></div>
<div id="right_box"><img src="images/74202.jpg" width="248"
height="600"  alt=""/></div>
<div id="logo"><img src="images/74203.png" width="156" height
="201"  alt=""/></div>
</body>
</html>
```

图7-43　页面HTML代码

图7-44　预览页面效果

02 转换到该网页所链接的外部CSS样式表文件中，找到名为 #left_box 和 #right_box 的CSS样式设置代码，如图7-45所示。在这两个CSS样式中分别添加相应的边框属性设置代码，如图7-46所示。

提示

从 CSS 样式代码中可以看出，左右两个 Div 采用绝对定位的方式，并且设置其宽度各占 50%，所以在页面中表现出均分页面的效果，整体宽度正好是满屏效果。在 #left_box 的 CSS 样式中添加上边框、下边框和左边框的设置代码，在 #right_box 的 CSS 样式中添加上边框、右边框和下边框的设置代码，从而使页面整体内容包含在一个白色的边框中。

```
#left_box {
    position: absolute;
    width: 50%;
    height: 100%;
    background-color: #845FE0;
    left: 0px;
    top: 0px;
}
#right_box {
    position: absolute;
    width: 50%;
    height: 100%;
    background-color: #5bdcf2;
    right: 0px;
    top: 0px;
}
```

图7-45 CSS样式代码

```
#left_box {
    position: absolute;
    width: 50%;
    height: 100%;
    background-color: #845FE0;
    left: 0px;
    top: 0px;
    border-top: 15px solid #FFF;
    border-bottom: 15px solid #FFF;
    border-left: 15px solid #FFF;
}
#right_box {
    position: absolute;
    width: 50%;
    height: 100%;
    background-color: #5bdcf2;
    right: 0px;
    top: 0px;
    border-top: 15px solid #FFF;
    border-right: 15px solid #FFF;
    border-bottom: 15px solid #FFF;
}
```

图7-46 添加边框属性设置代码

03 保存外部CSS样式表文件，在IE11浏览器中预览该页面，可以看到页面的显示效果，发现页面会出现滚动条，不能满屏显示，如图7-47所示。转换到外部CSS样式表文件中，分别在名为#left_box和#right_box的CSS样式中添加box-sizing属性设置，设置其属性值为border-box，如图7-48所示。

图7-47 在IE11浏览器中预览页面效果

```
#left_box {
    position: absolute;
    width: 50%;
    height: 100%;
    background-color: #845FE0;
    left: 0px;
    top: 0px;
    border-top: 15px solid #FFF;
    border-bottom: 15px solid #FFF;
    border-left: 15px solid #FFF;
    box-sizing: border-box;
}
#right_box {
    position: absolute;
    width: 50%;
    height: 100%;
    background-color: #5bdcf2;
    right: 0px;
    top: 0px;
    border-top: 15px solid #FFF;
    border-right: 15px solid #FFF;
    border-bottom: 15px solid #FFF;
    box-sizing: border-box;
}
```

图7-48 添加box-sizing属性设置代码

04 保存外部CSS样式表文件，在IE11浏览器中预览该页面，可以看到页面保持满屏显示，没有滚动条，并且无论如何调整浏览器窗口大小，页面内容都可以保持满屏显示，如图7-49所示。

提示

默认情况下，浏览器都是按照W3C的标准盒模型对网页中的元素尺寸进行解析的，W3C标准盒模型规定一个盒子的实际高度或宽度是由content+padding+border+margin组成的。这里为元素添加了边框，则需要在宽度和高度上减去边框的值，才能够保证盒子的尺寸大小不变，但是元素的宽度和高度均是百分比值，而边框宽度为固定像素值，无法进行相减。

图7-49 在IE11浏览器中预览页面效果

提示

设置元素的box-sizing属性值为border-box后，该元素维持IE6以下版本IE浏览器的传统盒模型解析方式，元素的宽度与高度包含了元素边框的宽度，也就是说属性中所设置的width：50%，这个50%中已经包含了该元素的边框宽度。

浏览器适配说明

（1）为了能在低版本浏览器中预览，最好能够为不同核心浏览器添加相应的私有属性前缀，如图7-50所示。保存外部CSS样式表文件，在Firefox浏览器中预览该页面，页面效果如图7-51所示。

```
#left_box {
    position: absolute;
    width: 50%;
    height: 100%;
    background-color: #845FE0;
    left: 0px;
    top: 0px;
    border-top: 15px solid #FFF;
    border-bottom: 15px solid #FFF;
    border-left: 15px solid #FFF;
    -moz-box-sizing: border-box;     /*Gecko核心私有属性写法*/
    -webkit-box-sizing: border-box;  /*Webkit核心私有属性写法*/
    -o-box-sizing: border-box;       /*Presto核心私有属性写法*/
    box-sizing: border-box;          /*W3C标准写法*/
}
#right_box {
    position: absolute;
    width: 50%;
    height: 100%;
    background-color: #5bdcf2;
    right: 0px;
    top: 0px;
    border-top: 15px solid #FFF;
    border-right: 15px solid #FFF;
    border-bottom: 15px solid #FFF;
    -moz-box-sizing: border-box;     /*Gecko核心私有属性写法*/
    -webkit-box-sizing: border-box;  /*Webkit核心私有属性写法*/
    -o-box-sizing: border-box;       /*Presto核心私有属性写法*/
    box-sizing: border-box;          /*W3C标准写法*/
}
```

图7-50　添加不同核心浏览器私有属性前缀

图7-51　在Firefox浏览器中预览页面效果

（2）虽然IE8及其以上版本的IE浏览器已经能够支持box-sizing属性，但仍然还有许多人使用IE7或IE6浏览器。在这里通过IE条件注释的方式引入一个外部的JavaScript脚本文件，如图7-52所示。保存页面，在IE7浏览器中预览该页面，可以发现，IE7浏览器中依然能够支持box-sizing属性实现的效果，如图7-53所示。

```
<head>
<meta charset="utf-8">
<title>设置网页元素的尺寸大小</title>
<link href="style/7-4-2.css" rel="stylesheet" type="text/css">
<!--[if lt IE 8]>
<script type="text/javascript" src="js/IE9.js"></script>
<![endif]-->
</head>
```

图7-52　添加IE条件注释语句

图7-53　在IE7浏览器中预览页面效果

提示

ie7-js是一个JavaScript库，可以让低版本的IE浏览器表现得像现代浏览器一样，如使IE5、IE6支持透明PNG图片等。ie7-js项目中包括IE7.js、IE8.js和IE9.js，之所以叫ie7-js是因为这个项目是从IE7.js开始的。在这里引用了IE9.js文件，通过该JavaScript文件可以使IE5~IE8兼容到IE9模式。

▶▶▶ 7.5 CSS3内容溢出属性

在CSS样式中，每一个元素都可以看作是一个盒子，这个盒子就是一个容器。通常会在CSS样式中指定容器的大小，当内容超出容器的大小时，就可以使用overflow属性来指定如何显示容器中容纳不下的内容。在CSS2规范中，就已经有处理内容溢出的overflow属性，该属性定义当盒子的内容超出盒子边界时的处理方法。

7.5.1 overflow-x和overflow-y属性

在CSS3新增了overflow-x和overflow-y属性，overflow-x属性主要用来设置在水平方向对溢出内容的处理方式；overflow-y属性主要用来设置在垂直方向对溢出内容的处理方式。

overflow-x和overflow-y属性的语法格式如下。

```
overflow-x: visible | auto | hidden | scroll | no-display | no-content;
overflow-y: visible | auto | hidden | scroll | no-display | no-content;
```

与overflow属性一样，overflow-x和overflow-y属性取不同的属性值所起到的作用也不一样。overflow-x和overflow-y属性的属性值说明见表7-9。

表7-9   overflow-x和overflow-y属性的属性值说明

属性	说明
visible	默认值，盒子内容溢出时，不裁剪溢出的内容，超出盒子边界的部分将显示在盒元素之外
auto	盒子溢出时，显示滚动条
hidden	盒子溢出时，溢出的内容将被裁剪，并且不显示滚动条
scroll	无论盒子中的内容是否溢出，overflow-x都会显示横向滚动条，而overflow-y都会显示纵向滚动条
no-display	当盒子溢出时，不显示元素，该属性值是新增的
no-content	当盒子溢出时，不显示内容，该属性值是新增的

7.5.2 overflow-x和overflow-y属性的浏览器兼容性

overflow-x和overflow-y属性的浏览器兼容性见表7-10。

表7-10   overflow-x和overflow-y属性的浏览器兼容性

属性	Chrome	Firefox	Opera	Safari	IE
overflow-x、overflow-y	1.0+ √	1.5+ √	9.0+ √	3.0+ √	6+ √

> **浏览器适配说明**
>
> overflow-x和overflow-y属性原本是IE浏览器中根据overflow属性独自扩展的属性，后来被CSS3采用，并且正式成为CSS3标准的一部分。目前为止，所有主流的浏览器都能够正确解析这两个属性，包括低版本的IE6浏览器，但是有部分浏览器在解析时，会存在一些细节上的差异，但并不影响效果的表现。所以在网站页面的制作过程中，可以大胆地使用overflow-x和overflow-y属性。

▼**实战**　设置元素内容溢出的处理方式

最终文件：最终文件\第7章\7-5-2.html　　　视频：视频\第7章\7-5-2.mp4

01 执行"文件>打开"命令，打开页面"源文件\第7章\7-5-2.html"，可以看到页面的HTML代码，如图7-54所示。转换到该网页所链接的外部CSS样式表文件中，找到名为#text的CSS样式设置代码，可以看到该元素已经设置了固定的宽度与高度，如图7-55所示。

```
<body>
<div id="top">
  <div id="mbtn"><img src="images/75203.png" width="32" height="19"
alt=""/></div>
  <img src="images/75202.png" width="105" height="52" salt=""/> </div>
<div id="text">
  <h1>我们的优势</h1>
  <p>我们创造全新的网络互动方式并真正与众不同，创造有利于我们客户的品
牌价值。我们通过团队之间的默契配合，各自发挥各自的优势，使得我们所开发
出来的作品质量越来越好，效率也更高。</p>
  <p>无论是网站、还是品牌设计，我们这支团队从策划到设计、再到开发，然
后上线部署、后期运营维护、更新升级等一系列流程都具备了极强的执行能力。
如果你以为这是浪费时间，直接跳到我们项目的部分-那真是奇迹发生的地方。</p>
  <p>我们的客户遍布等全国一线城市，我们优秀的网站设计理念、卓有成效的
网络营销推广方式以及丰富的网站开发异地操作经验将为您打造一个全新的网络品牌形象。
</p>
  <span class="btn01">查看我们的作品</span>
</div>
</body>
```
图7-54　页面HTML代码

```
#text {
    position: absolute;
    width: 400px;
    height: 300px;
    top: 50%;
    margin-top: -150px;
    left: 50px;
}
```
图7-55　CSS样式代码

02 转换到该网页的设计视图中，可以看到页面中id名称为text的Div容器中的内容明显溢出，如图7-56所示。在IE浏览器中预览该页面，可以看到默认情况下，溢出的内容会将容器扩大从而保证内容显示完整，如图7-57所示。

图7-56　设计视图效果

图7-57　预览页面效果

> **提示**
> 在名为#text的CSS样式中并没有添加任何关于溢出属性（overflow、overflow-x、overflow-y）的设置，所以在浏览页面时，溢出部分的内容会依然完整地显示出来。

03 转换到外部CSS样式表文件中，在名为#text的CSS样式中添加overflow-y属性，设置该属性值为hidden，如图7-58所示。保存外部CSS样式表文件，在IE浏览器中预览该页面，可以看到容器中溢出的内容会被直接裁切隐藏，如图7-59所示。

> **提示**
> 可以根据容器中内容溢出的方向来选择使用overflow-x或overflow-y属性来对不同溢出方向进行设置。因为当前元素的内容溢出方向为垂直方向，所以这里使用了overflow-y属性进行设置。

```
#text {
    position: absolute;
    width: 400px;
    height: 300px;
    top: 50%;
    margin-top: -150px;
    left: 50px;
    overflow-y: hidden;
}
```

图7-58　添加overflow-y属性设置

图7-59　溢出内容被裁切隐藏

04 转换到外部CSS样式表文件中，在名为#text的CSS样式中修改overflow-y属性值为auto，如图7-60所示。保存外部CSS样式表文件，在IE浏览器中预览页面，可以看到当垂直方向上内容有溢出时，会自动为容器添加垂直方向的滚动条，如图7-61所示。

```
#text {
    position: absolute;
    width: 400px;
    height: 300px;
    top: 50%;
    margin-top: -150px;
    left: 50px;
    overflow-y: auto;
}
```

图7-60　修改overflow-y属性值

图7-61　自动为溢出内容添加滚动条

> **提示**
>
> 　　overflow-x和overflow-y属性只是overflow属性的扩展，所以各主流浏览器都能够很好地支持这两个CSS3新增的属性，包括低版本的IE浏览器，并不存在浏览器兼容性的问题。

▶▶▶ 7.6　CSS3 自由缩放属性

　　为了增强用户体验，CSS3新增了很多新的属性，其中resize属性就是一个重要的属性，也是一个非常实用的属性，它允许用户通过拖动的方式来修改元素的尺寸大小。在此之前，网页设计师要实现这样的效果，需要使用大量的脚本代码才能实现，这样费时费力，效率极低。

7.6.1　resize属性的语法

　　在CSS3中新增了区域缩放调节的属性，通过新增的resize属性，可以实现页面中元素的区域缩放操作，调节元素的尺寸大小。

　　resize属性的语法规则如下。

```
resize: none | both | horizontal | vertical | inherit;
```

resize属性的属性值说明见表7-11。

表7-11 overflow-x和overflow-y属性的属性值说明

属性	说明
none	不提供元素尺寸调整机制，用户不能操纵调节元素的尺寸
both	提供元素尺寸的双向调整机制，让用户可以调节元素的宽度和高度
horizontal	提供元素尺寸的单向水平方向调整机制，让用户可以调节元素的宽度
vertical	提供元素尺寸的单向垂直方向调整机制，让用户可以调节元素的高度
inherit	继承父元素的resize属性设置

提示

resize属性需要和溢出处理属性overflow、overflow-x或overflow-y一起使用，才能把元素定义成可以调整尺寸大小的效果，且溢出属性值不能为visible。

7.6.2 resize属性的浏览器兼容性

resize属性的浏览器兼容性见表7-12。

表7-12 resize属性的浏览器兼容性

属性	Chrome	Firefox	Opera	Safari	IE
resize	25.0+ √	19.0+ √	12.0+ √	5.0+ √	×

浏览器适配说明

从表7-12中可以看出，目前resize属性已经获得了除IE浏览器以外的其他主流浏览器的普遍支持，但即使最新的IE11浏览器也不支持resize属性，这就使得该属性的应用存在很大的兼容性问题，毕竟国内用户使用IE浏览器的比例还是很高的。

但是resize属性所实现的效果主要是用于增强页面的用户体验，而并不会影响到页面内容的布局和表现，所以最佳的方式就是为使用IE浏览器以外的用户提供resize属性所实现的调整尺寸大小的用户体验效果，而IE用户则优雅降级为普通的显示效果。如果一定要让IE浏览器的用户也同样能够体验相同的效果，那么只有放弃resize属性，而采用传统的JavaScript脚本编码的方式来实现。

实战 实现网页元素尺寸任意拖动缩放
最终文件：最终文件\第7章\7-6-2.html 视频：视频\第7章\7-6-2.mp4

01 执行"文件>打开"命令，打开页面"源文件\第7章\7-6-2.html"，可以看到页面的HTML代码，如图7-62所示。在Chrome浏览器中预览该页面，可以看到该页面的默认显示效果，如图7-63所示。
02 转换到该网页所链接的外部CSS样式表文件中，找到名为#text的CSS样式，可以看到该CSS样式的设置代码，如图7-64所示。在该CSS样式中添加resize属性，设置其属性值为both，如图7-65所示。

```
<!doctype html>
<html>
<head>
<meta charset="utf-8">
<title>实现网页元素尺寸任意拖动缩放</title>
<link href="style/7-6-2.css" rel="stylesheet" type="text/css">
</head>

<body>
<div id="top">
    <div id="mbtn"><img src="images/75203.png" width="32" height="19"
alt=""/></div>
    <img src="images/75202.png" width="105" height="52" salt=""/></div>
<div id="text">
    <h1>我们的优势</h1>
    <p>我们创造全新的网络互动方式并真正与众不同，创造有利于我们客户的品
牌价值。无论是网站、还是品牌设计，我们这支团队从策划到设计、再到开发，
然后上线部署、后期运营维护、更新升级等一系列流程都具备了极强的执行能力
。如果你认为这是浪费时间，直接跳到我们项目的部分—那真是奇迹发生的地方。</p>
    <span class="btn01">查看我们的作品</span>
</div>
</body>
</html>
```

图7-62 页面HTML代码

图7-63 在Chrome浏览器中预览页面效果

```
#text {
    position: absolute;
    width: 300px;
    height: auto;
    top: 150px;
    left: 50px;
    background-color: rgba(0,0,0,0.4);
    padding: 20px;
    overflow: hidden;
}
```

图7-64 CSS样式代码

```
#text {
    position: absolute;
    width: 300px;
    height: auto;
    top: 150px;
    left: 50px;
    background-color: rgba(0,0,0,0.4);
    padding: 20px;
    overflow: hidden;
    resize: both;
}
```

图7-65 添加resize属性设置代码

03 保存外部CSS样式表文件，在Chrome浏览器中预览页面，可以看到页面中id名称为text的元素右下角显示可拖动样式，如图7-66所示。在网页中单击该元素右下角并拖动可以调整元素的尺寸大小，如图7-67所示。

图7-66 在Chrome浏览器中预览页面效果

图7-67 拖动调整元素尺寸大小

提示

在本实例的CSS样式中设置resize属性为both，并且设置overflow属性为hidden，这样在浏览器中预览页面时，可以在网页中任意调整该元素的大小。CSS3新增的resize属性，不仅可以被Div元素应用，还可以被其他元素应用，同样可以起到调整大小的效果。

浏览器适配说明

（1）在介绍resize属性的浏览器兼容性时我们知道，目前除IE浏览器以外的主流浏览器都支持resize属性，如果使用IE浏览器预览该页面，无法通过resize属性实现调整元素大小的效果，图7-68所示为在IE11浏览器中预览的效果。

（2）页面中id名称为top和text的元素都应用了RGBA颜色值，在IE9以下版本的IE浏览器中并不支持RGBA颜色值，如使用IE8浏览器进行预览则无法看到为元素所设置的半透明背景颜色效果，如图7-69所示。

图7-68　在IE11浏览器中预览页面效果

图7-69　在IE8浏览器中无法显示半透明背景色

> **提示**
>
> 　虽然在IE浏览器中无法实现resize属性的拖动调整元素大小的效果，但是页面的整体表现效果并没有任何影响，resize属性所实现的效果只是"锦上添花"。而RGBA颜色值实现的半透明背景颜色在IE9以下版本的IE浏览器中无法显示，则会影响到页面的整体表现效果。

（3）转换到外部CSS样式表文件中，分别在名称为#top和名称为#text的CSS样式中添加Gradient滤镜的设置代码，实现IE9以下版本IE浏览器的半透明背景颜色，如图7-70所示。

```
#top {
    height: 66px;
    /*IE 5至IE7*/
    filter:
progid:DXImageTransform.Microsoft.gradient(enabled='true'
,startColorstr='#7F000000',endColorstr='#7F000000');
    /*IE 8*/
    -ms-filter:
"progid:DXImageTransform.Microsoft.gradient(enabled='true'
, startColorstr='#7F000000',endColorstr='#7F000000')";
    background-color: rgba(0,0,0,0.5);
    padding-top: 14px;
    padding-left: 50px;
    padding-right: 50px;
}
```

```
#text {
    position: absolute;
    width: 300px;
    height: auto;
    top: 150px;
    left: 50px;
    /*IE 5至IE7*/
    filter:
progid:DXImageTransform.Microsoft.gradient(enabled='true'
,startColorstr='#66000000',endColorstr='#66000000');
    /*IE 8*/
    -ms-filter:
"progid:DXImageTransform.Microsoft.gradient(enabled='true'
, startColorstr='#66000000',endColorstr='#66000000')";
    background-color: rgba(0,0,0,0.4);
    padding: 20px;
    overflow: hidden;
    resize: both;
}
```

图7-70　添加Gradient滤镜设置代码

（4）保存外部CSS样式表文件，在IE8浏览器中预览页面，可以看到为元素所设置的半透明背景颜色效果，如图7-71所示。

图7-71　在IE8浏览器中预览效果

▶▶▶ 7.7 CCS3外轮廓属性

使用CSS3新增的outline属性可以实现元素的外轮廓效果，其在页面中所呈现的效果与border属性所实现的边框效果极其相似，但是又不同于元素边框效果，外轮廓不占用网页布局空间，不一定是矩形，外轮廓属于一种动态样式，只有元素获取到焦点或者被激活时才呈现。

7.7.1 outline属性的语法

outline属性早在CSS2中就出现了，主要是用来在元素周围绘制一条轮廓线，可以起到突出元素的作用，但是并没有得到各主流浏览器的广泛支持。在CSS3中对outline属性做了一定的扩展，在以前的基础上增加了新的特性。

outline属性的语法规则如下。

```
outline: [outline-color] || [outline-style] || [outline-width] || inherit;
```

从语法中可以看出，outline属性与border属性的使用方法极其相似。outline属性的参数说明见表7-13。

表7-13　　　　　　　　　　　　　　　outline属性的参数值说明

属性	说明
[outline-color]	该参数表示外轮廓线的颜色，取值为CSS中定义的颜色值。在实际应用中，如果省略该参数则默认显示为黑色
[outline-style]	该参数表示外轮廓线的样式，取值为CSS中定义的线的样式。在实际应用，如果省略该参数则默认值为none，不对该轮廓线进行任何绘制
[outline-width]	该参数表示外轮廓线的宽度，取值可以为一个宽度值。在实际应用中，如果省略该参数则默认值为medium，表示绘制中等宽度的轮廓线
inherit	继承父元素的resize属性设置

outline属性是一个复合属性，它包含了4个子属性：outline-width属性、outline-style属性、outline-color属性和outline-offset属性。

1. outline-width属性

outline-width属性用于定义元素外轮廓线的宽度，语法格式如下。

```
outline-width: thin | medium | thick | <length> | inherit;
```

outline-width属性的属性值与border-width属性的属性值相同。

2. outline-style属性

outline-style属性用于定义元素外轮廓线的样式，语法格式如下。

```
outline-style: none|dotted|dashed|solid|double|groove|ridge|inset|outset|inherit;
```

outline-style属性的属性值与border-style属性的属性值相同。

3. outline-color属性

outline-color属性用于定义元素外轮廓线的颜色，语法格式如下。

```
outline-color: <color> | invert | inherit;
```

outline-color 属性的属性值与border-color 属性的属性值相同。

4. outline-offset属性

outline-offset 属性用于定义元素外轮廓线的偏移值，语法格式如下。

```
outline-offset: <length> | inherit;
```

当该属性取值为正数时，表示轮廓线向外偏离多少个像素；当该属性取值为负数时，表示轮廓线向内偏移多少个像素。

> **提示**
>
> 注意，在复合的outline 属性语法中没有包含outline-offset 子属性，因为这样会造成外轮廓边框宽度值指定不明确，无法正确解析。

7.7.2 outline与border属性的对比

outline 属性所创建的外轮廓线与border 属性所实现的边框效果极其相似，但实际上有明显的不同，主要表现在以下几个方面。

border 属于盒模型的一部分，直接影响元素盒子的大小，而outline 创建的外轮廓线是表现在元素的"上面"，不会影响该盒子或其他元素的大小，因此outline 创建的外轮廓线不会影响文档流，也不会破坏网页布局。

outline 属性创建的轮廓线表面上与border 属性一样，可以创建轮廓线的颜色、线型样式、线型粗细大小，但是有一点完全不同于border 属性。outline 属性创建的外轮廓线在元素四边的表现效果是一样的，不能像border 属性那样为四边设置不同的效果，即border 属性创建元素边框可以进行单边的设置，而outline 属性创建的外轮廓线始终是闭合的。

outline 属性创建的外轮廓线可能是非矩形的，如果元素是多行，外轮廓线就至少是能够包含该元素所有框的外轮廓。但是border 属性不一样，它将使用一个边框包含整个元素。

border 属性仅可以设置元素的边框，所设置的边框只能向外扩展，而outline 属性创建的外轮廓线，可以通过outline-offset 参数的值，向元素外部（outline-offset 值为正值）或向元素内部（outline-offset 值为负值）创建封闭的轮廓。

7.7.3 outline属性的浏览器兼容性

outline 属性的浏览器兼容性见表7-14。

表7-14　　　　　　　　　　　outline 属性的浏览器兼容性

属性	Chrome	Firefox	Opera	Safari	IE
outline	1.0+ √	1.5+ √	9.0+ √	3.0+ √	8+ √

> **浏览器适配说明**
>
> 因为outline 属性从CSS2起就已经加入到CSS规则中，所以主流浏览器都能够对其提供良好的支持，但是IE7及其以下版本的IE浏览器并不支持outline 属性，如果想要使IE7及其以下版本的IE浏览器能够显示outline 属性所表现的效果，则可以通过叠加元素或背景图像的方式来实现。

　　另外，还需要注意的是outline-offset属性是CSS3新增的属性，用于设置外轮廓线的偏移值，并且该属性只能单独进行设置，而不能写在outline属性中，因为这样会造成外轮廓边框宽度值指定不明确，无法正确解析。目前除IE以外的主流现代浏览器也都能够支持outline-offset属性，但是IE浏览器目前（包括最新的IE11浏览器）还不支持outline-offset属性。

实战 为元素添加轮廓外边框效果

最终文件：最终文件\第7章\7-7-3.html　　　视频：视频\第7章\7-7-3.mp4

01 执行"文件>打开"命令，打开页面"源文件\第7章\7-7-3.html"，可以看到页面的HTML代码，如图7-72所示。在IE浏览器中预览该页面，可以看到页面中图像默认的显示效果，如图7-73所示。

```html
<!doctype html>
<html>
<head>
<meta charset="utf-8">
<title>为元素添加轮廓外边框效果</title>
<link href="style/7-7-3.css" rel="stylesheet" type="text/css">
</head>

<body>
<div id="logo"><img src="images/77301.png" width="105" height="52"
alt=""/></div>
<div id="menu">
  <ul>
    <li>我们的作品</li>
    <li>关于我们</li>
    <li>联系我们</li>
  </ul>
</div>
<div id="pic"><img src="images/77302.jpg" width="600" height="350"
alt=""/></div>
</body>
</html>
```

图7-72　页面HTML代码

图7-73　在IE浏览器中预览页面效果

02 转换到该网页链接的外部CSS样式表文件中，创建名为#pic img的CSS样式，在该CSS样式中通过border属性设置，为图片添加边框效果，如图7-74所示。保存外部CSS样式表文件，在IE浏览器中预览该页面，可以看到为图片添加的边框效果，如图7-75所示。

```css
#pic img {
    border: solid 20px #FFF;
}
```

图7-74　CSS样式代码

图7-75　在IE浏览器中预览图片边框效果

03 转换到外部CSS样式表文件中，在名为#pic img的CSS样式中添加outline属性设置，如图7-76所示。保存外部CSS样式表文件，在IE浏览器中预览该页面，可以看到为图片添加的外轮廓边框效果，如图7-77所示。

技巧

　　此处的outline属性也可以拆分为outline-width、outline-color和outline-style这3个子属性进行分别设置。

```
#pic img {
    border: solid 20px #FFF;
    outline: 15px #dbc0a1 groove;
}
```

图7-76 添加outline属性设置代码

图7-77 在IE浏览器中预览图片外轮廓效果

04 转换到外部CSS样式表文件中，在名为#pic img的CSS样式中添加外轮廓偏移outline-offset属性设置代码，如图7-78所示。保存外部CSS样式表文件，在Chrome浏览器中预览该页面，可以看到外轮廓偏移的效果，如图7-79所示。

```
#pic img {
    border: solid 20px #FFF;
    outline: 15px #dbc0a1 groove;
    outline-offset: -30px;
}
```

图7-78 添加outline-offset属性设置

图7-79 在Chrome浏览器中预览外轮廓偏移效果

05 转换到外部CSS样式表文件中，在名为#pic img的CSS样式中修改outline-offset属性值为正值，如图7-80所示。保存外部CSS样式表文件，在Chrome浏览器中预览该页面，可以看到外轮廓向外偏移的效果，如图7-81所示。

```
#pic img {
    border: solid 20px #FFF;
    outline: 15px #dbc0a1 groove;
    outline-offset: 10px;
}
```

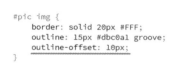

图7-80 修改outline-offset属性设置

图7-81 在Chrome浏览器中预览外轮廓偏移效果

06 前面介绍过IE浏览器目前还不支持outline-offset属性，所以当使用IE浏览器进行预览时将看到不外轮廓偏移的效果，如图7-82所示。

图7-82 在IE11浏览器中看不到外轮廓偏移效果

提示

　　CSS样式具有优雅降级的特性，当IE浏览器不支持outline-offset属性时，将会直接忽略outline-offset属性的设置。虽然可以通过使用背景图片或元素的层叠方法来在IE浏览器中实现相同的效果，但是这样做的意义并不大，因为这需要改变文档元素，如果一定这样做了，那么就没有必要使用outline-offset属性了。

▶▶▶ 7.8　本章小结

　　盒模型是CSS布局的基础，本章主要介绍了W3C标准盒模型和页面元素布局的相关知识。通过本章的学习能够使读者理解W3C标准盒模型，并掌握页面元素布局和CSS3新增的关于盒模型的相关属性，从而能够合理地对页面元素进行布局设计。

CSS3伸缩布局盒模型

在传统的CSS布局过程中，最常使用的就是通过浮动定位的方式对页面进行布局制作，但对于全页多列布局来说，浮动定位功能存在一些局限性。在CSS3中引入了许多新的布局机制，使得构建一个多列布局页面变得更加轻松。在本章中将向读者讲解CSS3新增的伸缩布局盒模型，使读者掌握未来的网页布局技术发展趋势。

本章知识点：

- 了解伸缩布局盒模型
- 理解伸缩布局盒模型的浏览器兼容性
- 掌握创建伸缩容器的方法
- 掌握对伸缩容器相关属性的设置
- 掌握对伸缩容器中子元素相关属性的设置
- 能够在页面中使用伸缩盒模型进行布局制作

▶▶▶ 8.1 伸缩布局盒模型基础

在CSS3中引入一种新的页面布局模式——Flexbox布局，即伸缩布局盒模型，用来提供一个更加有效的方式制定、调整和布局一个容器里的项目，即使它们的大小是未知或者动态的，这里简称Flex。

8.1.1 CSS中的布局模式

在CSS2中定义了4种页面布局模式，由一个元素与其兄弟元素或父元素的关系决定其尺寸和位置的算法。

- 块布局：呈现出文档的布局模式。
- 行内布局：呈现出文本的布局模式。
- 表格布局：使用表格来呈现2D数据的布局模式。
- 定位布局：能够直接在网页中定位元素，定位元素基本与其他元素没有任何关系。

> **提示**
>
> 目前在网页布局制作过程中主要是通过float属性和position属性来实现页面元素的定位布局的，而其他几种布局方式都具有很大的局限性，已经基本被淘汰。

CSS3引入的布局模式Flexbox布局，其主要思想是让容器有能力让其子容器能够改变其宽度、高度（甚至显示顺序），以最佳方式填充可用空间（主要是为了适应所有类型的显示设备和屏幕大小）。Flex容器会使子容器（伸缩容器）扩展来填满可用空间，或缩小它们以防止溢出容器。

最重要的是，Flex布局方向不可预知，不像常规的布局（块就是从上至下，行内就是从左至右），Flex布局方式更具灵活性。

8.1.2 伸缩布局盒模型的特点

Flexbox布局对于设计比较复杂的页面非常有用，可以轻松地实现当屏幕和浏览器窗口大小发生变化时保持元素的相对位置和大小不变，同时减少了实现元素位置的定义及重置元素的大小时对浮动布局的依赖。

Flexbox布局在定义伸缩项目大小时，伸缩容器会预留一些可用空间，可以调节伸缩项目的相对大小和位置，如可以确保伸缩容器中的多余空间平均分配多个伸缩项目。当伸缩容器没有足够大的空间放置伸缩项目时，浏览器会按一定的比例减少伸缩项目的大小，使其不溢出伸缩容器。

综合而言，Flexbox布局功能的主要特点表现在以下几个方面。

- 屏幕和浏览器窗口大小发生变化时能够灵活地调整页面布局。
- 可以指定伸缩项目沿水平方向或垂直方向按比例分配额外空间（伸缩容器额外空间），从而调整伸缩项目的大小。
- 可以指定伸缩项目沿水平方向或垂直方向将伸缩容器的额外空间分配到伸缩项目之前、之后或之间。
- 可以指定如何将垂直于元素布局方向的额外空间分布到该元素的周围。
- 可以设置元素在页面上的布局方向。

按照不同于文档对象模型（DOM）所指定的排序方式对页面中的元素进行重新排序，也就是说可以在浏览器渲染中不按照文档流先后顺序重新排列伸缩项目顺序。

8.1.3 伸缩盒模型规范的发展

伸缩盒模型的语法规范从CSS3中提出到正式确定发生了很大的变化，这给伸缩盒模型的使用带来了一定的局限性，因为语法规范版本众多，导致浏览器支持不一致，故伸缩盒模型的使用并不多。

伸缩盒模型的语法规范主要经历了以下几个发展阶段。

（1）2009年07月工作草案（display: box;）。

（2）2011年03月工作草案（display: flexbox;）。

（3）2011年11月工作草案（display: flexbox;）。

（4）2012年03月工作草案（display: flexbox;）。

（5）2012年06月工作草案（display: flex;）。

（6）2012年09月工作草案（display: flex;）。

通过以上伸缩盒模型的发展阶段，可以将其语法规范分为以下3种。

（1）旧版本（2009年版本），使用display: box;或者display: inline-box;。

（2）混合版本（2011年版本），使用display: flexbox;或者display: inline-flexbox;。

（3）最新版本（W3C标准规范版本），使用display: flex;或者display: inline-flex;。

与其他的CSS3属性不同，伸缩盒模型并不仅仅是一个属性，而是一个模块，包括多个CSS3属性，涉及的内容较多，包括整个组属性。在8.2节中将详细向读者介绍伸缩盒模型中各种属性的使用方法。

8.1.4 伸缩盒模型的浏览器兼容性

伸缩盒模型的语法规范标准较多，浏览器对该语法的支持也各有不同，下面对不同语法规范版本的浏览器兼容性做一个对比。

1. 旧版本Flexbox模型的浏览器兼容性

Flexbox模型的旧版本语法规范是最早的伸缩盒模型，各大主流浏览器对其支持情况略有不同，见表8-1。

表8-1　　　　　　　　　　旧版本Flexbox模型的浏览器兼容性

属性	Chrome	Firefox	Opera	Safari	IE
Flexbox	4~20 √	2~21 √	×	3.1~6 √	×

对于旧版本的Flexbox模型，各大浏览器及手持设备都不是完全支持Flexbox模型中的所有属性，而且在使用时都必须添加各浏览器的私有属性前缀。

2. 新版本Flexbox模型的浏览器兼容性

目前所有高版本的主流现代浏览器都能够支持新版本的Flexbox模型，这也为伸缩盒模型布局的应用提供了良好的前景，其兼容性见表8-2。

表8-2　　　　　　　　　　新版本Flexbox模型的浏览器兼容性

属性	Chrome	Firefox	Opera	Safari	IE
Flexbox	21+ √	22+ √	12.1+ √	6.1+ √	11+ √

不过需要注意的是，Webkit核心的浏览器目前还不支持W3C标准属性写法，需要使用私有属性前缀。在手持设备中，到目前为止，仅Opera Mobile 12.1+版本的浏览器支持Flexbox模型最新版本的语法。

提示

混合版Flexbox模型的浏览器兼容性相对来说比较简单，因为一直以来仅IE10浏览器支持这个版本，所以在这里不做过多的讨论。

浏览器适配说明

前面已经介绍了伸缩盒模型的相关语法版本和浏览器兼容性，这里特别需要注意的是，在不同的语法版本中相应的属性名称和属性值也会有所不同，所以在编写CSS样式时需要特别注意。

在后面介绍伸缩盒模型相关属性的过程中，会分别介绍该属性在不同语法版本中的写法及属性值，需要能够掌握W3C标准语法的属性设置方法和属性值，并且也需要了解在旧版本和混合版中的语法设置和属性值，从而更好地适配低版本的浏览器。

▶▶▶ **8.2　Flexbox模型的使用方法**

Flexbox是一种全新的盒子模型，主要优化了UI布局。经过几年的发展，在2012年9月，W3C为Flexbox推出了其新版本的语法。该版本语法不同于前两个Flexbox规范版本中的语法，Flexbox伸缩布局功能只是部分属性的语法，在本节中将向读者详细介绍W3C标准规范的Flexbox伸缩布局模型。

8.2.1　伸缩容器display

如果改变元素的模式，需要使用display属性，如果需要将某个元素设置为伸缩容器，同样需要使用display属性进行声明。

伸缩容器声明的方法很简单，只需要将display属性设置为flex或inline-flex属性值即可。设置伸缩容器的语法格式如下。

```
display: flex | inline-flex;
```

设置伸缩容器的属性值说明见表8-3。

表8-3　　　　　　　　　　　　　设置伸缩容器的属性值说明

属性值	说明
flex	将元素设置为块伸缩容器
inline-flex	将元素设置为内联伸缩容器

将页面中某个元素设置为弹性伸缩容器后，会按照弹性伸缩容器的默认方式来布局该容器中的子元素。表8-4为在不同版本中声明伸缩容器的写法。

表8-4　　　　　　　　　　　　　不同版本中声明伸缩容器

版本	属性名称	块伸缩容器	内联伸缩容器
W3C标准版本	display	flex	inline-flex
混合版本	display	flexbox	inline-flexbox
旧版本	display	box	inline-box

下面以W3C的标准语法进行说明，如下面的HTML代码。

```
......
<style type="text/css">
body,HTML{
    height: 100%;
    margin: 0px;
    padding: 0px;
}
body {
    display: -moz-flex;         /*Gecko核心私有属性写法 */
    display: -webkit-flex;      /*Webkit核心私有属性写法 */
    display: -o-flex;           /*Presto核心私有属性写法 */
    display: flex;              /*W3C标准写法 */
```

```
}
#left {
    width: 33.33%;
    height: 100%;
    background-color: #09F;
    text-align: center;
}
#main {
    width: 33.33%;
    height: 100%;
    background-color: #F90;
    text-align: center;
}
#right {
    width: 33.33%;
    height: 100%;
    background-color: #9C0;
    text-align: center;
}
</style>
......
<div id="left">左侧盒子</div>
<div id="main">中间盒子</div>
<div id="right">右侧盒子</div>
......
```

在以上的代码中，在<body>标签的CSS样式中设置了display
属性为flex，则声明<body>标签为弹性伸缩容器，<body>标
签中所包含的元素将改变原有的布局方式，使用弹性伸缩容器默
认的方式布局。

在IE11浏览器中预览该页面，可以看到在页面中显示了3个
盒子，并且这3个盒子是并列在一行中显示的，如图8-1所示，
而在CSS样式代码中并没有设置任何的浮动或定位属性。

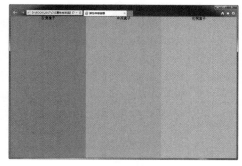

图8-1　启用弹性伸缩容器

8.2.2　伸缩流方向 flex-direction

flex-direction属性适用于伸缩容器，也就是伸缩项目的父元素，主要用于设置伸缩的方向，也就是容器
向什么方向进行伸缩。

flex-direction属性的语法格式如下。

```
flex-direction: row | row-reverse | column | column-reverse;
```

flex-direction属性的属性值说明见表8-5。

表8-5　　　　　　　　　　　　flex-direction属性的属性值说明

属性值	说明
row	该属性值为默认值，在LTR排版方式下从左向右排列；在RTL排版方式下从右向左排列
row-reverse	与row排列方式相反，在LTR排片方式下从右向左排列；在RTL排版方式下从左向右排列
column	类似于row，不过是从上至下排列
column-reverse	类似于row-reverse，不过是从下至上排列

─ 提示 ─

　　不同语言具有不同的书写方式，如中文或者英文都是从左至右进行书写的，这种文本是水平的，从左至右展开，块级方向是从上至下的排版方式称为LTR排版方式。而一些小语种，如阿拉伯语和希伯来语等，书写方向是从右至左的，这种水平的，从右至左展开，块级方向是从上至下的排版方式称为RTL排版方式。

表8-6为伸缩流方向的属性与属性值在不同语法版本中的写法。

表8-6　　　　　　　　　伸缩流方向的属性与属性值在不同语法版本中的写法

版本	属性名称	水平方向	反向水平	垂直方向	反向垂直
W3C标准版本	flex-direction	row	row-reverse	column	column-reverse
混合版本	flex-direction	row	row-reverse	column	column-reverse
旧版本	box-orient	horizontal	horizontal	vertical	vertical
	box-direction	normal	reverse	normal	reverse

下面以W3C的标准语法进行说明，如下面的修改CSS样式代码。

```
body {
    display: -moz-flex;             /*Gecko核心私有属性写法*/
    display: -webkit-flex;         /*Webkit核心私有属性写法*/
    display: -o-flex;              /*Presto核心私有属性写法*/
    display: flex;                 /*W3C标准写法*/
    -moz-flex-direction: row-reverse;      /*Gecko核心私有属性写法*/
    -wbkit-flex-direction: row-reverse;    /*Webkit核心私有属性写法*/
    -o-flex-direction: row-reverse;        /*Presto核心私有属性写法*/
    flex-direction: row-reverse;           /*W3C标准写法*/
}
```

　　在将<body>标签元素设置为弹性伸缩容器的基础上，设置flex-direction属性值为row-reverse属性值，则该弹性伸缩容器中的子元素按从右至左的顺序排列，如图8-2所示。

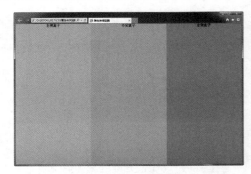

图8-2　伸缩容器中的子元素从右至左排列

如果修改<body>标签CSS样式中的flex-direction属性值为column，则该弹性伸缩容器中的子元素会按照从上至下的顺序进行排列，如图8-3所示。

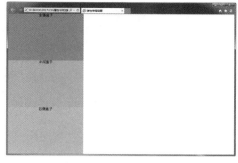

图8-3 伸缩容器中的子元素从上至下排列

8.2.3 伸缩换行 flex-wrap

flex-wrap属性适用于伸缩容器，也就是伸缩项目的父元素，主要用于设置伸缩容器中的子元素是单行还是多行显示。

flex-wrap属性的语法格式如下。

```
flex-wrap: nowrap | wrap | wrap-reverse;
```

flex-wrap属性的属性值说明见表8-7。

表8-7 flex-wrap属性的属性值说明

属性值	说明
nowrap	该属性值为默认值，表示伸缩容器中的子元素单行显示，在LTR排版方式下，子元素从左至右排列在一行中；在RTL排版方式下，子元素从右至左排列在一行中
wrap	表示伸缩容器中的子元素多行显示，该情况下如果伸缩容器中的子元素有溢出，则溢出的部分会被放置在下一行中
wrap-reverse	表示伸缩容器中的子元素多行显示，该情况下如果伸缩容器中的子元素有溢出，则溢出的部分会被放置在上一行中

表8-8为伸缩换行的属性与属性值在不同语法版本中的写法。

表8-8 伸缩换行属性与属性值在不同语法版本中的写法

版本	属性名称	不换行	换行	反转换行
W3C标准版本	flex-wrap	nowrap	wrap	wrap-reverse
混合版本	flex-wrap	nowrap	wrap	wrap-reverse
旧版本	box-lines	single	multiple	N/A

下面以W3C的标准语法进行说明，如下面的HTML代码。

```
……
<style type="text/css">
#box {
    width: 500px;
    height: auto;
    overflow: hidden;
    border: solid 1px #666;
    display: -moz-flex;            /*Gecko核心私有属性写法 */
    display: -webkit-flex;         /*Webkit核心私有属性写法 */
    display: -o-flex;              /*Presto核心私有属性写法 */
    display: flex;                 /*W3C标准写法 */
    -moz-flex-wrap: nowrap;        /*Gecko核心私有属性写法 */
    -webkit-flex-wrap: nowrap;     /*Webkit核心私有属性写法 */
```

```
    -o-flex-wrap: nowrap;        /*Presto核心私有属性写法*/
    flex-wrap: nowrap;           /*W3C标准写法*/
}
.lbox {
    width: 100px;
    height: 100px;
    background-color: #FC0;
    font-size: 60px;
    color: #FFF;
    line-height: 100px;
    text-align: center;
    margin: 5px;
}
</style>
......
<div id="box">
  <div class="lbox">1</div>
  <div class="lbox">2</div>
  <div class="lbox">3</div>
  <div class="lbox">4</div>
  <div class="lbox">5</div>
  <div class="lbox">6</div>
  <div class="lbox">7</div>
</div>
......
```

当设置伸缩盒模型的flex-wrap属性值为nowrap时，会将伸缩盒模型中的所有元素按顺序显示在一行中，必要时会自动压缩各子元素的空间大小，在IE11浏览器中的预览效果如图8-4所示。

如果设置伸缩盒模型的flex-wrap属性值为wrap，在IE11浏览器中预览，可以看到当超出伸缩盒模型的尺寸时会自动将溢出的子元素转到下一行中进行显示，如图8-5所示。

如果设置伸缩盒模型的flex-wrap属性值为wrap-reverse，在IE11浏览器中预览，可以看到当超出伸缩盒模型的尺寸时会自动将溢出的子元素转到上一行中进行显示，如图8-6所示。

图8-4 伸缩容器中的子元素在一行中显示

图8-5 子元素转到下一行中显示

图8-6 子元素转到上一行中显示

8.2.4　伸缩流方向与换行 flex-flow

flex-flow 属性是 flex-direction 属性和 flex-wrap 属性的简写形式，默认值为 row nowrap。
flex-flow 属性的语法格式如下。

```
flex-flow: <flex-direction> || <flex-wrap>;
```

可以使用 flex-flow 属性设置伸缩容器中的子元素在主轴上的对齐方式，默认值为 row，伸缩容器中的子元素沿着主轴在水平方向上排列。如果想让伸缩容器中的子元素沿着侧轴（垂直于主轴）排列，可以将 flex-flow 属性设置为 column。当 row 和 column 属性值添加后缀（-reverse）时，将会对伸缩容器中的子元素进行反向排列。

> **提示**
> 　需要注意的是，flex-flow 属性和 writing-mode 有直接的关系。当使用 writing-mode:vertical-rl; 时，容器中的排版方式转为垂直布局（如传统的中文、日文的排版方式，也就是竖排），flex-flow:row; 将垂直排列伸缩容器中的子元素，而 flex-flow: column; 将水平排列伸缩容器中的子元素。

8.2.5　主轴对齐 justify-content

justify-content 属性用于设置伸缩容器中的子元素沿主轴的对齐方式。当伸缩容器中一行内的所有子元素都不能伸缩或可伸缩但已经达到其最大长度时，这一属性才会对伸缩容器外的空间进行分配。
justify-content 属性的语法格式如下。

```
justify-content: flex-start | flex-end | center | space-between | space-around;
```

justify-content 属性的属性值说明见表8-9。

表8-9　　　　　　　　　　　　　justify-content 属性的属性值说明

属性值	说明
flex-start	该属性值为默认值，表示伸缩容器中的子元素向一行的起始位置对齐
flex-end	表示伸缩容器中的子元素向一行的结束位置对齐
center	表示伸缩容器中的子元素向容器中间位置对齐
space-between	表示伸缩容器中的子元素会平均地公布在容器的行中，第一个子元素显示在一行中的起始位置，最后一个子元素显示在一行中的结束位置，各子元素之间的间距相等
space-around	表示伸缩容器中每个子元素两侧的间距相等。所以，子元素之间的间距比第一个子元素和最后一个子元素与边框的间距要大一倍

表8-10为主轴对齐方式的属性与属性值在不同语法版本中的写法。

表8-10　　　　　　　　　　　主轴对齐方式在不同语法版本中的写法

版本	属性名称	start	center	end	justify	distribute
W3C标准版本	justify-content	flex-start	center	flex-end	space-between	space-around
混合版本	flex-pack	start	center	end	justify	distribute
旧版本	box-pack	start	center	end	justify	N/A

下面以W3C的标准语法进行说明，如下面的HTML代码。

```
……
<style type="text/css">
#box {
    width: 500px;
    height: auto;
    overflow: hidden;
    background-color: #F4F4F4;
    border: solid 1px #999;
    display: -moz-flex;          /*Gecko核心私有属性写法 */
    display: -webkit-flex;       /*Webkit核心私有属性写法 */
    display: -o-flex;            /*Presto核心私有属性写法 */
    display: flex;               /*W3C标准写法 */
    -moz-justify-content: flex-start;        /*Gecko核心私有属性写法 */
    -webkit-justify-content: flex-start;     /*Webkit核心私有属性写法 */
    -o-justify-content: flex-start;          /*Presto核心私有属性写法 */
    justify-content: flex-start;             /*W3C标准写法 */
}
.lbox {
    width: 100px;
    height: 100px;
    background-color: #FC0;
    font-size: 60px;
    color: #FFF;
    line-height: 100px;
    text-align: center;
    margin: 5px;
}
</style>
……
<div id="box">
  <div class="lbox">1</div>
  <div class="lbox">2</div>
  <div class="lbox">3</div>
  <div class="lbox">4</div>
</div>
……
```

当设置伸缩容器的justify-content属性值为flex-start时，伸缩容器中的所有子元素会向起始位置对齐，在IE11浏览器中的预览效果如图8-7所示。

当设置伸缩容器的justify-content属性值为flex-end时，伸缩容器中的所有子元素会向结束位置对齐，在IE11浏览器中的预览效果如图8-8所示。

当设置伸缩容器的justify-content属性值为center时，伸缩容器中的所有子元素会向容器中间靠齐，在IE11浏览器中的预览效果如图8-9所示。

图8-7　子元素向起始位置对齐

图8-8　子元素向结束位置对齐

如果设置伸缩盒模型的justify-content属性值为space-between时，伸缩容器中的所有子元素会在容器中平均分布，在IE11浏览器中的预览效果如图8-10所示。

图8-9　子元素向容器中间对齐

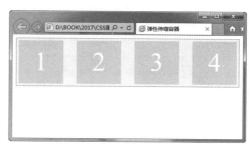

图8-10　子元素在容器中平均分布

当设置伸缩盒模型的justify-content属性值为space-around时，伸缩容器中的子元素两侧的间距相等，在IE11浏览器中的预览效果如图8-11所示。

8.2.6　侧轴对齐align-items和align-self

在伸缩盒模型中，设置伸缩容器中的子元素在侧轴上的对齐方式主要有两种方法，一种是通过align-items属性，主要设置伸缩容器中的子元素行在侧轴上的对齐方式；另一种是使用align-self属性，主要设置伸缩容器中的子元素自身在侧轴上的对齐方式。

图8-11　子元素两侧间距相等

align-items属性与justify-content属性相呼应，align-items属性主要用来设置伸缩容器中的子元素在伸缩容器当前行的侧轴上的对齐方式，可以把它想象成侧轴（垂直于主轴）的justify-content属性。

align-items属性的语法格式如下。

```
align-items: flex-start | flex-end | center | baseline | stretch;
```

align-items属性的属性值说明见表8-11。

表8-11　　　　　　　　　　align-items属性的属性值说明

属性值	说明
flex-start	表示伸缩容器中的子元素向侧轴的起始位置对齐
flex-end	表示伸缩容器中的子元素向侧轴的结束位置对齐

属性值	说明
center	表示伸缩容器中的子元素向侧轴的中间位置对齐
baseline	表示伸缩容器中的子元素以子元素中文字的基线对齐
stretch	该属性值为默认值，表示伸缩容器中的子元素如果未设置高度或设置为auto，则伸缩容器中的子元素将占满整个容器的高度

> **提示**
>
> align-self属性主要用来设置伸缩容器中单独的子元素在侧轴的对齐方式，可以用来覆盖该伸缩容器中align-items属性的设置。align-self属性的属性值与align-items属性的属性值是相同的。

表8-12为侧轴对齐方式的属性与属性值在不同语法版本中的写法。

表8-12 侧轴对齐方式的属性与属性值在不同语法版本中的写法

版本	属性名称	start	center	end	baseline	stretch
W3C标准版本	align-items	flex-start	center	flex-end	baseline	stretch
混合版本	flex-align	start	center	end	baseline	stretch
旧版本	box-align	start	center	end	baseline	stretch

下面以W3C的标准语法进行说明，如下面的HTML代码。

```
......
<style type="text/css">
#box {
    width: 500px;
    height: auto;
    overflow: hidden;
    background-color: #F4F4F4;
    border: solid 1px #999;
    display: -moz-flex;          /*Gecko核心私有属性写法*/
    display: -webkit-flex;       /*Webkit核心私有属性写法*/
    display: -o-flex;            /*Presto核心私有属性写法*/
    display: flex;               /*W3C标准写法*/
    -moz-justify-content:space-around;       /*Gecko核心私有属性写法*/
    -webkit-justify-content:space-around;    /*Webkit核心私有属性写法*/
    -o-justify-content:space-around;         /*Presto核心私有属性写法*/
    justify-content:space-around;            /*W3C标准写法*/
    -moz-align-items: flex-start;            /*Gecko核心私有属性写法*/
    -webkit-align-items: flex-start;         /*Webkit核心私有属性写法*/
    -o-align-items: flex-start;              /*Presto核心私有属性写法*/
    align-items: flex-start;                 /*W3C标准写法*/
}
.lbox1 {
    width: 100px;
```

```
        height: 100px;
        background-color: #FC0;
        font-size: 60px;
        color: #FFF;
        line-height: 100px;
        text-align: center;
        margin: 5px;
    }
    .lbox2 {
        width: 100px;
        height: 200px;
        background-color: #FC0;
        font-size: 80px;
        color: #FFF;
        line-height: 100px;
        text-align: center;
        margin: 5px;
    }
</style>
......
<div id="box">
  <div class="lbox1">1</div>
  <div class="lbox2">2</div>
  <div class="lbox1">3</div>
  <div class="lbox2">4</div>
</div>
......
```

　　当设置伸缩容器的align-items属性值为flex-start时，伸缩容器中的所有子元素会向侧轴的起始位置对齐，在IE11浏览器中的预览效果如图8-12所示。

　　当设置伸缩容器的align-items属性值为flex-end时，伸缩容器中的所有子元素会向侧轴的结束位置对齐，在IE11浏览器中的预览效果如图8-13所示。

图8-12　子元素向侧轴起始位置对齐

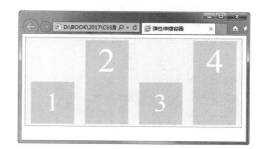

图8-13　子元素向侧轴结束位置对齐

　　当设置伸缩容器的align-items属性值为center时，伸缩容器中的所有子元素会向侧轴的居中位置对齐，在IE11浏览器中的预览效果如图8-14所示。

　　当设置伸缩容器的align-items属性值为baseline时，伸缩容器中的所有子元素以子元素中的文字基线对齐，在IE11浏览器中预览效果如图8-15所示。

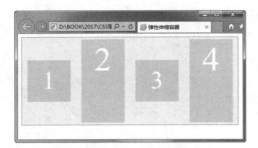

图8-14　子元素向侧轴居中位置对齐

图8-15　以子元素中的文字基线对齐

如果伸缩容器中的子元素的高度为auto或没有设置高度，当设置伸缩容器的align-items属性值为stretch时，伸缩容器中的子元素高度占满整个容器。

修改CSS样式如下。

```
#box {
    width: 500px;
    height: 200px;
    overflow: hidden;
    background-color: #F4F4F4;
    border: solid 1px #999;
    display: -moz-flex;          /*Gecko核心私有属性写法*/
    display: -webkit-flex;       /*Webkit核心私有属性写法*/
    display: -o-flex;            /*Presto核心私有属性写法*/
    display: flex;               /*W3C标准写法*/
    -moz-justify-content:space-around;       /*Gecko核心私有属性写法*/
    -webkit-justify-content:space-around;   /*Webkit核心私有属性写法*/
    -o-justify-content:space-around;         /*Presto核心私有属性写法*/
    justify-content:space-around;            /*W3C标准写法*/
    -moz-align-items: stretch;       /*Gecko核心私有属性写法*/
    -webkit-align-items: stretch;    /*Webkit核心私有属性写法*/
    -o-align-items: stretch;         /*Presto核心私有属性写法*/
    align-items: stretch;            /*W3C标准写法*/
}
.lbox1 {
    width: 100px;
    height: auto;
    background-color: #FC0;
    font-size: 60px;
    color: #FFF;
    line-height: 100px;
    text-align: center;
    margin: 5px;
}
.lbox2 {
```

```
    width: 100px;
    height: auto;
    background-color: #FC0;
    font-size: 80px;
    color: #FFF;
    line-height: 100px;
    text-align: center;
    margin: 5px;
}
```

在IE11浏览器中的预览效果如图8-16所示。

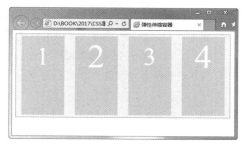

图8-16　子元素高度占满整个伸缩容器

实战　实现元素的水平和垂直居中显示

最终文件：最终文件\第8章\8-2-6.html　　视频：视频\第8章\8-2-6.mp4

01 执行"文件>打开"命令，打开页面"源文件\第8章\8-2-6.html"，可以看到页面的HTML代码，如图8-17所示。在IE11浏览器中预览该页面，可以看到页面的Logo图像默认显示在页面的左上角位置，如图8-18所示。

```
<!doctype html>
<html>
<head>
<meta charset="utf-8">
<title>实现元素的水平和垂直居中显示</title>
<link href="style/8-2-6.css" rel="stylesheet" type=
"text/css">
</head>

<body>
<div id="box">
  <div id="logo"><img src="images/82603.png" width="341"
height="126" alt=""/></div>
</div>
</body>
</html>
```

图8-17　网页HTML代码

图8-18　在IE11浏览器中预览页面效果

02 转换到该网页所链接的外部CSS样式表文件中，可以看到该页面的CSS样式代码，如图8-19所示。在名为#box的CSS样式中添加display属性，设置其属性值为flex，如图8-20所示，将页面中id名称为box的元素设置为伸缩容器。

```
* {
    margin: 0px;
    padding: 0px;
}
html,body {
    height: 100%;
}
body {
    background-image: url(../images/82601.jpg);
    background-repeat: no-repeat;
    background-position: center center;
}
#box {
    width: 100%;
    height: 100%;
    background-image: url(../images/82602.png);
    background-repeat: repeat;
}
#logo {
    width: 341px;
    height: 126px;
}
```

图8-19　CSS样式代码

```
#box {
    width: 100%;
    height: 100%;
    background-image: url(../images/82602.png);
    background-repeat: repeat;
    display: flex;          /*声明为伸缩容器*/
}
```

图8-20　添加display属性设置

技巧

　　通过网页的HTML代码和CSS样式代码可以看出该网站页面应用了两张背景图片，分别定义在<body>标签的CSS样式和id名称为box的CSS样式中，也可以使用前面所讲解过的CSS3新增的多背景图像的方式直接在<body>标签的CSS样式中定义两个背景图像，这样页面中就不需要id名称为box的Div了，页面结构更加简单。但是如果使用CSS3新增的多背景图像，则需要考虑解决浏览器兼容性的问题。而采用目前这种传统的处理方式，能够适配所有主流浏览器。

---

03 接着继续在名为#box的CSS样式中添加justify-content属性和align-items属性，设置这两个属性的属性值均为center，如图8-21所示，将伸缩容器中的子元素在主轴和侧轴方向上均设置为居中对齐。保存外部CSS样式表文件，在IE11浏览器中预览该页面，可以看到页面的Logo图像会在水平和垂直居中的位置显示，如图8-22所示。

```
#box {
    width: 100%;
    height: 100%;
    background-image: url(../images/82602.png);
    background-repeat: repeat;
    display: flex;                  /*声明为伸缩容器*/
    justify-content: center;        /*子元素主轴对齐方式*/
    align-items: center;            /*子元素侧轴对齐方式*/
}
```

图8-21　添加justify-content属性和align-items属性设置　　　　图8-22　在IE11浏览器中预览页面效果

提示

　　通过使用伸缩盒模型的CSS代码设置，可以发现实现元素水平和垂直居中对齐非常简单、直接。而如果不使用伸缩盒模型，使用margin属性只能实现元素的水平居中对齐，如果要实现元素在水平和垂直方向上同时居中对齐，则只能通过绝对定位的方式来实现，需设置的代码较多。

浏览器适配说明

　　（1）首先为了适配不同浏览器，最好能够编写不同核心浏览器的私有属性写法，如图8-23所示。保存外部CSS样式表文件，在Chrome浏览器中预览该页面，可以看到页面的效果，如图8-24所示。

```
#box {
    width: 100%;
    height: 100%;
    background-image: url(../images/82602.png);
    background-repeat: repeat;

    display: -moz-flex;             /*Gecko核心私有属性写法*/
    display: -webkit-flex;          /*Webkit核心私有属性写法*/
    display: -o-flex;               /*Presto核心私有属性写法*/
    display: flex;                  /*声明为伸缩容器*/

    -moz-justify-content: center;      /*Gecko核心私有属性写法*/
    -webkit-justify-content: center;   /*Webkit核心私有属性写法*/
    -o-justify-content: center;        /*Presto核心私有属性写法*/
    justify-content: center;           /*子元素主轴对齐方式*/

    -moz-align-items: center;          /*Gecko核心私有属性写法*/
    -webkit-align-items: center;       /*Webkit核心私有属性写法*/
    -o-align-items: center;            /*Presto核心私有属性写法*/
    align-items: center;               /*子元素侧轴对齐方式*/
}
```

图8-23　添加不同核心浏览器私有属性写法　　　　图8-24　在Chrome浏览器中预览页面效果

提示

　　许多低版本的浏览器支持的是旧版本的伸缩盒模型语法，如果希望能够更好地适配低版本的浏览器，最好也能够在CSS样式中加入旧版本伸缩盒模型的写法。除IE以外的其他主流浏览器的更新速度很快，并且大多数都具有自动升级的功能，所以如果用户使用的是IE以外的其他主流浏览器，通常都是最新版本的，因此在这里就不再添加旧版本伸缩盒模型的写法了。

　　（2）接下来重点解决IE11以下版本IE浏览器的适配。IE10支持的是混合版的伸缩盒模型语法，所以这里需要添加混合版伸缩盒模型写法的设置代码，如图8-25所示。保存外部CSS样式表文件，在IE10浏览器中预览该页面，可以看到页面的效果，如图8-26所示。

```
#box {
    width: 100%;
    height: 100%;
    background-image: url(../images/82602.png);
    background-repeat: repeat;

    display: -moz-flex;           /*Gecko核心私有属性写法*/
    display: -webkit-flex;        /*Webkit核心私有属性写法*/
    display: -o-flex;             /*Presto核心私有属性写法*/
    display: -ms-flexbox;         /* 混合版本语法，适用于IE 10 */
    display: flex;                /*声明为伸缩容器*/

    -moz-justify-content: center;    /*Gecko核心私有属性写法*/
    -webkit-justify-content: center; /*Webkit核心私有属性写法*/
    -o-justify-content: center;      /*Presto核心私有属性写法*/
    -ms-flex-pack: center;           /* 适用于IE 10 */
    justify-content: center;         /*子元素主轴对齐方式*/

    -moz-align-items: center;    /*Gecko核心私有属性写法*/
    -webkit-align-items: center; /*Webkit核心私有属性写法*/
    -o-align-items: center;      /*Presto核心私有属性写法*/
    -ms-flex-align: center;      /* 适用于IE 10 */
    align-items: center;         /*子元素侧轴对齐方式*/
}
```

图8-25　添加IE10的混合版伸缩盒模型写法

图8-26　在IE10浏览器中预览页面效果

　　（3）在IE9及其以下版本的IE浏览器中，无论是旧版、混合版，还是新版的伸缩盒模型语法都不支持，使用IE9浏览器进行预览时，页面显示效果如图8-27所示。这时就需要使用传统的方法，在页面头部<head>与</head>标签之间添加IE条件注释语句，如图8-28所示。

图8-27　在IE9浏览器中预览页面效果

```
<head>
<meta charset="utf-8">
<title>实现元素的水平和垂直居中显示</title>
<link href="style/8-2-6.css" rel="stylesheet" type="text/css">
<!--[if lte IE 9]>
<link href="style/8-2-6old.css" rel="stylesheet" type="text/css">
<![endif]-->
</head>
```

图8-28　添加IE条件注释语句

　　（4）创建名为8-2-6old.css文件，在该外部CSS样式表中创建名称为#logo的CSS样式，在该CSS样式中使用传统的方式实现元素的水平和垂直居中对齐，如图8-29所示。在IE9浏览器中预览该页面，可以看到页面的效果，如图8-30所示。

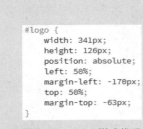

图8-29 CSS样式代码

图8-30 在IE9浏览器中预览页面效果

> **提示**
>
> 伸缩盒模型的语法版本较多，不同版本的浏览器所支持的语法版本不一，这就导致了伸缩盒模型浏览器兼容性的复杂性，特别是在IE浏览器中更加麻烦。在使有过程中需要清楚地了解不同浏览器对伸缩盒模型的支持情况，并能够正确使用不同语法版本的设置方法。

8.2.7 堆栈伸缩行 align-content

align-content属性会更改flex-wrap的行为，它与align-items相似，但不是对齐伸缩容器中的子元素，而是对齐伸缩容器中的伸缩行。当伸缩容器的侧轴还有额外空间时，align-content属性可以用来调整伸缩行在伸缩容器中的对齐方式。

align-content属性的语法规则如下。

```
align-content: flex-start|flex-end|center|space-between|space-around|stretch;
```

align-content属性的属性值说明见表8-13。

表8-13 align-content属性的属性值说明

属性值	说明
flex-start	表示伸缩容器中各伸缩行向起始位置对齐
flex-end	表示伸缩容器中各伸缩行向结束位置对齐
center	表示伸缩容器中各伸缩行向中间位置对齐
space-between	表示伸缩容器中各伸缩行在容器中平均分布
space-around	表示伸缩容器中的各伸缩行两侧的间距相等，所以，伸缩行与伸缩行之间的间距比伸缩行与容器边框的间距大一倍
stretch	该属性值为默认值，表示伸缩容器中的各伸缩行将会扩展以占满整个容器空间

> **提示**
>
> 只有当设置伸缩容器的flex-wrap属性值为wrap，并且伸缩器并没有足够的水平空间将所有子元素放置在同一行中时，align-center属性的设置才会生效。也就是说，align-center属性将对伸缩容器中的每一行起作用而不是对每个子元素。

表8-14为堆栈伸缩行的属性与属性值在不同语法版本中的写法。

表8-14 　　　　　堆栈伸缩行的属性与属性值在不同语法版本中的写法

版本	属性名称	start	center	end	justify	distribute	stretch
W3C标准版本	align-content	flex-start	center	flex-end	space-between	space-around	stretch
混合版本	flex-line-pack	start	center	end	justify	distribute	stretch
旧版本	N/A						

下面以W3C的标准语法进行说明，如下面的HTML代码。

```
……
<style type="text/css">
#box {
    width: 500px;
    height: 300px;
    overflow: hidden;
    background-color: #F4F4F4;
    border: solid 1px #999;
    display: -moz-flex;          /*Gecko核心私有属性写法*/
    display: -webkit-flex;       /*Webkit核心私有属性写法*/
    display: -o-flex;            /*Presto核心私有属性写法*/
    display: flex;               /*W3C标准写法*/
    -moz-flex-wrap: wrap;            /*Gecko核心私有属性写法*/
    -webkit-flex-wrap: wrap;         /*Webkit核心私有属性写法*/
    -o-flex-wrap: wrap;              /*Presto核心私有属性写法*/
    flex-wrap: wrap;                 /*W3C标准写法*/
    -moz-align-content: flex-start;      /*Gecko核心私有属性写法*/
    -webkit-align-content: flex-start;  /*Webkit核心私有属性写法*/
    -o-align-content: flex-start;       /*Presto核心私有属性写法*/
    align-content: flex-start;          /*W3C标准写法*/
}
.lbox {
    width: 100px;
    height: 100px;
    background-color: #FC0;
    font-size: 60px;
    color: #FFF;
    line-height: 100px;
    text-align: center;
    margin: 5px;
}
</style>
……
<div id="box">
  <div class="lbox">1</div>
```

```
    <div class="lbox">2</div>
    <div class="lbox">3</div>
    <div class="lbox">4</div>
    <div class="lbox">5</div>
    <div class="lbox">6</div>
</div>
......
```

当设置伸缩容器的align-content属性值为flex-start时，伸缩容器中的伸缩行会向起始位置对齐，在IE11浏览器中的预览效果如图8-31所示。

当设置align-content属性值为flex-end时，伸缩容器中的伸缩行会向结束位置对齐，在IE11浏览器中的预览效果如图8-32所示。

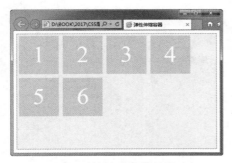

图8-31　伸缩行向起始位置对齐

图8-32　伸缩行向结束位置对齐

当设置align-content属性值为center时，伸缩容器中的伸缩行会向中间位置靠齐，在IE11浏览器中的预览效果如图8-33所示。

当设置align-content属性值为space-between时，伸缩容器中的各伸缩行在容器中会平均分布，在IE11浏览器中的预览效果如图8-34所示。

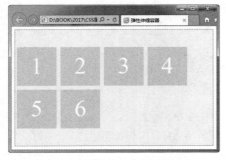

图8-33　伸缩行向中间位置对齐

图8-34　各伸缩行在容器中平均分布

当设置align-content属性值为space-around时，伸缩容器中的伸缩行两侧的间距相等，在IE11浏览器中的预览效果如图8-35所示。

当设置align-content属性值为stretch时，伸缩容器中的各伸缩行将会自动扩展以占满整个容器空间（注意，这种情况需要子元素的height属性为auto或未设置），在IE11浏览器中的预览效果如图8-36所示。

图8-35　伸缩行两侧间距相等

图8-36　各伸缩行自动扩展以占满容器空间

8.2.8　伸缩容器中子元素属性设置详解

在CSS3新增的伸缩布局盒模型中，除了可以在伸缩容器中对相关的属性进行设置外，还可以为伸缩容器中的子元素进行属性的设置，从而实现子元素显示顺序的调整、子元素放大或缩小比例的设置等。

1. order属性——设置子元素显示顺序

在默认状态下，元素是按照文档流的结构顺序进行排列的。在伸缩盒模型中，可以通过为子元素应用order属性来改变该子元素在伸缩容器中的顺序。

order属性的语法格式如下。

```
order: <number>;
```

order属性的属性值默认为0，可以取负数也可以取正数，数值越小，排列越靠前。

表8-15为设置子元素显示顺序的属性与属性值在不同语法版本中的写法。

表8-15　　　　　设置子元素显示顺序的属性与属性值在不同语法版本中的写法

版本	属性名称	属性值
W3C标准版本	order	<number>
混合版本	flex-order	<number>
旧版本	box-ordinal-group	<integer>

下面以W3C的标准语法进行说明，如下面的HTML代码。

```
……
<style type="text/css">
#box {
    width: 500px;
    height: auto;
    overflow: hidden;
    background-color: #F4F4F4;
    border: solid 1px #999;
    display: -moz-flex;        /*Gecko核心私有属性写法 */
    display: -webkit-flex;     /*Webkit核心私有属性写法 */
    display: -o-flex;          /*Presto核心私有属性写法 */
    display: flex;             /*W3C标准写法 */
```

```
}
.lbox {
    width: 100px;
    height: 100px;
    background-color: #FC0;
    font-size: 60px;
    color: #FFF;
    line-height: 100px;
    text-align: center;
    margin: 5px;
}
.lbox2 {
    width: 100px;
    height: 100px;
    background-color: #FC0;
    font-size: 60px;
    color: #FFF;
    line-height: 100px;
    text-align: center;
    margin: 5px;
    -moz-order: -1;          /*Gecko核心私有属性写法 */
    -webkit-order: -1;       /*Webkit核心私有属性写法 */
    -o-order: -1;            /*Presto核心私有属性写法 */
    order: -1;               /*W3C标准写法 */
}
</style>
......
<div id="box">
  <div class="lbox">1</div>
  <div class="lbox">2</div>
  <div class="lbox">3</div>
  <div class="lbox2">4</div>
</div>
......
```

在IE11浏览器中预览页面，可以发现伸缩容器中的第四个子元素会排列在其他3个子元素之前，效果如图8-37所示。

2. flex-grow属性——设置子元素放大比例

flex-grow属性用于设置伸缩容器中子元素的放大比例。该属性的默认值为0，表示即使伸缩容器中存在剩余空间，子元素也不放大。

flex-grow属性的语法格式如下。

图8-37　设置子元素显示顺序效果

```
flex-grow: <number>;
```

如果伸缩容器中所有子元素的flex-grow属性都设置为1，表示所有子元素都设置为一个大小相等的剩余空间。如果为其中一个子元素设置flex-grow属性值为2，则这个子元素所占的剩余空间是其他子元素所占剩余空间的2倍。

如下面的HTML代码。

```
......
<style type="text/css">
#box {
    width: 500px;
    height: auto;
    overflow: hidden;
    background-color: #F4F4F4;
    border: solid 1px #999;
    display: -moz-flex;         /*Gecko核心私有属性写法*/
    display: -webkit-flex;      /*Webkit核心私有属性写法*/
    display: -o-flex;           /*Presto核心私有属性写法*/
    display: flex;              /*W3C标准写法*/
}
.lbox {
    width: 100px;
    height: 100px;
    background-color: #FC0;
    font-size: 60px;
    color: #FFF;
    line-height: 100px;
    text-align: center;
    margin: 5px;
    -moz-flex-grow: 1;          /*Gecko核心私有属性写法*/
    -webkit-flex-grow: 1;       /*Webkit核心私有属性写法*/
    -o-flex-grow: 1;            /*Presto核心私有属性写法*/
    flex-grow: 1;               /*W3C标准写法*/
}
.lbox2 {
    width: 100px;
    height: 100px;
    background-color: #FC0;
    font-size: 60px;
    color: #FFF;
    line-height: 100px;
    text-align: center;
    margin: 5px;
    -moz-flex-grow: 2;          /*Gecko核心私有属性写法*/
    -webkit-flex-grow: 2;       /*Webkit核心私有属性写法*/
    -o-flex-grow: 2;            /*Presto核心私有属性写法*/
    flex-grow: 2;               /*W3C标准写法*/
```

```
}
</style>
......
<div id="box">
  <div class="lbox">1</div>
  <div class="lbox2">2</div>
  <div class="lbox">3</div>
</div>
......
```

在IE11浏览器中预览页面，可以发现伸缩容器中的第二个子元素所占的剩余空间是其他两个子元素的2倍，效果如图8-38所示。

图8-38　应用flex-grow属性设置效果

3. flex-shrink属性——设置子元素缩小比例

flex-shrink属性用于设置伸缩容器中子元素的缩小比例。该属性的默认值为1，表示如果伸缩容器中的空间不足，子元素将会缩小。

flex-shrink属性的语法格式如下。

```
flex-shrink: <number>;
```

如果伸缩容器中所有子元素的flex-shrink属性值都为1，当容器空间不足时，容器中的所有子元素都将等比例缩小。如果某一个子元素的flex-shrink属性值为0，其他子元素的flex-shrink属性值为1，则当容器空间不足时，前者不缩小，而其他子元素会缩小。flex-shrink属性不可以取负值。

如下面的HTML代码。

```
<title>弹性伸缩容器</title>
......
#box {
    width: 500px;
    height: auto;
    overflow: hidden;
    background-color: #F4F4F4;
    border: solid 1px #999;
    display: -moz-flex;        /*Gecko核心私有属性写法 */
    display: -webkit-flex;     /*Webkit核心私有属性写法 */
    display: -o-flex;          /*Presto核心私有属性写法 */
    display: flex;             /*W3C标准写法 */
}
.lbox {
    width: 250px;
    height: 100px;
    background-color: #FC0;
    font-size: 60px;
    color: #FFF;
    line-height: 100px;
    text-align: center;
```

```
    margin: 5px;
    -moz-flex-shrink: 1;              /*Gecko核心私有属性写法*/
    -webkit-flex-shrink: 1;          /*Webkit核心私有属性写法*/
    -o-flex-shrink: 1;               /*Presto核心私有属性写法*/
    flex-shrink: 1;                  /*W3C标准写法*/
}
.lbox2 {
    width: 250px;
    height: 100px;
    background-color: #FC0;
    font-size: 60px;
    color: #FFF;
    line-height: 100px;
    text-align: center;
    margin: 5px;
    -moz-flex-shrink: 0;             /*Gecko核心私有属性写法*/
    -webkit-flex-shrink: 0;          /*Webkit核心私有属性写法*/
    -o-flex-shrink: 0;               /*Presto核心私有属性写法*/
    flex-shrink: 0;                  /*W3C标准写法*/
}
</style>
...
<div id="box">
  <div class="lbox">1</div>
  <div class="lbox">2</div>
  <div class="lbox2">3</div>
</div>
......
```

在IE11浏览器中预览页面，可以发现伸缩容器中的第三个子元素将保持原有尺寸大小，而其他两个子元素将会缩小，效果如图8-39所示。

4. flex-basis属性——设置子元素的伸缩基准值

flex-basis属性用于设置伸缩容器中子元素的伸缩基准值，也就是在分配容器的剩余空间之前，子元素所占据的剩余空间，浏览器会根据该属性计算容器主轴是否有剩余空间。

flex-basis属性的语法格式如下。

图8-39 应用flex-shrink属性设置效果

```
flex-basis: auto | <length>;
```

flex-basis属性的默认值为auto，表示子元素显示为自身的大小。

5. flex属性——设置子元素缩放比例

flex属性是flex-grow、flex-shrink和flex-basis这3个属性合并在一起的简写方式。

flex属性的语法格式如下。

```
flex: none | [ <'flex-grow'> <'flex-shrink'>? || <'flex-basis'> ] ;
```

flex属性的默认属性值为0 1 auto，其中flex-shrink和flex-basis属性为可选。flex属性有两个快捷值，当设置flex属性值为auto时，相当于flex: 1 1 auto;；当设置flex属性值为none时，相当于flex: 0 0 auto;。

表8-16为设置子元素缩放比例的属性与属性值在不同语法版本中的写法。

表8-16 设置子元素缩放比例的属性与属性值在不同语法版本中的写法

版本	属性名称	属性值
W3C标准版本	flex	none | [<flex-grow> <flex-shrink>? || <flex-basis>]
混合版本	flex	none | [<pos-flex> <neg-flex>? || <preferred-size>]
旧版本	box-flex	<number>

实战 使用伸缩盒模型制作多列布局页面

最终文件：最终文件\第8章\8-2-8.html　　视频：视频\第8章\8-2-8.mp4

01 执行"文件>打开"命令，打开页面"源文件\第8章\8-2-8.html"，可以看到页面的HTML代码，如图8-40所示。转换到该网页所链接的外部CSS样式表文件中，可以看到当前所设置的CSS样式代码，如图8-41所示。

```
<body>
<div id="box">
    <div id="box1">
        Chilled<br>
        <img src="images/82806.png" width="298" height="448" alt=""/>
    </div>
    <div id="box2">
        Originali<br>
        <img src="images/82807.png" width="297" height="470" alt=""/>
    </div>
    <div id="box3">
        Auksine<br>
        <img src="images/82808.png" width="298" height="472" alt=""/>
    </div>
    <div id="box4">
        Diamond<br>
        <img src="images/82809.png" width="296" height="470" alt=""/>
    </div>
</div>
</body>
```

```
* {
    margin: 0px;
    padding: 0px;
}
body,html {
    height: 100%;
}
body {
    font-family: 微软雅黑;
    font-size: 14px;
    color: #FFF;
    background-color: #000;
    background-image: url(../images/82801.png);
    background-repeat: no-repeat;
    background-position: center bottom;
    background-size: cover;
}
#box {
    width: 100%;
    height: 100%;
    overflow:hidden;
}
```

图8-40　网页HTML代码　　　　　　　　图8-41　CSS样式代码

02 在IE11浏览器中预览该页面，可以看到页面默认的显示效果，如图8-42所示。转换到外部CSS样式表文件中，在名为#box的CSS样式中添加display属性，设置其属性值为flex，如图8-43所示，将页面中id名称为box的元素设置为伸缩容器。

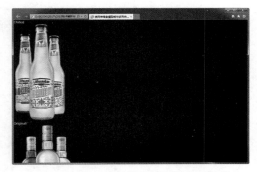

图8-42　在IE11浏览器中预览页面效果

```
#box {
    width: 100%;
    height: 100%;
    overflow:hidden;
    /*声明为伸缩容器*/
    display: flex;     /*W3C标准写法*/
}
```

图8-43　添加display属性设置代码

提示

　　Div元素在HTML页面中属于块级元素，默认占据整行空间。在这里首先需要将id名称为box的Div元素创建为伸缩容器，则该Div中包含的id名称为box1、box2、box3和box4的Div就成为了box这个伸缩容器的子元素。

---

03 继续在该CSS样式中添加align-items属性，设置其属性值为stretch，如图8-44所示，伸缩容器中的子元素占满整个容器高度。保存外部CSS样式表文件，在IE11浏览器中预览页面，可以看到id名称为box的Div中的子元素显示在一行中，如图8-45所示。

```css
#box {
    width: 100%;
    height: 100%;
    overflow:hidden;
    /*声明为伸缩容器*/
    display: flex;   /*W3C标准写法*/

    /*设置伸缩容器中的子元素占满整个容器高度*/
    align-items: stretch;        /*W3C标准写法*/
}
```

图8-44　添加align-items属性设置代码

图8-45　在IE11浏览器中预览页面效果

提示

　　伸缩容器中子元素的高度如果在没有设置或者设置为auto的情况下，默认为内容的高度。在这里希望伸缩容器中的子元素高度能够占满整个伸缩容器空间，因为后面需要为每个子元素设置不同的背景，这时就可以在伸缩容器中添加align-items属性，设置其属性值为stretch。这样该伸缩容器中所有的子元素的高度都会占满整个伸缩容器空间。

---

04 转换到外部CSS样式表文件中，创建名为#box1和#box1 img的CSS样式，如图8-46所示，对伸缩容器中第一个子元素效果进行设置。保存外部CSS样式表文件，在IE11浏览器中预览页面，可以看到伸缩容器中第一个子元素的效果，如图8-47所示。

```css
#box1 {
    background-image: url(../images/82802.png);
    background-repeat: no-repeat;
    background-position: top center;
    text-align: center;
    font-size: 36px;
    color: #43b416;
    padding-top: 150px;
}
#box1 img {
    width: 80%;
    height: auto;
    margin-top: 40px;
}
```

图8-46　CSS样式代码

图8-47　在IE11浏览器中预览页面效果

05 转换到外部CSS样式表文件中，创建伸缩容器中其他3个子元素的CSS样式，如图8-48所示。

06 保存外部CSS样式表文件，在IE11浏览器中预览页面，可以看到伸缩容器中4个子元素的效果，如图8-49所示。但是当放大浏览器窗口时，发现4个子元素并没有占满整个浏览器窗口，如图8-50所示。

```
#box2 {                                      #box3 {                                      #box4 {
    background-image: url(../images/82803.png);   background-image: url(../images/82804.png);   background-image: url(../images/82805.png);
    background-repeat: no-repeat;                 background-repeat: no-repeat;                 background-repeat: no-repeat;
    background-position: top center;              background-position: top center;              background-position: top center;
    text-align: center;                           text-align: center;                           text-align: center;
    font-size: 36px;                              font-size: 36px;                              font-size: 36px;
    color: #ca0b13;                               color: #e09800;                               padding-top: 150px;
    padding-top: 150px;                           padding-top: 150px;                        }
}                                            }                                            #box4 img {
#box2 img {                                  #box3 img {                                      width: 80%;
    width: 80%;                                   width: 80%;                                   height: auto;
    height: auto;                                 height: auto;                                 margin-top: 40px;
    margin-top: 40px;                             margin-top: 40px;                         }
}                                            }
```

图8-48 CSS样式代码

图8-49 在IE11浏览器中预览页面效果

图8-50 浏览器窗口放大效果

07 转换到外部CSS样式表文件中，在每个子元素的CSS样式设置中添加flex-grow属性，设置其属性值为1，如图8-51所示。

```
#box1 {                                          #box2 {
    background-image: url(../images/82802.png);      background-image: url(../images/82803.png);
    background-repeat: no-repeat;                     background-repeat: no-repeat;
    background-position: top center;                  background-position: top center;
    text-align: center;                               text-align: center;
    font-size: 36px;                                  font-size: 36px;
    color: #43b416;                                   color: #ca0b13;
    padding-top: 150px;                               padding-top: 150px;
    /*设置子元素放大比例*/                              /*设置子元素放大比例*/
    flex-grow: 1; /*W3C标准写法*/                      flex-grow: 1; /*W3C标准写法*/
}                                                }

#box3 {                                          #box4 {
    background-image: url(../images/82804.png);      background-image: url(../images/82805.png);
    background-repeat: no-repeat;                     background-repeat: no-repeat;
    background-position: top center;                  background-position: top center;
    text-align: center;                               text-align: center;
    font-size: 36px;                                  font-size: 36px;
    color: #e09800;                                   color: #e09800;
    padding-top: 150px;                               padding-top: 150px;
    /*设置子元素放大比例*/                              /*设置子元素放大比例*/
    flex-grow: 1; /*W3C标准写法*/                      flex-grow: 1; /*W3C标准写法*/
}                                                }
```

图8-51 添加flex-grow属性设置代码

> **提示**
>
> 因为这里伸缩容器的宽度为100%，也就是与浏览器窗口的宽度一致。而伸缩容器中子元素的宽度并没有进行设置，所以元素的宽度保持其内容的大小，当浏览器窗口放大时，伸缩容器中存在剩余空间，子元素也不放大。为伸缩容器中的4个子元素分别添加flex-grow属性，并都设置为相同的数值，则当伸缩容器中存在剩余空间时，所有子元素都平均扩大且填满伸缩容器的剩余空间。

08 保存外部CSS样式表文件，在IE11浏览器中预览页面，无论如何调整浏览器窗口大小，子元素都会占满整个伸缩容器，如图8-52所示。

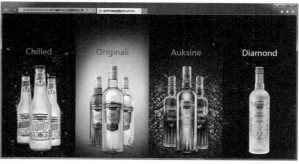

图8-52　子元素始终占满整个伸缩容器

09 返回到网页HTML代码中，在id名为box的Div之后添加相应的页面代码，如图8-53所示。转换到外部CSS样式表文件中，创建名为#logo的CSS样式，如图8-54所示。

```html
<div id="logo">
  <img src="images/82810.png" width="156" height="53"  alt=""/>
</div>
<div id="menu">
  <ul>
    <li>新品上市</li>
    <li>热销经典</li>
    <li>销售网络</li>
  </ul>
</div>
</body>
```

图8-53　编写HTML页面代码

```css
#logo {
    position: absolute;
    width: 156px;
    height: 53px;
    left: 5%;
    top: 50px;
}
```

图8-54　CSS样式代码

10 继续在外部CSS样式表文件中创建名为#menu和#menu li的CSS样式，如图8-55所示。保存外部CSS样式表文件和HTML页面，在IE11浏览器中预览页面，可以看到通过绝对定位方式设置的网页Logo和导航菜单效果，如图8-56所示。

```css
#menu {
    position: absolute;
    width: 360px;
    height: 50px;
    right: 5%;
    top: 50px;
}
#menu li {
    list-style-type: none;
    float: left;
    width: 120px;
    text-align: center;
    font-size: 16px;
    line-height: 50px;
}
```

图8-55　CSS样式代码

图8-56　在IE11浏览器中预览页面效果

浏览器适配说明

（1）接下来就需要处理伸缩容器的相关浏览器适配问题。首先在名为#box的CSS样式中为伸缩容器的相关属性设置添加旧版本语法和混合版本语法，从而适配低版本的浏览器和IE10浏览器，如图8-57所示。

（2）因为伸缩容器的4个子元素的CSS样式中同样应用了伸缩容器的相关属性设置，所以同样需要添加旧版本语法和混合版本语法，从而适配低版本的浏览器和IE10浏览器，如图8-58所示。注意，这里#box1、#box2、#box3和#box4都需要添加不同版本写法。

```
#box {
    width: 100%;
    height: 100%;
    overflow:hidden;
    /*旧版本，声明为伸缩容器*/
    display: -moz-flex;          /*Gecko核心私有属性写法*/
    display: -webkit-flex;       /*Webkit核心私有属性写法*/
    display: -o-flex;            /*Presto核心私有属性写法*/
    /*混合版本，适配IE10*/
    display: -ms-flexbox;
    /*声明为伸缩容器*/
    display: flex;    /*W3C标准写法*/

    /*旧版本，子元素占满整个容器高度*/
    -moz-align-items: stretch;     /*Gecko核心私有属性写法*/
    -webkit-align-items: stretch;  /*Webkit核心私有属性写法*/
    -o-align-items: stretch;       /*Presto核心私有属性写法*/
    /*混合版本，子元素占满整个容器高度*/
    -ms-flex-align: stretch;       /*适配IE 10*/
    /*设置伸缩容器中的子元素占满整个容器高度*/
    align-items: stretch;          /*W3C标准写法*/
}
```

图8-57　添加不同版本写法

```
#box1 {
    background-image: url(../images/82802.png);
    background-repeat: no-repeat;
    background-position: top center;
    text-align: center;
    font-size: 36px;
    color: #43b416;
    padding-top: 150px;
    /*设置子元素放大比例*/
    -moz-box-flex: 1;
    -webkit-box-flex: 1;
    -ms-flex: 1;  /*IE 10*/
    -webkit-flex: 1;
    flex-grow: 1; /*W3C标准写法*/
}
```

图8-58　添加不同版本写法

（3）添加完旧版本和混合版本语法后，该页面基本上能够适配大多数的主流浏览器。在Chrome浏览器中预览页面，效果如图8-59所示。在IE10浏览器中预览页面，效果如图8-60所示。

图8-59　在Chrome浏览器中预览页面效果

图8-60　在IE10浏览器中预览页面效果

（4）但是IE9及其以下版本的IE浏览器依然无法正常显示伸缩容器的效果。使用IE9浏览器预览该页面的效果如图8-61所示。这时就需要使用传统的方法，在页面头部\<head\>与\</head\>标签之间添加IE条件注释语句，如图8-62所示。

（5）创建名为8-2-8old.css文件，在该外部CSS样式表中创建名称为#box1、#box2、#box3和#box4的CSS样式，使用绝对定位的方式来实现多列的布局效果，如图8-63所示。

（6）保存CSS样式表文件，在IE9浏览器中预览该页面，页面效果如图8-64所示。

图8-61　在IE9浏览器中预览页面效果

```
<head>
<meta charset="utf-8">
<title>使用伸缩盒模型制作多列布局页面</title>
<link href="style/8-2-8.css" rel="stylesheet" type="text/css">
<!--[if lte IE 9]>
<link href="style/8-2-8old.css" rel="stylesheet" type="text/css">
<![endif]-->
</head>
```

图8-62　添加IE条件注释语句

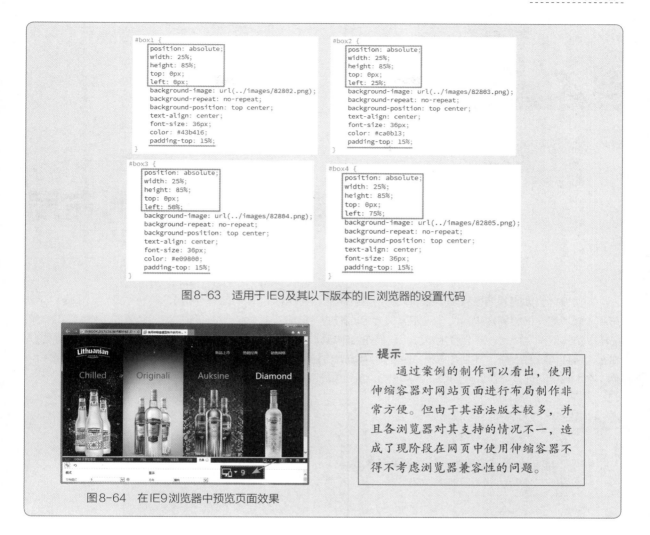

图8-63 适用于IE9及其以下版本的IE浏览器的设置代码

图8-64 在IE9浏览器中预览页面效果

> **提示**
>
> 　　通过案例的制作可以看出，使用伸缩容器对网站页面进行布局制作非常方便。但由于其语法版本较多，并且各浏览器对其支持的情况不一，造成了现阶段在网页中使用伸缩容器不得不考虑浏览器兼容性的问题。

▶▶▶ 8.3 　本章小结

　　本章向读者介绍了CSS3中新增的伸缩布局盒模型的相关属性和功能，比起CSS2中的传统W3C标准盒模型布局技术，伸缩盒模型所创建的布局在处理对齐和间距等问题上都具有更加强大的功能。但需要注意的是，伸缩布局盒模型的发展经历了较多的语法版本，这也就导致现阶段在使用伸缩布局盒模型时不得不考虑浏览器兼容性的问题。学习完本章的内容后，读者要掌握伸缩布局盒模型中相关属性的使用规则和方法，能够使用伸缩布局盒模型对页面进行布局制作。

第9章

轻松实现多列布局

网页设计者如果想要设计多列布局，可用的传统方法有两种，一种是浮动布局，另一种是定位布局。浮动布局比较灵活，但容易发生错位，需要添加大量的附加代码或无用的换行符，增加了不必要的工作量。定位布局可以精确地确定位置，不会发生错位，但是无法满足模块的适应能力。但是如果页面容器中的内容是动态的，那么这两种传统方法都会有很大问题。在CSS3中新增了多列布局的功能，能够轻松实现网页内容的多列布局效果。在本章中将向读者详细介绍CSS3中新增的多列布局的相关属性及使用方法。

本章知识点：

- 了解CSS3多列布局
- 掌握columns属性的使用方法及浏览器兼容性
- 掌握多列布局的相关属性的使用方法

▶▶▶ 9.1 CSS3 多列布局简介

在CSS3中新增了多列布局的功能，可以让浏览器确定何时结束一列或开始下一列，无需任何额外的标记。简单来说，就是CSS3多列布局功能可以自动将内容按指定的列数进行排列，通过多列布局功能实现的效果和报纸、杂志的排版类似。

9.1.1 了解CSS3多列布局相关属性

CSS3多列布局功能所包含的核心属性见表9-1，在正式学习各种多列布局属性的使用方法之前，先简单了解下这些属性。

表9-1   CSS3多列布局的核心属性说明

属性	说明
columns	该属性是一个复合属性，集成了column-width和column-count两个属性，用于设置网页元素的多列布局效果
column-width	该属性用于设置分列布局中每一列的宽度

属性	说明
column-count	该属性用于设置元素分列的列数
column-gap	该属性用于设置分列布局中列与列之间的间距
column-rule	该属性用于设置分列布局中列与列之间的分隔线效果
column-span	该属性用于设置多列布局中子元素跨列效果
column-fill	该属性用于设置多列布局中每列的高度

9.1.2 break-before、break-after和break-inside属性

CSS3的多列布局属性中还有3个属性可以供开发人员用于定义分列符应该出现的位置。break-before、break-after和break-inside属性分别用于定义分列符应该出现在指定的元素之前、之后还是内部，这3个属性能够接受有限数量的关键字作为属性值，它们的功能和用法与CSS2规范中的page-break-before、page-break-after和page-break-inside这3个属性相同。

在CSS2规范中page-break-before、page-break-after和page-break-inside这3个属性拥有auto、always、avoid、left和right等属性值，这些属性值同样可以用于break-before、break-after和break-inside属性中，而且在CSS3中还为这3个属性增加了page、column、avoid-page和avoid-column这4个属性值。

break-before、break-after和break-inside属性的语法格式如下。

```
break-before: auto|always|avoid|left|right|page|column|avoid-page|avoid-column;
break-after: auto|always|avoid|left|right|page|column|avoid-page|avoid-column;
break-inside: auto|always|avoid|left|right|page|column|avoid-page|avoid-column;
```

这3个属性的属性值说明见表9-2。

表9-2   break-before、break-after和break-inside属性的属性值说明

属性值	说明
auto	该属性值表示不强迫也不禁止在生成框之前（之后、之间）分页
always	该属性值表示总是强迫在生成框之前（之后）分页
avoid	该属性值表示避免在生成框之前（之后、之间）分页
left	该属性值表示强迫在生成框之前（之后）分一个或两个页，使下一页成为一个左页
right	该属性值表示强迫在生成框之前（之后）分一个或两个页，使下一页成为一个右页
page	该属性值表示总是强迫在生成框之前（之后）分页
column	该属性值表示总是强迫在生成框之前（之后）分列
avoid-page	该属性值表示总是避免在生成框之前（之后）分页
avoid-column	该属性值表示总是避免在生成框之前（之后）分列

其中page和column属性值的作用类似于always属性值，将强制分列，区别在于page属性值仅强制分页，column属性值仅应用于列，这在多列布局的换行上提供了更高的灵活性。avoid-page和avoid-column属性类似，它们的作用类似于avoid属性。

▶▶▶ 9.2 CSS3 多列布局基本属性

为了能够在 Web 页面中更加方便地实现类似于报纸、杂志的多列布局效果，W3C 特意在 CSS3 中新增了多列布局的功能，主要应用在网页文本的多列布局方面。

9.2.1 columns 属性的语法

cloumns 属性是 CSS3 新增的多列布局功能中的一个基础属性，该属性是一个复合属性，包含了列宽度（column-width）和列数（column-count），用于快速定义多列布局的列数目和每列的宽度。

columns 属性的语法格式如下。

```
columns: <column-width> || <column-count>;
```

columns 属性的属性值说明见表9-3。

表9-3 columns 属性的属性值说明

属性值	说明
<column-width>	用于设置多列布局中每列的宽度，详细使用方法请参阅9.3.1节
<column-count>	用于设置多列布局的列数，详细使用方法请参阅9.3.2节

> **提示**
>
> 在实际布局的过程中，所定义的多列布局的列数是最大列数，当容器的宽度不足以划分所设置的列数时，列数会适当减少，而每列的宽度会自适应宽度，从而填满整个容器范围。

9.2.2 columns 属性的浏览器兼容性

目前，主流的浏览器都能够支持 CSS3 的多列布局的 columns 属性。columns 属性的浏览器兼容性见表9-4。

表9-4 columns 属性的浏览器兼容性

属性	Chrome	Firefox	Opera	Safari	IE
columns	25.0+ √	19.0+ √	12.1+ √	5.1+ √	10+ √

> **浏览器适配说明**
>
> 虽然主流的现代浏览器都能够支持多列布局的 columns 属性，但需要注意的是，目前只有 IE10 以上版本的 IE 浏览器和 Opera 12.1+ 以上的 Opera 浏览器支持 W3C 的标准属性写法，而 Chrome 25.0+、Firefox 19.0+ 和 Safari 5.1+ 浏览器都需要使用其私有属性前缀，形式如下。
>
> ```
> -moz-columns      /*Gecko核心私有属性写法，Firefox浏览器等*/
> -webkit-columns   /*Webkit核心私有属性写法，Chrome、Safari浏览器等*/
> ```

而IE9其及以下版本的IE浏览器并不支持多列布局的columns属性，包括其私有属性前缀，这也就造成了该属性在IE9及其以下版本的IE浏览器中无法实现分列布局的效果。CSS样式都具有优雅降级的特性，所以在IE9及其以下版本的IE浏览器中只是没有对内容进行分列布局，但是并不影响页面内容的表现。

如果一定需要使IE9及其以下版本的IE浏览器能够表现出相同的分列布局效果，则只能使用JavaScript脚本或者通过传统的布局方式来实现。

实战 实现网页内容分列布局
最终文件：最终文件\第9章\9-2-2.html　　视频：视频\第9章\9-2-2.mp4

01 执行"文件>打开"命令，打开页面"源文件\第9章\9-2-2.html"，可以看到页面的HTML代码，如图9-1所示。在IE11浏览器中预览该页面，可以看到页面右侧文本内容的默认显示效果，如图9-2所示。

```
<body>
<div id="logo"><img src="images/92202.png" width="57" height="125" alt=""/>
</div>
<div id="bg">
  <div id="box">
    <h1>我们的服务</h1>
    <h3>我们能为什么--互动整合行销</h3>
    <p>互动整合行销，是一个统一概念之下，不但运用不同的传播手段和互动产品，并且关联起浏览者的行为的每一个阶段，影响浏览者的行为。我们从品牌策划、品牌设计、网络营销推广、客户服务每个阶段进行把握，提供整套的互动营销解决方案。</p>
    <h3>我们只做能做的，并且相信能做好的</h3>
    <p>我们深入企业营销全过程，从前期市场调查、产品定位，到网络宣传与促销、网络公关，乃至网络客户服务与客户关系管理。根据客户实际需求和行业特性，利用互动网络互动营销专业经验，对企业传统营销方式进行持续改进和效果长期监测，最终达到全面提高企业营销能力，加强企业竞争力的目标。</p>
    <h3>服务知名客户</h3>
    <p>知名客户选择我们的理由只有一个，我们的经验丰富，服务优质，质量可靠！体现企业价值、挖掘互联网商机是我们的责任，帮助企业树立形象改进效率是我们的义务！</p>
    <h3>相信您的选择会让您的企业事半功倍！</h3>
  </div>
</div>
</body>
```

图9-1　网页HTML代码

图9-2　在IE11浏览器中预览页面效果

02 转换到该网页所链接的外部CSS样式表文件中，找到名为#box的CSS样式设置代码，如图9-3所示。在该CSS样式中添加columns属性设置代码，如图9-4所示。

```
#box {
    position: relative;
    width: 80%;
    height: auto;
    overflow: hidden;
    margin: 100px auto 0px auto;
}
```
图9-3　CSS样式代码

```
#box {
    position: relative;
    width: 80%;
    height: auto;
    overflow: hidden;
    margin: 100px auto 0px auto;
    columns: 120px 3; /*3列，每列宽度为120px*/
}
```
图9-4　添加columns属性设置代码

03 保存外部CSS样式表文件，在IE11浏览器中预览该页面，可以看到将该部分内容分为3列的显示效果，如图9-5所示。需要注意的是，如果该元素的宽度采用百分比设置，当缩小浏览器窗口时，则该部分内容会变成2列或者1列，如图9-6所示。每列的高度尽可能保持一致，而每列的宽度会自动进行分配，并不一定是columns属性中所设置的宽度大小。

图9-5　在IE11浏览器中预览页面效果

图9-6　缩小浏览器窗口自动调整列数

浏览器适配说明

（1）首先，Gecko和Webkit核心的浏览器需要使用私有属性前缀，所以除了需要有W3C的标准写法外，还需要添加Gecko和Webkit核心的私有属性前缀，如图9-7所示。保存外部CSS样式表文件，在Chrome浏览器中预览页面，同样可以看到多列布局的效果，如图9-8所示。

```
#box {
    position: relative;
    width: 80%;
    height: auto;
    overflow: hidden;
    margin: 100px auto 0px auto;
    -moz-columns: 120px 3;        /*Gecko核心浏览器私有属性写法*/
    -webkit-columns: 120px 3;     /*Webkit核心浏览器私有属性写法*/
    columns: 120px 3; /*3列，每列宽度为120px*/
}
```

图9-7　添加私有属性写法　　　　　　　　　　图9-8　在Chrome浏览器中预览页面效果

（2）在IE9及其以下版本的IE浏览器中并不支持多列布局的columns属性。在IE9浏览器中预览该页面，可以发现无法实现多列布局的效果，但页面内容的表现还是完整的，并不影响内容和效果的表现，如图9-9所示。在IE8浏览器中预览该页面，可以发现页面右侧的半透明背景色没有显示，如图9-10所示。

图9-9　在IE9浏览器中预览页面效果　　　　　　图9-10　在IE8浏览器中预览页面效果

> **提示**
>
> 　　通过对比观察可以发现，在IE9以下版本的IE浏览器中显示效果的变化较大，这是因为在<body>标签的CSS样式中通过background-size属性设置了背景图像的尺寸大小，而IE9以下版本的IE浏览器并不支持该属性，所以页面的背景图像将显示为原始尺寸大小。其次，页面右侧通过RGBA颜色模式设置了半透明的白色背景，而IE9以下版本的IE浏览器也不支持RGBA颜色模式。

（3）转换到外部CSS样式表文件中，使用前面介绍过的方法，通过使用Gradient滤镜实现半透明的背景颜色，在名为#bg的CSS样式中添加Gradient滤镜的设置代码，如图9-11所示。保存外部CSS样式表文件，在IE8浏览器中预览该页面，可以看到在IE8中显示的效果，如图9-12所示。

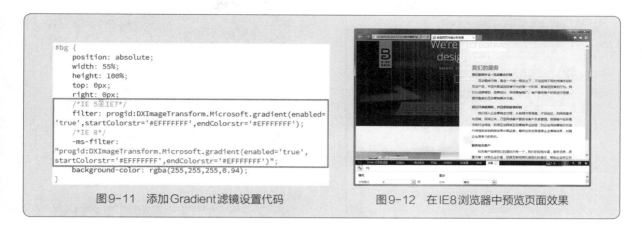

图9-11　添加Gradient滤镜设置代码　　　　图9-12　在IE8浏览器中预览页面效果

▶▶▶ 9.3　CSS3多列布局其他属性

要实现网页元素的多列布局效果，除了可以使用多列布局的基础属性columns来实现外，还可以通过多列布局的其他属性来设置多列布局的效果，从而更方便、高效地实现对多列布局的设置。

9.3.1　column-width属性

column-width属性用于设置多列布局的列宽，与CSS样式中的width属性相似，不同的是column-width属性设置多列布局的列宽度时，既可以单独使用，也可以与多列布局的其他属性配合使用。

column-width属性的语法格式如下。

```
column-width: auto | <length>;
```

column-width属性的属性值说明见表9-5。

表9-5　　　　　　　　　　　　　　　column-width属性的属性值说明

属性值	说明
auto	该属性值为默认值，表示元素多列布局的列宽度将由其他属性来决定，如由column-count属性来决定
<length>	表示使用固定值来设置元素的多列布局列宽度，其主要是由数值和长度单位组成，其值只能取正值，不能为负值

实战　**使用column-width属性创建分列布局**

最终文件：最终文件\第9章\9-3-1.html　　　　视频：视频\第9章\9-3-1.mp4

01 执行"文件>打开"命令，打开页面"源文件\第9章\9-3-1.html"，可以看到页面的HTML代码，如图9-13所示。在IE11浏览器中预览该页面，可以看到页面右侧文本内容的默认显示效果，如图9-14所示。

02 转换到该网页所链接的外部CSS样式表文件中，找到名为#box的CSS样式设置代码，在该CSS样式中添加column-width属性，设置其属性值为auto，如图9-15所示。保存外部CSS样式表文件，在IE11浏览器中预览该页面，可以看到页面右侧文本内容并没有实现分列显示，如图9-16所示。

```
<body>
<div id="logo"><img src="images/92202.png" width="57" height="125" alt=
""></div>
<div id="bg">
   <div id="box">
      <h1>我们的服务</h1>
      <h3>我们能做什么--互动整合行销</h3>
      <p>互动整合行销，是在一个统一概念之下，不但运用不同的传播手段和互动产
品，并且关联起浏览者行为的每一个阶段，影响浏览者的行为。我们从品牌策划、
品牌设计、网络营销推广、客户服务每个阶段进行把握，提供整套的互动营销解决方案。</p>
      <h3>我们只做能做的，并且相信能做好</h3>
      <p>我们深入企业营销全过程，从前期市场调查、产品定位，到网络宣传与促销、
网络公关，乃至网络客户服务与客户关系管理。根据客户实际需求和行业特性，
利用互动网络及互动营销专业经验，对企业传播营销方式进行持续改进和网络效果长
期监测，最终达到全面提高企业营销效果，加强企业竞争力的目的。</p>
      <h3>服务知名客户</h3>
      <p>知名客户选择我们的理由只有一个，我们的经验丰富，服务优质，质量可靠
！体现企业价值、挖掘互联网商机是我们的责任，帮助企业树立形象改进效率是我们的义务！
</p>
      <h3>相信您的选择会让您的企业事半功倍！</h3>
   </div>
</div>
</body>
```

图9-13 网页HTML代码

图9-14 在IE11浏览器中预览页面效果

```
#box {
      position: relative;
      width: 80%;
      height: auto;
      overflow: hidden;
      margin: 100px auto 0px auto;
      -moz-column-width: auto;            /*Gecko核心浏览器私有属性写法*/
      -webkit-column-width: auto;         /*Webkit核心浏览器私有属性写法*/
      column-width: auto;                 /*W3C标准属性写法*/
}
```

图9-15 添加column-width属性设置代码

图9-16 在IE11浏览器中预览页面效果

> **提示**
>
> 为容器设置column-width属性为auto时没有任何效果，此时的列宽度等于容器自身的宽度，所以只显示一列效果。设置column-width属性为auto时，可以根据容器中所设置的多列布局的column-count属性来决定分为几列。

03 转换到外部的CSS样式表文件中，在名为#box的CSS样式中修改column-width属性值为固定的数值，如图9-17所示。保存外部CSS样式表文件，在IE11浏览器中预览该页面，可以看到页面右侧文本内容分列显示的效果，如图9-18所示。

```
#box {
      position: relative;
      width: 80%;
      height: auto;
      overflow: hidden;
      margin: 100px auto 0px auto;
      -moz-column-width: 220px;           /*Gecko核心浏览器私有属性写法*/
      -webkit-column-width: 220px;        /*Webkit核心浏览器私有属性写法*/
      column-width: 220px;                /*W3C标准属性写法*/
}
```

图9-17 修改column-width属性设置代码

图9-18 在IE11浏览器中预览页面效果

> **提示**
>
> 使用column-width属性以固定数值的方式可以实现多列布局的效果，不过这种方式比较特殊，当容器宽度超出列宽度时，会以多列的方式显示；但是如果容器宽度小于所设置的列宽度，容器将减少列数，直到最终只显示一列。

9.3.2　column-count属性

column-count属性用于设置多列布局的列数，而不需要通过列宽度自动调整列数。

column-count属性的语法格式如下。

```
column-count: auto | <integer>;
```

column-count属性的属性值说明见表9-6。

表9-6　　　　　　　　　　　　　　　　column-count属性的属性值说明

属性值	说明
auto	该属性值为默认值，表示元素多列布局的列数将由其他属性来决定，如由column-width属性来决定。如果并没有设置column-width属性，则当设置column-count属性为auto时，只有一列
\<integer\>	表示多列布局的列数，取值为大于0的正整数，不可以取负数

实战　　**使用column-count属性创建分列布局**

最终文件：最终文件\第9章\9-3-2.html　　　视频：视频\第9章\9-3-2.mp4

01 执行"文件>打开"命令，打开页面"源文件\第9章\9-3-2.html"，可以看到页面的HTML代码，如图9-19所示。在IE11浏览器中预览该页面，可以看到页面右侧文本内容的默认显示效果，如图9-20所示。

图9-19　网页HTML代码

图9-20　在IE11浏览器中预览页面效果

02 转换到该网页所链接的外部CSS样式表文件中，找到名为#box的CSS样式代码，在该CSS样式中添加column-count属性，设置其属性值为3，如图9-21所示。保存外部CSS样式表文件，在IE11浏览器中预览该页面，可以看到页面右侧文本内容被分为3列的效果，如图9-22所示。

```
#box {
    position: relative;
    width: 80%;
    height: auto;
    overflow: hidden;
    margin: 100px auto 0px auto;
    -moz-column-count: 3;          /*Gecko核心浏览器私有属性写法*/
    -webkit-column-count: 3;       /*Webkit核心浏览器私有属性写法*/
    column-count: 3;               /*W3C标准属性写法*/
}
```

图9-21　添加column-count属性设置代码

图9-22　在IE11浏览器中预览页面效果

提示

　　使用column-count属性实现容器的分列布局时，如果容器的宽度是按百分比值进行设置的，那么分列中每列的宽度是不固定的，会根据容器的宽度来自动计算每列的宽度，但始终保持column-count属性所设置的列数不变。

技巧

　　单独使用column-width属性或者column-count属性都能够实现容器的分列布局效果，但这两种属性所实现的分列布局效果又存在不同。在容器的宽度不固定的情况下，使用column-width属性实现分列布局，列数不是固定的，会根据容器的宽度增多或减少；使用column-count属性实现分列布局，列数是固定的，但每列的宽度并不固定，如果容器变宽则每列宽度都随之增加，如果容器变窄则每列宽度都随之减少。

9.3.3　column-gap属性

　　使用前面所介绍的column-width和column-count属性能够很方便地将元素创建为多列布局，而列与列的间距是默认的大小。通过使用column-gap属性可以设置分列布局中列与列的间距，从而可以更好地控制多列布局中的内容和版式。

　　column-gap属性的语法格式如下。

```
column-gap: normal | <length>;
```

　　column-gap属性的属性值说明见表9-7。

表9-7　　　　　　　　　　　　　　　column-gap属性的属性值说明

属性值	说明
normal	该属性值为默认值，通过浏览器默认设置进行解析，一般情况下，normal值相当于1em
<length>	由浮点数字和单位标识符组成的长度值，主要用来设置列与列的距离，常使用px、em单位的任何整数值，但其不能为负值

提示

　　多列布局中的column-gap属性类似于盒模型中的margin和padding属性，具有一定的空间位置，当其值过大时会撑破多列布局，浏览器会自动根据相关参数重新计算列数，直到容器无法容纳时显示为一列为止。但是column-gap属性与margin和padding属性不同的是，其只存在于列与列之间，并与列高度相等。

实战　　**使用column-gap属性设置列间距**
最终文件：最终文件\第9章\9-3-3.html　　视频：视频\第9章\9-3-3.mp4

01 执行"文件>打开"命令，打开页面"源文件\第9章\9-3-3.html"，转换到该网页所链接的外部CSS样式表文件中，找到名为#box的CSS样式代码，在该CSS样式中添加column-count属性设置，如图9-23所示。保存外部CSS样式表文件，在IE11浏览器中预览该页面，可以看到分列布局中列间距的默认效果，如图9-24所示。

02 转换到外部CSS样式表文件中，在名为#box的CSS样式中添加column-gap属性设置，如图9-25所示。保存外部CSS样式表文件，在IE11浏览器中预览该页面，可以看到设置分列布局列间距的效果，如图9-26所示。

```
#box {
    position: relative;
    width: 80%;
    height: auto;
    overflow: hidden;
    margin: 100px auto 0px auto;
    -moz-column-count: 2;      /*Gecko核心浏览器私有属性写法*/
    -webkit-column-count: 2;   /*Webkit核心浏览器私有属性写法*/
    column-count: 2;           /*W3C标准属性写法*/
}
```

图9-23　添加column-count属性设置代码

图9-24　在IE11浏览器中预览页面效果

```
#box {
    position: relative;
    width: 80%;
    height: auto;
    overflow: hidden;
    margin: 100px auto 0px auto;
    -moz-column-count: 2;      /*Gecko核心浏览器私有属性写法*/
    -webkit-column-count: 2;   /*Webkit核心浏览器私有属性写法*/
    column-count: 2;           /*W3C标准属性写法*/
    -moz-column-gap: 30px;     /*Gecko核心浏览器私有属性写法*/
    -webkit-column-gap: 30px;  /*Webkit核心浏览器私有属性写法*/
    column-gap: 30px;          /*W3C标准属性写法*/
}
```

图9-25　添加column-gap属性设置代码

图9-26　在IE11浏览器中预览页面效果

> **提示**
>
> 　　使用column-gap属性可以设置分列布局中列与列的间距，但是如果在多列布局中同时设置了column-width属性，column-gap和column-width属性之和大于多容器的总宽度，导航列会被撑破，并以当前列数减1的列数显示，此时的列宽自动调整到适当的列宽。换句话说，当列宽足够大时，以至于无法分列显示时，就算设置了列数、列间距，都将以一列显示，并且会自动调整列宽等于容器的宽度。

9.3.4　column-rule属性

　　边框是非常重要的CSS属性之一，通过边框可以划分不同的区域。CSS3新增column-rule属性，在多列布局中，通过该属性可设置多列布局的边框，用于区分不同的列。

　　column-rule属性的语法格式如下。

```
column-rule: <column-rule-width> | <column-rule-style> | <column-rule-color>;
```

column-rule属性的属性值说明见表9-8。

表9-8　　　　　　　　　　　　　　　　column-rule属性的属性值说明

属性值	说明
\<column-rule-width\>	类似于border-width属性，用来定义列边框的宽度，其默认值为medium。该属性值可以是任意浮点数，但不可以取负值。与border-width属性相同，可以使用关键词medium、thick和thin

续表

属性值	说明
<column-rule-style>	类似于border-style属性，用来定义列边框的效果，其默认值为none。该属性值与border-style属性值相同，包括none、hidden、dotted、dashed、solid、double、groove、ridge、inset和outset
<column-rule-color>	类似于border-color属性，用来定义列边框的颜色，可以接受所有的颜色值，如果不希望显示颜色，也可以将其设置为transparent（透明色）

> **提示**
>
> 　　column-rule属性类似于盒模型中的border属性，主要用来设置列分隔线的宽度、样式和颜色，并且column-rule属性所表现出的列分隔线不具有任何空间位置，同样具有与列一样的高度，但列分隔线column-rule属性与border属性的不同之处是，border会撑破容器，而column-rule不会撑破容器，只不过其列分隔线的宽度大于列间距时，列分隔线会自动消失。

实战　　为分列布局添加分隔线效果
　　　　　最终文件：最终文件\第9章\9-3-4.html　　　视频：视频\第9章\9-3-4.mp4

01 执行"文件>打开"命令，打开页面"源文件\第9章\9-3-4.html"，转换到该网页所链接的外部CSS样式表文件中，找到名为#box的CSS样式代码，在该CSS样式中添加column-count属性设置，如图9-27所示。保存外部CSS样式表文件，在IE11浏览器中预览该页面，可以看到分列布局的默认效果，如图9-28所示。

```
#box {
    position: relative;
    width: 80%;
    height: auto;
    overflow: hidden;
    margin: 100px auto 0px auto;
    -moz-column-count: 2;       /*Gecko核心浏览器私有属性写法*/
    -webkit-column-count: 2;    /*Webkit核心浏览器私有属性写法*/
    column-count: 2;            /*W3C标准属性写法*/
}
```

图9-27　添加column-count属性设置代码

图9-28　在IE11浏览器中预览页面效果

02 转换到外部CSS样式表文件中，在名为#box的CSS样式中添加column-rule属性设置，如图9-29所示。保存外部CSS样式表文件，在IE11浏览器中预览该页面，可以看到设置分列布局中列分隔线的效果，如图9-30所示。

```
#box {
    position: relative;
    width: 80%;
    height: auto;
    overflow: hidden;
    margin: 100px auto 0px auto;
    -moz-column-count: 2;       /*Gecko核心浏览器私有属性写法*/
    -webkit-column-count: 2;    /*Webkit核心浏览器私有属性写法*/
    column-count: 2;            /*W3C标准属性写法*/
    -moz-column-rule: dashed 1px #F05A5D;       /*Gecko核心浏览器私有属性写法*/
    -webkit-column-rule: dashed 1px #F05A5D;    /*Webkit核心浏览器私有属性写法*/
    column-rule: dashed 1px #F05A5D;            /*W3C标准属性写法*/
}
```

图9-29　添加column-rule属性设置代码

图9-30　在IE11浏览器中预览页面效果

9.3.5　column-span属性

　　报纸或杂志的文章标题经常会跨列显示，如果需要在分列布局中实现相同的跨列显示效果，则需要使用column-span属性。

　　column-span属性主要用于设置一个分列元素中的子元素能够跨所有列。column-width和column-count属性能够实现将一个元素分为多列，不管里面元素如何排放顺序，它们都是按左至右的顺序放置内容，但有时候需要其中一段内容或一个标题不进行分列，也就是不横跨所有列，这时使用column-span属性就能够轻松实现。

　　column-span属性的语法格式如下。

```
column-span: none | all;
```

　　column-span属性的属性值说明见表9-9。

表9-9　　　　　　　　　　　　　　　　column-span属性的属性值说明

属性值	说明
none	该属性值为默认值，表示不横跨任何列
all	该属性值与none属性值刚好相反，表示元素横跨多列布局元素中的所有列，并定位在列的 z 轴之上

实战　使用column-span属性实现横跨所有列效果

最终文件：最终文件\第9章\9-3-5.html　　　视频：视频\第9章\9-3-5.mp4

01　执行"文件>打开"命令，打开页面"源文件\第9章\9-3-5.html"，转换到该网页所链接的外部CSS样式表文件中，找到名为#box的CSS样式代码，在该CSS样式中添加column-count和column-rule属性设置，如图9-31所示。保存外部CSS样式表文件，在IE11浏览器中预览该页面，可以看到分列布局的效果，如图9-32所示。

```
#box {
    position: relative;
    width: 80%;
    height: auto;
    overflow: hidden;
    margin: 100px auto 0px auto;
    -moz-column-count: 2;        /*Gecko核心浏览器私有属性写法*/
    -webkit-column-count: 2;     /*Webkit核心浏览器私有属性写法*/
    column-count: 2;             /*W3C标准属性写法*/
    -moz-column-rule: dashed 1px #F05A5D;      /*Gecko核心浏览器私有属性写法*/
    -webkit-column-rule: dashed 1px #F05A5D;   /*Webkit核心浏览器私有属性写法*/
    column-rule: dashed 1px #F05A5D;           /*W3C标准属性写法*/
}
```

图9-31　添加column-count和column-rule属性设置代码　　　图9-32　在IE11浏览器中预览页面效果

02　转换到外部CSS样式表文件中，找到名为#box h1的CSS样式，在该CSS样式中添加column-span属性设置代码，如图9-33所示。保存外部CSS样式表文件，在IE11浏览器中预览该页面，可以看到标题横跨分列布局中所有列的效果，如图9-34所示。

```
#box h1 {
    font-size: 24px;
    color: #F05A5D;
    font-weight: bold;
    line-height: 40px;
    -moz-column-span: all;      /*Gecko核心浏览器私有属性写法*/
    -webkit-column-span: all;   /*Webkit核心浏览器私有属性写法*/
    column-span: all;           /*W3C标准属性写法*/
}
```

图9-33　添加column-span属性设置代码

图9-34　在IE11浏览器中预览页面效果

03 转换到外部CSS样式表文件中，在名为#box h1的CSS样式中添中border-bottom和margin-bottom属性设置，美化分列布局效果，如图9-35所示。保存外部CSS样式表文件，在IE11浏览器中预览该页面，可以看到分列布局的效果，如图9-36所示。

```
#box h1 {
    font-size: 24px;
    color: #F05A5D;
    font-weight: bold;
    line-height: 40px;
    -moz-column-span: all;      /*Gecko核心浏览器私有属性写法*/
    -webkit-column-span: all;   /*Webkit核心浏览器私有属性写法*/
    column-span: all;           /*W3C标准属性写法*/
    border-bottom: solid 2px #F05A5D;
    margin-bottom: 15px;
}
```

图9-35　添加属性设置代码

图9-36　在IE11浏览器中预览页面效果

9.3.6　column-fill属性

在多列布局中，有时由于内容不足，多列中的最后一列往往会没有足够内容填充。但实际制作中往往有时候的页面效果是必须让所有列都具有相同的高度效果，这个时候就需要使用column-fill属性。

column-fill属性主要用来设置多列布局中每一列的高度是否统一。

column-fill属性的语法格式如下。

```
column-fill: auto | balance;
```

column-fill属性的属性值说明见表9-10。

表9-10　　　　　　　　　　　　　column-fill属性的属性值说明

属性值	说明
auto	该属性值为默认值，表示各列的高度随其内容的变化而自动变化
balance	表示各列的高度将根据内容最多的一列进行统一

▶▶▶ **9.4 本章小结**

　　CSS3新增的多列布局功能可以在Web页面中轻松实现类似于报纸或杂志的多列布局效果，并且不需要增添一些无用的标签，以及依赖于浮动或者定位的方式来实现。在本章中详细向读者介绍了CSS3多列布局的相关属性的设置与使用方法，学习完本章的内容，读者应理解并掌握多列布局各种属性的作用及用法。

第 10 章

出色的 CSS3 变形动画效果

在网页中适当使用动画效果，可以使页面更加生动和友好。CSS3 为设计师带来了革命性的改变，不但可以实现网页元素的变形，还能够表现出网页元素的变形过渡效果，并且还可以创建网页元素的关键帧动画。在本章中将带领读者详细学习 CSS3 中新增的 2D 和 3D 变形属性，从而掌握通过 CSS 样式实现动画的方法。

本章知识点：

- 了解 CSS3 变形属性与函数及浏览器兼容性
- 掌握各种 2D 变形效果的实现方法
- 掌握各种 3D 变形效果的实现方法
- 理解 CSS3 过渡属性及浏览器兼容性
- 掌握 CSS3 过渡属性的使用方法
- 理解并掌握使用 @keyframes 声明关键帧动画
- 理解并掌握使用 animation 调用关键帧动画

▶▶▶ 10.1 CSS3 变形属性简介

2012 年 9 月，W3C 组织发布了 CSS3 变形工作草案。允许 CSS 把网页元素转变为 2D 或 3D 空间，这个草案包括了 CSS3 2D 变形和 CSS3 3D 变形。

CSS3 变形是一些效果的集合，如平移、旋转、缩放和倾斜效果，每个效果都可以称为变形函数（Transform Function），它们控制元素发生旋转、缩放、平移等变化。在 CSS3 之前，这些效果都需要依赖图片或者 JavaScript 才能完成，而使用纯 CSS 样式来完成这些变形，无须加载额外的文件，再一次提升了开发效率，提高了页面的执行效率。

10.1.1 CSS3 变形属性与函数

CSS3 新增的 transform 属性可以在网页中实现元素的旋转、缩放、移动、倾斜等变形效果。

transform 属性的语法格式如下。

```
transform: none | <transform-function>;
```

transform属性的属性值说明见表10-1。

表10-1　　　　　　　　　　　transform属性的属性值说明

属性值	说明
none	默认值，表示不为网页元素设置变形效果
<transform-function>	设置一个或多个变形函数，设置多个变形函数时，使用空格进行分隔

transform属性的变形函数说明见表10-2。

表10-2　　　　　　　　　　　transform属性的变形函数说明

属性值	说明
2D变形函数	移动translate()、缩放scale()、旋转rotate()和倾斜skew()。translate()函数接受CSS的标准度量单位；scale()函数接受一个0~1之间的十进值；rotate()和skew()两个函数都接受一个径向的度量单位值deg。除了rotate()函数之外，每个函数都接受x轴和y轴参数。2D变形中还有一个矩阵变形matrix()函数，该函数包含6个参数
3D变形函数	rotateX()、rotateY()、rotate3d()、translateZ()、translate3d()、scaleZ()和scale3d()。3D变形中也包括一个矩阵变形matrix3d()函数，该函数包含16个参数

> **提示**
> 　　元素在变形过程中，仅元素的显示效果发生变形，实际尺寸并不会因为变形而改变。所以元素变形后，可能会超出原有的限定边界，但不会影响自身尺寸及其他元素的布局。

10.1.2　CSS3变形属性的浏览器兼容性

通过前面的介绍可知，CSS3的变形效果分为2D变形和3D变形，2D变形和3D变形的浏览器兼容性有所不同，下面分别进行介绍。

1. 2D变形的浏览器兼容性

目前，主流的现代浏览器都能够很好地支持CSS3的2D变形效果。2D变形的浏览器兼容性见表10-3。

表10-3　　　　　　　　　　　2D变形的浏览器兼容性

属性	Chrome	Firefox	Opera	Safari	IE
2D transform	4.0+ √	3.5+ √	10.5+ √	3.1+ √	9+ √

2. 3D变形的浏览器兼容性

3D变形效果出现得比2D变形稍晚一些，但目前也获得了众多主流浏览器的支持。3D变形的浏览器兼容性见表10-4。

表10-4　　　　　　　　　　　3D变形的浏览器兼容性

属性	Chrome	Firefox	Opera	Safari	IE
3D transform	12.0+ √	10.0+ √	15.0+ √	4.0+ √	10+ √

浏览器适配说明

　　CSS3的2D变形虽然获得了主流现代浏览器的广泛支持，但是在实际使用的过程中还是需要添加不同核心浏览器的私有属性前缀，具体介绍如下。

- IE9浏览器中使用2D变形时，需要添加IE浏览器私有属性前缀-ms-，在IE10及以上版本的IE浏览器中支持W3C的标准写法。
- Firefox 3.5~Firefox 15.0需要添加Firefox浏览器私有属性前缀-moz-，在Firefox 16及其以上版本的Firefox浏览器中支持W3C的标准写法。
- Chrome Chrome浏览器从4.0开始支持2D变形，在实际使用过程中需要添加Chrome浏览器的私有属性前缀-webkit-。
- Safare浏览器从Safari 3.1开始支持2D变形，在实际使用过程中需要添加Safari浏览器的私有属性前缀-webkit-。
- Opera浏览器从Opera 10.5开始支持2D变形，在实际使用过程中需要添加Opera浏览器的私有属性前缀-o-。从Opera 12.1版本开始支持W3C标准写法。
- 移动设备iOS Safari 3.2+、Android Browser 2.1+、Blackberry Browser 7.0+、Opera Mobile 14.0+、Chrome for Android 25.0+需要添加私有属性前缀-webkit-，而Opera Mobile 11.0~Opera Mobile 12.1和Firefox for Android 19.0+不需要使用浏览器私有属性。

CSS3的3D变形在实际使用过程中同样需要添加各浏览器的私有属性写法，并且有个别属性在某些主流浏览器中并未得到很好的支持。

- IE10+中3D变形的部分属性并没有得到很好的支持。
- Firefox 10.0~Firefox 15.0在使用3D变形时需要添加浏览器私有属性前缀-moz-，但是从Firefox 16.0+开始支持W3C的标准写法。
- Chrome 12.0+使用3D变形时需要添加浏览器私有属性前缀-webkit-。
- Safari 4.0+使用3D变形时需要添加浏览器私有属性前缀-webkit-。
- Opera 15.0+才开始支持3D变形，使用时需要添加浏览器私有属性前缀-o-。
- 移动设备中iOS Safari 3.2+、Android Browser 3.0+、Blackberry Browser 7.0+、Opera Mobile 14.0+、Chrome for Android 25.0+都支持3D变形，但是在使用时需要添加浏览器私有属性前缀-webkit-；Firefox for Android 19.0+支持3D变形，并且无须添加浏览器私有属性前缀。

提示

　　通过上面的浏览器兼容性分析可以看出，现阶段在使用CSS3的变形属性时，需要编写各浏览器的私有属性写法和W3C标准写法，从而适配大多数的浏览器。但是低版本的IE浏览器中并不支持CSS3变形属性，如果想要在低版本的IE浏览器中实现元素的变形效果，则只能是通过JavaScript脚本代码来实现。

▶▶▶ 10.2　实现元素2D变形效果

　　在10.1节中已经向读者介绍了CSS3新增的变形属性的语法及相关函数，在本节中将向读者详细介绍如何使用各种变形函数来实现网页元素的不同变形效果。

10.2.1　旋转变形

　　设置transform属性值为rotate()函数，即可实现网页元素的旋转变形。rotate()函数用于定义网页元素在二维空间中的旋转变形效果，该函数可以接受一个角度值，用来指定元素旋转的幅度。

rotate()函数的语法如下。

```
transform: rotate(<angle>);
```

<angle>参数表示元素旋转角度，为带有角度单位标识符的数值，角度单位是deg。该值为正数时，表示顺时针旋转；该值为负数时，表示逆时针旋转。

实战　实现元素的旋转效果

最终文件：最终文件\第10章\10-2-1.html　　视频：视频\第10章\10-2-1.mp4

---

01 执行"文件>打开"命令，打开页面"源文件\第10章\10-2-1.html"，可以看到页面的HTML代码，如图10-1所示。在IE11浏览器中预览该页面，可以看到页面中间Logo图像的效果，如图10-2所示。

```
<!doctype html>
<html>
<head>
<meta charset="utf-8">
<title>实现元素的旋转效果</title>
<link href="style/10-2-1.css" rel="stylesheet" type=
"text/css">
</head>

<body>
<div id="logo"><img src="images/102102.png" width="368"
height="368"  alt=""/></div>
</body>
</html>
```

图10-1　网页HTML代码

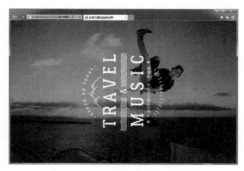

图10-2　在IE11浏览器中预览页面效果

02 转换到该网页所链接的外部CSS样式表文件中，可以看到所设置的CSS样式代码，如图10-3所示。创建名称为#logo:hover的CSS样式，在该CSS样式中为transform属性设置rotate()函数，如图10-4所示。

```
* {
    margin: 0px;
    padding: 0px;
}
body,html {
    height: 100%;
}
body {
    background-image: url(../images/102101.jpg);
    background-repeat: no-repeat;
    background-position: center center;
    -moz-background-size: cover;      /*Gecko核心浏览器私有属性写法*/
    -webkit-background-size: cover;   /*Webkit核心浏览器私有属性写法*/
    -o-background-size: cover;        /*Presto核心浏览器私有属性写法*/
    background-size: cover;           /*W3C标准语法*/
}
#logo {
    position: absolute;
    width: 368px;
    height: 368px;
    left: 50%;
    margin-left: -184px;
    top: 50%;
    margin-top: -184px;
}
```

图10-3　CSS样式代码

```
#logo:hover {
    transform: rotate(90deg);
    cursor: pointer;
}
```

图10-4　CSS样式代码

03 保存外部CSS样式表文件，在IE11浏览器中预览页面，效果如图10-5所示。当光标移至页面中间的Logo图像上方时，可以看到该图像产生了旋转，如图10-6所示。

图10-5 预览页面效果

图10-6 图像产生了旋转变形

提示

在id名称为logo的元素的鼠标经过状态中，设置transform属性的旋转变形函数rotate()，旋转角度值为90deg，实现当鼠标经过该元素上方时，元素顺时针旋转90°。如果旋转角度值为负值，则实现逆时针旋转效果。

浏览器适配说明

（1）目前主流的现代浏览器都能够支持CSS3的2D变形效果，但是较低版本的浏览器仍需要使用私有属性前缀的方法，转换到外部CSS样式表文件中，为transform属性添加不同核心浏览器私有属性前缀，如图10-7所示。保存外部CSS样式表文件，在Chrome浏览器中预览页面，同样可以看到元素旋转变形的效果，如图10-8所示。

```
#logo:hover {
    -moz-transform: rotate(90deg);     /*Gecko核心浏览器私有属性写法*/
    -webkit-transform: rotate(90deg);  /*Webkit核心浏览器私有属性写法*/
    -o-transform: rotate(90deg);       /*Presto核心浏览器私有属性写法*/
    -ms-transform: rotate(90deg);      /*Trident核心浏览器私有属性写法*/
    transform: rotate(90deg);          /*W3C标准语法*/
    cursor: pointer;
```

图10-7 添加不同浏览器私有属性前缀　　　　图10-8 在Chrome浏览器预览元素旋转变形效果

（2）在IE浏览器中，IE9及其以上版本的IE浏览器都能够支持CSS3新增的2D变形效果，但是在IE9以下版本的IE浏览器中并不支持该属性，并且也没有好的替代方法。如果一定要在IE9以下版本的IE浏览器中实现元素2D形效果，则只能是通过JavaScript脚本代码来实现。

10.2.2 缩放和翻转变形

设置transform属性值为scale()函数，即可实现网页元素的缩放和翻转效果。scale()函数用于定义网页元素在二维空间的缩放和翻转效果，默认值为1，因此该函数取值为0.01~0.99之间的任意值都可以使元素缩小；取值为任何大于或等于1.01的值，都可以使元素变大。

scale()函数的语法格式如下。

```
transform: scale(<x>,<y>);
```

scale()函数的参数说明见表10-5。

表10-5 scale()函数的参数说明

参数	说明
`<x>`	表示元素在水平方向上的缩放倍数
`<y>`	表示元素在垂直方向上的缩放倍数

`<x>`和`<y>`参数的值可以为整数、负数和小数。当取值的绝对值大于1时，表示放大；绝对值小于1时，表示缩小。当取值为负数时，元素会被翻转。如果`<y>`参数值省略，则说明垂直方向上的缩放倍数与水平方向上的缩放倍数相同。

实战 实现元素的缩放效果
最终文件：最终文件\第10章\10-2-2.html 视频：视频\第10章\10-2-2.mp4

01 执行"文件>打开"命令，打开页面"源文件\第10章\10-2-2.html"，可以看到页面的HTML代码，如图10-9所示。在IE11浏览器中预览该页面，可以看到页面的效果，如图10-10所示。

```
<!doctype html>
<html>
<head>
<meta charset="utf-8">
<title>实现元素的缩放效果</title>
<link href="style/10-2-2.css" rel="stylesheet" type=
"text/css">
</head>

<body>
<div id="btn">查看更多精美案例 &gt;&gt;</div>
</body>
</html>
```

图10-9 网页HTML代码

图10-10 在IE11浏览器中预览页面效果

02 转换到该网页所链接的外部CSS样式表文件中，创建名称为#btn:hover的CSS样式，在该CSS样式中为transform属性设置scale()函数，如图10-11所示。保存外部CSS样式表文件，在IE11浏览器中预览该页面，当鼠标移至页面中的按钮上方时，可以看到该按钮缩小了一些，并且按钮在水平方向进行了翻转显示，如图10-12所示。

```
#btn:hover {
    -moz-transform: scale(-0.9,0.9);     /*Gecko核心浏览器私有属性写法*/
    -webkit-transform: scale(-0.9,0.9);  /*Webkit核心浏览器私有属性写法*/
    -o-transform: scale(-0.9,0.9);       /*Presto核心浏览器私有属性写法*/
    -ms-transform: scale(-0.9,0.9);      /*Trident核心浏览器私有属性写法*/
    transform: scale(-0.9,0.9);          /*W3C标准语法*/
    cursor: pointer;
}
```

图10-11 添加缩放变形属性设置代码

图10-12 在IE11浏览器中预览页面效果

> **提示**
>
> 　　在scale()函数中可以设置两个参数，分别表示元素在水平和垂直方向上的缩放倍数，如果两个数值相同，则表示元素等比例进行缩放。如果参数取负值，则表示元素在该方向进行翻转，如此处为水平方向参数取负值，所以元素会在水平方向上进行翻转。

03 转换到外部CSS样式表文件中，在名为#btn:hover的CSS样式中，修改scale()函数的设置，如图10-13所示。保存外部CSS样式表文件，在IE11浏览器中预览该页面，当鼠标移至页面中的按钮上方时，可以看到该按钮放大显示的效果，如图10-14所示。

图10-13　修改缩放变形属性设置代码

图10-14　在IE11浏览器中预览页面效果

> **提示**
>
> 　　在id名为btn的元素的鼠标经过状态中，设置transform属性值为缩放变形函数scale()，缩放值为1.5，此处只设置一个参数值，说明水平和垂直方向上的缩放比例相同，当鼠标经过该元素时，元素在水平和垂直方向均放大至1.5倍。

10.2.3　移动变形

　　设置transform属性值为translate()函数，即可实现网页元素的移动。translate()函数用于定义网页元素在二维空间的偏移效果。

　　translate()函数的语法格式如下。

```
transform: translate(<x>,<y>);
```

　　translate()函数的参数说明见表10-6。

表10-6　　　　　　　　　　　　　　　translate()函数的参数说明

参数	说明
\<x>	表示网页元素在水平方向上的偏移距离
\<y>	表示网页元素在垂直方向上的偏移距离

　　\<x>和\<y>参数的值是带有长度单位标识符的数值，可以为负数和非整数。如果取值大于0，则表示元素向右或向下偏移；如果取值小于0，则表示元素向左或向上偏移。如果\<y>值省略，则说明垂直方向上偏移距离默认为0。

实战 实现网页元素位置的移动

最终文件：最终文件\第10章\10-2-3.html　　　视频：视频\第10章\10-2-3.mp4

01 执行"文件>打开"命令，打开页面"源文件\第10章\10-2-3.html"，可以看到页面的HTML代码，如图10-15所示。在IE11浏览器中预览该页面，可以看到页面的效果，如图10-16所示。

```
<!doctype html>
<html>
<head>
<meta charset="utf-8">
<title>实现网页元素位置的移动</title>
<link href="style/10-2-3.css" rel="stylesheet" type=
"text/css">
</head>

<body>
<div id="text"><img src="images/102302.png" width=
"800" height="395"  alt=""/></div>
</body>
</html>
```

图10-15　网页HTML代码

图10-16　在IE11浏览器中预览页面效果

```
* {
    margin: 0px;
    padding: 0px;
}
body,html {
    height: 100%;
}
body {
    background-color: #000;
    background-image: url(../images/102301.jpg);
    background-repeat: no-repeat;
    background-position: center bottom;
    overflow: hidden;
}
#text {
    position: absolute;
    width: 800px;
    height: 395px;
    left: 50%;
    margin-left: -400px;
    top: -270px;
}
```

图10-17　CSS样式代码

02 转换到该网页所链接的外部CSS样式表文件，可以看到所设置的CSS样式代码，如图10-17所示。创建名称为#text:hover的CSS样式，在该CSS样式中为transform属性设置translate()函数，如图10-18所示。

```
#text:hover {
    -moz-transform: translate(0px,360px);      /*Gecko核心浏览器私有属性写法*/
    -webkit-transform: translate(0px,360px);   /*Webkit核心浏览器私有属性写法*/
    -o-transform: translate(0px,360px);        /*Presto核心浏览器私有属性写法*/
    -ms-transform: translate(0px,360px);       /*Trident核心浏览器私有属性写法*/
    transform: translate(0px,360px);           /*W3C标准语法*/
    cursor: pointer;
}
```

图10-18　添加移动变形属性设置代码

提示

在id名为text的元素的鼠标经过状态中，设置transform属性值为移动变形函数translate()，设置水平方向为0px，表示在水平方向不发现位移变化，垂直方向为正数值，表示在垂直方向发生向下的位移变化。

---

03 保存外部CSS样式表文件，在IE11浏览器中预览页面，效果如图10-19所示。当光标移至页面上方的文字上时，可以看到该文字向下移动了相应的位置，如图10-20所示。

图10-19　在IE11浏览器中预览页面效果

图10-20　元素产生向下移动的效果

10.2.4 倾斜变形

设置transform属性值为skew()函数，即可实现网页元素的倾斜效果。skew()函数能够让元素倾斜显示，可以将一个对象以其中心位置为轴心围绕着x轴和y轴按照一定的角度倾斜。与rotate()函数的旋转不同，rotate()函数只是旋转元素，而不会改变元素的形状，而skew()函数不会对元素进行旋转，而只会改变元素的形状。

skew()函数的语法格式如下。

```
transform: skew(<angleX>,<angleY>);
```

skew()函数的参数说明见表10-7。

表10-7 skew()函数的参数说明

参数	说明
<angleX>	表示网页元素在空间x轴上的倾斜角度
<angleY>	表示网页元素在空间y轴上的倾斜角度

<angleX>和<angleY>参数的值是带有角度单位标识符的数值，角度单位是deg。如果<angleY>参数值省略，则说明垂直方向上的倾斜角度默认为0deg。

> ▼ **实战** 实现网页元素的倾斜效果
> 最终文件：最终文件\第10章\10-2-4.html   视频：视频\第10章\10-2-4.mp4

01 执行"文件>打开"命令，打开页面"源文件\第10章\10-2-4.html"，可以看到页面的HTML代码，如图10-21所示。在IE11浏览器中预览该页面，可以看到页面的效果，如图10-22所示。

```
<!doctype html>
<html>
<head>
<meta charset="utf-8">
<title>实现网页元素的倾斜效果</title>
<link href="style/10-2-4.css" rel="stylesheet" type=
"text/css">
</head>

<body>
<div id="btn">查看更多精美案例 &gt;&gt;</div>
</body>
</html>
```

图 10-21　网页HTML代码

图 10-22　在IE11浏览器中预览页面效果

02 转换到该网页所链接的外部CSS样式表文件，创建名称为#btn:hover的CSS样式，在该CSS样式中为transform属性设置skew()函数，如图10-23所示。保存外部CSS样式表文件，在IE11浏览器中预览页面，当光标移至按钮上方时，可以看到按钮倾斜变形的效果，如图10-24所示。

> ┌─ **提示** ─
> 在id名为btn的元素的鼠标经过状态中，设置transform属性值为倾斜变形函数skew()，仅设置了水平方向的倾斜角度为−30°，没有设置垂直方向的倾斜角度，则默认垂直方向上的倾斜角度为0°。

```
#btn:hover {
  -moz-transform: skew(-30deg);        /*Gecko核心浏览器私有属性写法*/
  -webkit-transform: skew(-30deg);     /*Webkit核心浏览器私有属性写法*/
  -o-transform: skew(-30deg);          /*Presto核心浏览器私有属性写法*/
  -ms-transform: skew(-30deg);         /*Trident核心浏览器私有属性写法*/
  transform: skew(-30deg);             /*W3C标准语法*/
  cursor: pointer;
}
```

图 10-23　添加倾斜变形属性设置代码　　　　　　图 10-24　元素在水平方向进行倾斜的效果

03 转换到外部CSS样式表文件中，在名称为#btn:hover的CSS样式中修改skew()函数的参数值设置，如图 10-25所示。保存外部CSS样式表文件，在IE11浏览器中预览页面，当光标移至按钮上方时，可以看到按钮倾斜 变形的效果，如图 10-26所示。

```
#btn:hover {
  -moz-transform: skew(-30deg,20deg);        /*Gecko核心浏览器私有属性写法*/
  -webkit-transform: skew(-30deg,20deg);     /*Webkit核心浏览器私有属性写法*/
  -o-transform: skew(-30deg,20deg);          /*Presto核心浏览器私有属性写法*/
  -ms-transform: skew(-30deg,20deg);         /*Trident核心浏览器私有属性写法*/
  transform: skew(-30deg,20deg);             /*W3C标准语法*/
  cursor: pointer;
}
```

图 10-25　修改倾斜变形属性设置代码　　　　　　图 10-26　元素在水平和垂直方向进行倾斜的效果

10.2.5　矩阵变形

通过CSS3中的transform属性能够使元素的变形操作变得非常简单，如位移函数translate()、缩放函数 scale()、旋转函数rotate()和倾斜函数skew()。这几个函数的使用非常简单、方便，但是变形中的矩阵函数 matrix()并不常用。

matrix()函数的语法格式如下。

```
transform: matrix(<m11>,<m12>,<m21>,<m22>,<x>,<y>);
```

matrix()函数中的6个参数均为可计算的数值，组成一个变形矩阵，与当前网页元素旧的参数组成的矩阵进 行乘法运算，形成新的矩阵，元素的参数被改变。该变形矩阵的形式如下。

```
| m11    m21    x |
| m12    m22    y |
| 0      0      1 |
```

关于详细的矩阵变形原理，需要掌握矩阵的相关知识，具体可以参考数学及图形学的相关资料，这里不做 过多的说明。不过这里可以先通过几个特例了解其大概的使用方法。前面已经讲解了移动、缩放和旋转这些变 换操作，其实都可以看作是矩阵变形的特例。

旋转rotate(A)，相当于矩阵变形matrix(cosA,sinA,−sinA,cosA,0,0)。

缩放 scale(sx,sy)，相当于矩阵变形 matrix(sx,0,0,sy,0,0)。

移动 translate(dx,dy)，相当于矩阵变形 translate(1,0,0,1,dx,dy)。

可见，通过矩形变形可以使网页元素的变形变得更加灵活。

10.2.6 定义变形中心点

默认情况下，元素变形的原点位置在元素的中心点，或者是元素x轴和y轴的 50% 处，通过 transform-origin 属性可以设置元素的中心点位置。

在没有使用 transform-origin 属性设置元素原点位置的情况下，CSS 变形进行的旋转、移动、缩放等模拟操作都是以元素自己的中心（变形原点）位置进行变形的。但是很多时候需要在不同的位置对元素进行变形操作，这时就可以使用 transform-origin 属性来设置元素的原点位置。

改变 transform-origin 属性的x轴和y轴的值就可以重置元素变形原点的位置，transform-origin 属性的语法格式如下。

```
transform-origin: [<percentage> | <length> | left | center | right | top | bottom]
| [<percentage> | <length> | left | center | right] | [[<percentage> | <length> |
left | center | right] && [<percentage> | <length> | top | center | bottom]] <length> ?
```

上面的语法让人看得发晕，其实可以将语法拆分成以下的形式。

```
/* 只设置一个值的语法 */
transform-origin: x-offset;
transform-origin: offset-keyword;
/* 设置两个值的语法 */
transform-origin: x-offset y-offset;
transform-origin: y-offset x-offset-keyword;
transform-origin: x-offset-keyword y-offset;
transform-origin: x-offset-keyword y-offset-keyword;
transform-origin: y-offset-keyword x-offset-keyword;
/* 设置三个值的语法 */
transform-origin: x-offset y-offset z-offset;
transform-origin: y-offset x-offset-keyword z-offset;
transform-origin: x-offset-keyword y-offset z-offset;
transform-origin: x-offset-keyword y-offset-keyword z-offset;
transform-origin: y-offset-keyword x-offset-keyword z-offset;
```

transform-origin 属性值可以是百分比值、em、px 等具体的值，也可以是 top、right、bottom、left 和 center 这样的关键词。

在 2D 变形中的 transform-origin 属性可以是一个参数值，也可以是两个参数值。如果是两个以数值时，第一个值设置水平方向x轴的位置，第二个值设置垂直方向y轴的位置。

在 3D 变形中的 transform-origin 属性还包括了第三个值，即z轴的位置，其各属性值的取值说明见表10-8。

表10-8   3D变形中 transform-origin 属性的属性值说明

属性值	说明
x-offset	用来设置 transform-origin 属性在水平方向x轴的偏移量，可以使用 \<length> 或 \<percentage> 值，同时也可以是正值（从中心点沿水平方向x轴向右偏移量），也可以是负值（从中心点沿水平方向x轴向左偏移量）

续表

属性值	说明
offset-keyword	表示使用top、right、bottom、left或center中的一个关键词来设置偏移量
y-offset	用来设置transform-origin属性在垂直方向y轴的偏移量，可以使用\<length\>或\<percentage\>值，同时也可以是正值（从中心点沿垂直方向y轴向下偏移量），也可以是负值（从中心点沿垂直方向y轴向上偏移量）
x-offset-keyword	表示使用left、right或center中的一个关键词来设置在水平方向x轴的偏移量
y-offset-keyword	表示使用top、bottom或center中的一个关键词来设置在垂直方向y轴的偏移量
z-offset	设置3D变形中transform-origin远离用户眼睛视点的距离，默认值z=0，其取值可以是\<length\>，不可以取\<percentage\>值

提示

　　CSS3变形中的旋转、缩放和倾斜都可以通过transform-origin属性来重新设置元素的原点位置，需要注意的是，位移translate()函数始终是以元素的中心点进行位移操作的，与transform-origin属性所设置的元素原点位置无关。

实战　设置网页元素的变形中心点位置

最终文件：最终文件\第10章\10-2-6.html　　视频：视频\第10章\10-2-6.mp4

01 执行"文件>打开"命令，打开页面"源文件\第10章\10-2-6.html"，可以看到页面的HTML代码，如图10-27所示。在IE11浏览器中预览该页面，可以看到页面的效果，如图10-28所示。

```
<!doctype html>
<html>
<head>
<meta charset="utf-8">
<title>设置网页元素的变形中心点位置</title>
<link href="style/10-2-6.css" rel="stylesheet" type=
"text/css">
</head>

<body>
<div id="text"><img src="images/102501.png" width=
"450" height="296"  alt=""/></div>
<div id="box"><img src="images/102602.png" width=
"300" height="625"  alt=""/></div>
<div id="bot"></div>
</body>
</html>
```

图10-27　网页HTML代码

图10-28　在IE11浏览器中预览页面效果

02 转换到该网页所链接的外部CSS样式表文件中，找到名为#box的CSS样式设置代码，如图10-29所示。在该CSS样式代码中添加transform属性设置，对元素进行旋转操作，如图10-30所示。

```
#box {
    position: absolute;
    width: 50%;
    height: 100%;
    overflow: hidden;
    background-color:rgba(255,255,255,0.2);
    left: 0px;
    bottom: 0px;
    text-align: center;
}
```

图10-29　CSS样式代码

```
#box {
    position: absolute;
    width: 50%;
    height: 100%;
    overflow: hidden;
    background-color:rgba(255,255,255,0.2);
    left: 0px;
    bottom: 0px;
    text-align: center;
    -moz-transform: rotate(30deg);        /*Gecko核心浏览器私有属性写法*/
    -webkit-transform: rotate(30deg);     /*Webkit核心浏览器私有属性写法*/
    -o-transform: rotate(30deg);          /*Presto核心浏览器私有属性写法*/
    -ms-transform: rotate(30deg);         /*Trident核心浏览器私有属性写法*/
    transform: rotate(30deg);             /*W3C标准语法*/
}
```

图10-30　添加旋转变形设置代码

03 保存外部CSS样式表文件，在IE11浏览器中预览页面，可以看到网页元素旋转的效果，默认情况下，以元素的中心点位置进行旋转，效果如图10-31所示。返回到外部CSS样式表中，在名为#box的CSS样式中添加transform-origin属性设置，如图10-32所示。

图10-31　以元素中心点为原点进行旋转

```
#box {
    position: absolute;
    width: 50%;
    height: 100%;
    overflow: hidden;
    background-color:rgba(255,255,255,0.2);
    left: 0px;
    bottom: 0px;
    text-align: center;
    -moz-transform: rotate(30deg);      /*Gecko核心浏览器私有属性写法*/
    -webkit-transform: rotate(30deg);   /*Webkit核心浏览器私有属性写法*/
    -o-transform: rotate(30deg);        /*Presto核心浏览器私有属性写法*/
    -ms-transform: rotate(30deg);       /*Trident核心浏览器私有属性写法*/
    transform: rotate(30deg);           /*W3C标准语法*/
    -moz-transform-origin: 0% 0%;       /*Gecko核心浏览器私有属性写法*/
    -webkit-transform-origin: 0% 0%;    /*Webkit核心浏览器私有属性写法*/
    -o-transform-origin: 0% 0%;         /*Presto核心浏览器私有属性写法*/
    -ms-transform-origin: 0% 0%;        /*Trident核心语法*/
    transform-origin: 0% 0%;            /*W3C标准语法*/
```

图10-32　添加元素变形中心点设置代码

04 保存外部CSS样式表文件，在IE11浏览器中预览页面，可以看到将元素的变形中心点设置到元素左上角的旋转效果，如图10-33所示。转换到该网页所链接的外部CSS样式表文件中，在名为#box的CSS样式中修改transform-origin属性的属性值，如图10-34所示。

transform-origin 属性所设置的变形中心点位置

图10-33　以元素左上角为原点进行旋转

```
#box {
    position: absolute;
    width: 50%;
    height: 100%;
    overflow: hidden;
    background-color:rgba(255,255,255,0.2);
    left: 0px;
    bottom: 0px;
    text-align: center;
    -moz-transform: rotate(-20deg);      /*Gecko核心浏览器私有属性写法*/
    -webkit-transform: rotate(-20deg);   /*Webkit核心浏览器私有属性写法*/
    -o-transform: rotate(-20deg);        /*Presto核心浏览器私有属性写法*/
    -ms-transform: rotate(-20deg);       /*Trident核心浏览器私有属性写法*/
    transform: rotate(-20deg);           /*W3C标准语法*/
    -moz-transform-origin: right top;    /*Gecko核心浏览器私有属性写法*/
    -webkit-transform-origin: right top; /*Webkit核心浏览器私有属性写法*/
    -o-transform-origin: right top;      /*Presto核心浏览器私有属性写法*/
    -ms-transform-origin: right top;     /*Trident核心浏览器私有属性写法*/
    transform-origin: right top;         /*W3C标准语法*/
}
```

图10-34　修改transform属性设置代码

05 保存外部CSS样式表文件，在IE11浏览器中预览页面，可以看到将元素的变形中心点设置到元素右上角的旋转效果，如图10-35所示。

transform-origin 属性所设置的变形中心点位置

图10-35　以元素右上角为原点进行旋转

> **提示**
>
> 设置transform-origin属性的值为0%和0%，即将元素的变形原点设置为元素的左上角。如果需要将变形原点设置为元素的左上角，还可以将CSS样式写为transform-origin: 0 0;和transform-origin: left top;的形式。

10.2.7 同时使用多个变形函数

矩阵变形虽然非常灵活，但是并不容易理解，也不是很直观。transform属性允许同时设置多个变形函数，这使得元素变形可以更加灵活。在为transform属性设置多个函数时，各函数之间使用空格进行分隔，表现形式如下所示。

```
transform: rotate(<angle>) scale(<x>,<y>) translate(<x>,<y>) skew(<angleX>,<angleY>)
matrix(<m11>,<m12>,<m21>,<m22>,<x>,<y>);
```

实战 为网页元素同时应用多种变形效果
最终文件：最终文件\第10章\10-2-7.html   视频：视频\第10章\10-2-7.mp4

01 执行"文件>打开"命令，打开页面"源文件\第10章\10-2-7.html"，可以看到页面的效果，如图10-36所示。转换到该网页所链接的外部CSS样式表文件中，找到名为#box的CSS样式设置代码，如图10-37所示。

图10-36 打开页面

```
#box {
    position: absolute;
    width: 50%;
    height: 100%;
    overflow: hidden;
    left: 0px;
    bottom: 0px;
    text-align: center;
}
```

图10-37 CSS样式代码

02 在该CSS样式代码中添加transform属性设置，对该元素同时进行移动、旋转和缩放操作，如图10-38所示。保存外部CSS样式表文件，在IE11浏览器中预览页面，可以看到元素同时应用多种变形的效果，如图10-39所示。

```
#box {
    position: absolute;
    width: 50%;
    height: 100%;
    overflow: hidden;
    left: 0px;
    bottom: 0px;
    text-align: center;
    -webkit-transform: translate(0px,100px) rotate(30deg) scale(1.2);
    -moz-transform: translate(0px,100px) rotate(30deg) scale(1.2);
    -o-transform: translate(0px,100px) rotate(30deg) scale(1.2);
    -ms-transform: translate(0px,100px) rotate(30deg) scale(1.2);
    transform: translate(0px,100px) rotate(30deg) scale(1.2);
}
```

图10-38 同时添加多种变形设置代码

图10-39 预览元素同时应用多种变形效果

> **提示**
> 设置transform属性值为移动translate()函数、旋转rotate()函数和缩放scale()函数，各函数之间以空格进行分隔，在执行CSS样式代码时，按顺序对该元素进行多个变换操作。

03 返回外部CSS样式表文件中，对刚刚添加的transform属性中多个变形函数的顺序进行调整，如图10-40所示。保存外部CSS样式表文件，在IE11浏览器中预览页面，可以看到元素变形的效果，如图10-41所示。

```
#box {
    position: absolute;
    width: 50%;
    height: 100%;
    overflow: hidden;
    left: 0px;
    bottom: 0px;
    text-align: center;
    -webkit-transform: rotate(30deg) translate(0px,100px) scale(1.2);
    -moz-transform: rotate(30deg) translate(0px,100px) scale(1.2);
    -o-transform: rotate(30deg) translate(0px,100px) scale(1.2);
    -ms-transform: rotate(30deg) translate(0px,100px) scale(1.2);
    transform: rotate(30deg) translate(0px,100px) scale(1.2);
}
```

图10-40 调整变形函数顺序　　　　　　　　图10-41 预览元素同时应用多种变形效果

技巧

当为元素同时应用多个变形函数进行变形操作时，其执行的顺序是按照排列的先后顺序进行的，如果调整了函数的先后顺序，则得到的变形效果也会有所不同。

▶▶▶ **10.3** 实现元素3D变形效果

通过使用3D变形，可以改变元素在z轴上的位置。3D变形使用基于2D变形的相同属性，如果熟悉2D变形会发现，3D变形的功能和2D变形的功能类似。

10.3.1 3D位移

CSS3中的3D位移主要包括两个函数，分别是translateZ()和translate3d()，下面分别介绍这两个函数。

1. translateZ()函数

tranllateZ()函数的功能是让元素在3D空间沿z轴改变位置，其基本语法格式如下。

```
transform: translateZ(<z>);
```

参数<z>指的是元素在z轴的位移值。使用translateZ()函数可以使元素沿z轴移动，当其值为负值时，元素在z轴越移越远，导航元素变得较小。反之，当其值为正值时，元素在z轴越移越近，导致元素变得较大。

2. translate3d()函数

translate3d()函数使一个元素在三维空间中移动，这种变形的特点是，使用三维向量的坐标定义元素在每个方向移动多少。其基本语法格式如下。

```
transform: translate3d(<x>,<y>,<z>);
```

<x>表示x轴方向的位置值；<y>表示y轴方向的位移值；<z>表示z轴方向的位移值，该值不能是一个百分比值，如果取百分比值，将会认为无效值。

<table>
<tr><td>实战</td><td>实现网页元素的3D位移效果
最终文件：最终文件\第10章\10-3-1.html　　视频：视频\第10章\10-3-1.mp4</td></tr>
</table>

01 执行"文件>打开"命令，打开页面"源文件\第10章\10-3-1.html"，可以看到页面的HTML代码，如图10-42所示。在IE11浏览器中预览该页面，可以看到页面的效果，如图10-43所示。

```
<!doctype html>
<html>
<head>
<meta charset="utf-8">
<title>实现网页元素的3D位移效果</title>
<link href="style/10-3-1.css" rel="stylesheet" type=
"text/css">
</head>

<body>
<div id="box">
    <div id="text">
       <img src="images/102302.png" width="400" height=
"198" alt=""/>
    </div>
</div>
</body>
</html>
```

图 10-42　网页 HTML 代码

图 10-43　在 IE11 浏览器中预览页面效果

02 转换到该网页所链接的外部CSS样式表文件中，找到名为#box的CSS样式，如图10-44所示。在该CSS样式代码中添加perspective属性设置代码，如图10-45所示。

```
#box {
       position: absolute;
       width: 400px;
       height: 198px;
       left: 50%;
       margin-left: -200px;
       top: 50%;
       margin-top: -99px;
}
```

图 10-44　CSS 样式代码

```
#box {
       position: absolute;
       width: 400px;
       height: 198px;
       left: 50%;
       margin-left: -200px;
       top: 50%;
       margin-top: -99px;
       -moz-perspective: 800px;
       -webkit-perspective: 800px;
       -o-perspective: 800px;
       perspective: 800px;
}
```

图 10-45　添加 perspective 属性设置代码

> **提示**
>
> 　　如果需要为某个元素应用3D变形效果，则必须首先为该元素的父元素设置perspective属性，否则无法看到所设置的3D变形效果。
>
> 　　perspective属性只对3D变形元素起作用，perspective属性用于设置3D元素距离视图的距离，以像素为单位，该属性允许用户改变3D元素查看3D元素的视图。当为元素设置perspective属性时，该元素的子元素会获得透视效果，而不是元素本身。

03 在外部CSS样式表文件中创建名为#text:hover的CSS样式，设置transform属性为translate3d()函数，实现元素在3D空间的位移效果，如图10-46所示。保存外部CSS样式表文件，在IE11浏览器中预览该页面，当鼠标移至页面中的文字上方时，可以看到文字沿x轴、y轴和z轴3个方向进行移动的效果，10-47所示。

> **提示**
>
> 　　此处通过translate3d()函数设置元素在三维空间中的位移值，x轴方向为30像素，元素将水平向右移动30像素，y轴方向为30像素，元素将垂直向下移动30像素，z轴方向为200像素，元素将向垂直于屏幕的方向移动200像素，表现出的视觉效果类似放大。如果z轴值为负值，则元素向垂直于屏幕的反方向进行移动，表现出的视觉效果类似缩小。

```
#text:hover {
    -moz-transform: translate3d(30px,30px,200px);      /*Gecko核心浏览器私有属性写法*/
    -webkit-transform: translate3d(30px,30px,200px);   /*Webkit核心浏览器私有属性写法*/
    -o-transform: translate3d(30px,30px,200px);        /*Presto核心浏览器私有属性写法*/
    -ms-transform: translate3d(30px,30px,200px);       /*Trident核心浏览器私有属性写法*/
    transform: translate3d(30px,30px,200px);           /*W3C标准语法*/
    cursor: pointer;
}
```

图 10-46　设置 translate3d() 函数　　　　　　　　图 10-47　预览元素在3个轴方向位移的效果

04 转换到外部CSS样式表语言文件中,在名为 #text:hover 的CSS样式中修改 transform 属性值为 translateZ() 函数,实现元素在z轴的位移效果,如图10-48所示。保存外部CSS样式表文件,在IE11浏览器中预览该页面,当鼠标移至页面中的文字上方时,可以看到文字沿z轴进行移动的效果,如图10-49所示。

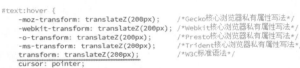

```
#text:hover {
    -moz-transform: translateZ(200px);      /*Gecko核心浏览器私有属性写法*/
    -webkit-transform: translateZ(200px);   /*Webkit核心浏览器私有属性写法*/
    -o-transform: translateZ(200px);        /*Presto核心浏览器私有属性写法*/
    -ms-transform: translateZ(200px);       /*Trident核心浏览器私有属性写法*/
    transform: translateZ(200px);           /*W3C标准语法*/
    cursor: pointer;
}
```

图 10-48　设置 translateZ() 函数　　　　　　　　图 10-49　预览元素在z轴方向位移的效果

> ─ 提示 ─
>
> 　　如果使用translateZ()函数,则表示元素只在z轴方向进行位移,而x轴和y轴方向不动。此处的translateZ(200px)相当于translate3d(0,0,200px)。

10.3.2　3D旋转

　　在前面介绍的2D旋转中已经实现了元素在平面上进行顺时针或逆时针旋转,在3D变形时,可以让元素在任何轴旋转。为此,CSS3新增了3个旋转函数rotateX()、rotateY()和rotateZ()。

　　在三维空间中,使用rotateX()、rotateY()和rotateZ()函数让一个元素围绕x、y、z轴旋转,其基本语法格式如下。

```
transform: rotateX(<angle>);
transform: rotateY(<angle>);
transform: rotateZ(<angle>);
```

　　<angle>参数指的是一个旋转角度值,其值可以是正值也可以是负值。如果为正值,元素顺时针旋转;反之,如果为负值,元素逆时针旋转。

　　在三维空间中,除了rotateX()、rotateY()和rotateZ()函数可以让一个元素在三维空间中旋转外,还有一

个函数rotate3d()，其基本的使用语法格式如下。

```
transform: rotate3d(<x>,<y>,<z>,<angle>);
```

rotate3d()函数的参数说明见表10-9。

表10-9 rotate3d()函数的参数说明

参数	说明
<x>	0~1的数值，用来描述元素围绕x轴旋转的矢量值
<y>	0~1的数值，用来描述元素围绕y轴旋转的矢量值
<z>	0~1的数值，用来描述元素围绕z轴旋转的矢量值
<angle>	角度值，用来指定元素在3D空间旋转的角度，如果其值为正值，元素顺时针旋转，反之元素逆时针旋转

当<x>、<y>、<z>3个值同时为0时，元素在3D空间不做任何旋转。当<x>、<y>、<z>取不同的值时，与前面介绍的3个旋转函数功能等同。rotateX(<angle>)函数功能等同于rotate3d(1,0,0,<angle>)；rotateY(<angle>)函数功能等同于rotate3d(0,1,0,<angle>)；rotateZ(<angle>)函数功能等同于rotate3d(0,0,1,<angle>)。

实战 实现网页元素的3D旋转效果

最终文件：最终文件\第10章\10-3-2.html　　视频：视频\第10章\10-3-2.mp4

01 执行"文件>打开"命令，打开页面"源文件\第10章\10-3-2.html"，可以看到页面的HTML代码，如图10-50所示。在IE11浏览器中预览该页面，可以看到页面的效果，如图10-51所示。

```
<!doctype html>
<html>
<head>
<meta charset="utf-8">
<title>实现网页元素的3D旋转效果</title>
<link href="style/10-3-2.css" rel="stylesheet" type=
"text/css">
</head>

<body>
<div id="box">
  <div id="logo">
    <img src="images/103202.png" width="368" height=
"368" alt=""/>
  </div>
</div>
</body>
</html>
```

图10-50　网页HTML代码

图10-51　在IE11浏览器中预览页面效果

02 转换到该网页所链接的外部CSS样式表文件中，在名称为#box的CSS样式中添加perspective属性设置代码，如图10-52所示。在名为#logo的CSS样式中添加transition属性设置代码，如图10-53所示。

```
#box {
    position: absolute;
    width: 368px;
    height: 368px;
    left: 50%;
    margin-left: -184px;
    top: 50%;
    margin-top: -184px;
    -moz-perspective: 1000px;
    -webkit-perspective: 1000px;
    -o-perspective: 1000px;
    perspective: 1000px;
}
```

图10-52　添加perspective属性设置代码

```
#logo {
    width: 100%;
    height: 100%;
    -moz-transition: all 5s;
    -webkit-transition: all 5s;
    -o-transition: all 5s;
    -ms-transition: all 5s;
    transition: all 5s;
}
```

图10-53　添加transition属性设置代码

> **提示**
>
> transition属性用于设置元素变形的过渡效果，此处在该属性中设置了两个属性值，all表示所有属性都产生过渡效果，5s是指元素属性过渡所持续的时间长度。关于transition属性将在10.4节中进行详细介绍。

03 在外部CSS样式表文件中创建名为#logo:hover的CSS样式，设置transform属性为rotateX()函数，实现元素在3D空间中围绕*x*轴旋转，如图10-54所示。保存外部CSS样式表文件，在IE11浏览器中预览该页面，当鼠标移至页面中的Logo图像上方时，可以看到该图像围绕*x*轴旋转的效果，如图10-55所示。

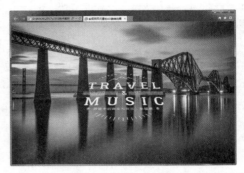

图10-54 添加rotateX()函数设置代码 　　　　　　图10-55 预览元素围绕*x*轴进行旋转的效果

04 转换到外部CSS样式表文件中，在名为#logo:hover的CSS样式中修改transform属性为rotateY()函数，实现元素在3D空间中围绕*y*轴旋转，如图10-56所示。保存外部CSS样式表文件，在IE11浏览器中预览该页面，当鼠标移至页面中的Logo图像上方时，可以看到该图像围绕*y*轴旋转的效果，10-57所示。

```
#logo:hover {
    -moz-transform: rotateY(360deg);
    -webkit-transform: rotateY(360deg);
    -o-transform: rotateY(360deg);
    -ms-transform: rotateY(360deg);
    transform: rotateY(360deg);
    cursor: pointer;
}
```

图10-56 添加rotateY()函数设置代码 　　　　　　图10-57 预览元素围绕*y*轴进行旋转的效果

05 转换到外部CSS样式表文件中，在名为#logo:hover的CSS样式中修改transform属性为rotateZ()函数，实现元素在3D空间中围绕*z*轴旋转，如图10-58所示。保存外部CSS样式表文件，在IE11浏览器中预览该页面，当鼠标移至页面中的Logo图像上方时，可以看到该图像围绕*z*轴旋转的效果，如图10-59所示。

```
#logo:hover {
    -moz-transform: rotateZ(360deg);
    -webkit-transform: rotateZ(360deg);
    -o-transform: rotateZ(360deg);
    -ms-transform: rotateZ(360deg);
    transform: rotateZ(360deg);
    cursor: pointer;
}
```

图10-58 添加rotateZ()函数设置代码 　　　　　　图10-59 预览元素围绕*z*轴进行旋转的效果

┌─ 提示 ───
　　因为z轴是垂直于屏幕的，所以使用rotateZ()函数实现元素围绕z轴进行旋转的效果与2D变形中rotate()函数所表现出的效果在视觉上是完全相同的。
└──

10.3.3　3D缩放

　　CSS3的3D变形中的缩放函数主要有scaleZ()和scale3d()，当scale3d()函数中x轴和y轴同时为1时，即scale3d(1,1,<z>)，其效果等同于scaleZ(<z>)。

　　通过使用3D缩放函数，可以让元素在z轴上按比例缩放，默认值为1，当值大于1时，元素放大，小于1大于0.01时，元素缩小。scale3d()函数的语法格式如下。

```
transform:scale3d(<x>,<y>,<z>);
```

　　<x>表示x轴方向的缩放比例；<y>表示y轴方向的缩放比例；<z>表示z轴方向的缩放比例。
scaleZ()函数的语法格式如下。

```
transform:scaleZ(<z>);
```

　　参数<z>指定元素每个点在z轴的比例，scaleZ(-1)表示一个原点在z轴的对称点。

┌─ 提示 ───
　　scaleZ()函数和scale3d()函数单独使用时没有任何效果，需要配合其他的变形函数一起使用才会有效果。
└──

┌──────────┐
│ **实战** │　　**实现网页元素的3D缩放效果**
└──────────┘　　最终文件：最终文件\第10章\10-3-3.html　　视频：视频\第10章\10-3-3.mp4

01 执行"文件>打开"命令，打开页面"源文件\第10章\10-3-3.html"，可以看到页面的HTML代码，如图10-60所示。在IE11浏览器中预览该页面，可以看到页面的效果，如图10-61所示。

```
<!doctype html>
<html>
<head>
<meta charset="utf-8">
<title>实现网页元素的3D缩放效果</title>
<link href="style/10-3-3.css" rel="stylesheet" type=
"text/css">
</head>

<body>
<div id="box">
  <div id="logo">
     <img src="images/103202.png" width="368" height=
"368"  alt=""/>
  </div>
</div>
</body>
</html>
```

图10-60　网页HTML代码

图10-61　在IE11浏览器中预览页面效果

02 转换到该网页所链接的外部CSS样式表文件中，在名称为#box的CSS样式中添加perspective属性设置代码，如图10-62所示。创建名为#logo:hover的CSS样式，设置transform属性为scaleZ()和rotateX()函数，如图10-63所示。

```
#box {
    position: absolute;
    width: 408px;
    height: 408px;
    left: 50%;
    margin-left: -204px;
    top: 50%;
    margin-top: -204px;
    -moz-perspective: 1000px;
    -webkit-perspective: 1000px;
    -o-perspective: 1000px;
    perspective: 1000px;
}
```

```
#logo:hover {
    -moz-transform: scaleZ(3) rotateX(45deg);
    -webkit-transform: scaleZ(3) rotateX(45deg);
    -o-transform: scaleZ(3) rotateX(45deg);
    -ms-transform: scaleZ(3) rotateX(45deg);
    transform: scaleZ(3) rotateX(45deg);
    cursor: pointer;
}
```

图 10-62　添加 perspective 属性设置代码　　　图 10-63　添加 scaleZ() 和 rotateX() 函数设置代码

> **提示**
>
> 在 transform 属性中同时应用了 scaleZ() 函数和 rotateX() 函数，两个函数之间使用空隔进行分隔，实现元素在 3D 空间中的在 z 轴进行缩放并围绕 x 轴旋转。

03 保存外部CSS样式表文件，在IE11浏览器中预览该页面，效果如图10-64所示。当鼠标移至页面中的Logo图像上时，可以看到该元素在 z 轴进行缩放并围绕 x 轴旋转45°的效果，如图10-65所示。

图 10-64　在IE11浏览器中预览页面效果

图 10-65　元素在 z 轴缩放和围绕 x 轴旋转的效果

10.3.4　3D矩阵

CSS3中的矩阵指的是一种方法，在CSS3中提供了两个函数实现矩阵变形效果，分别是2D矩阵变形matrix()函数和3D矩阵变形matrix3d()函数。2D矩阵为 3×3 的矩阵，而3D矩阵则是 4×4 的矩阵。对于3D矩阵而言，本质上与2D矩阵一致，只是复杂程度不一样而已。

3D矩阵即为透视投影，推算方式与2D矩阵类似。

```
|x    0    0    0|
|0    y    0    0|
|0    0    z    0|
|0    0    0    1|
```

代码表示如下。

```
matrix3d(x, 0, 0, 0, 0, y, 0, 0, 0, 0, z, 0, 0, 0, 0, 1)
```

> **提示**
>
> 倾斜变形是二维变形效果，不能在三维空间中进行倾斜变形。元素可在 x 轴和 y 轴倾斜，然后转换为三维，但它们不能在 z 轴倾斜。

▶▶ 10.4　CSS3过渡简介

W3C标准中对于transition属性的功能描述很简单：CSS3中新增的transition属性允许CSS的属性值在一定的时间区间内平滑地过渡。这种效果可以在鼠标单击、获得焦点、被单击或对元素任何改变中触发，并平滑地以动画效果改变CSS的属性值。

10.4.1　CSS3过渡属性

CSS3新增了transition属性，通过该属性可以实现网页元素变换过程中的过渡效果，即在网页中实现了基本的动画效果。与实现元素变换的transform属性一起使用，可以展现出网页元素的变形过程，丰富动画的效果。

transition属性的语法格式如下。

```
transition: transition-property||transition-duration||transition-timing-function||
transition-delay;
```

transition属性是一个复合属性，可以同时定义过渡效果所需要的参数信息。其中包含4个方面的信息，即4个子属性：transition-property、transition-duration、transition-timing-function和transition-delay。

transition属性所包含的子属性说明见表10-10。

表10-10　　　　　　　　　　transition属性的子属性说明

子属性	说明
transition-property	该属性用于设置过渡效果
transition-duration	该属性用于设置过渡所需的时间长度
transition-timing-function	该属性用于设置过渡的方式
transition-delay	该属性用于设置开始过渡的延迟时间长度

—— 技巧 ——

如果单独声明transition属性程序会很冗长，特别是在添加各个浏览器的私有属性前缀的时候。值得庆幸的是，transition属性可以像border、margin、padding和font这样的属性一样，将上面介绍的transition属性的4个子属性（transition-property、transition-duration、transition-timing-function和transition-delay）简写在一起，各属性值之间使用空格进行分隔。

10.4.2　如何创建过渡动画

以往Web中的动画都是依赖于JavaScript和Flash来实现的，但是通过CSS3新增的变形与过渡属性就能够实现许多简单的交互动画效果，这些原生的CSS过渡效果在客户端中运行时需要的资源非常少，从而能够表现地更加平滑。

CSS3过渡与元素的常规样式一起进行设置。只要目标属性更改，浏览器就会就用过渡。除了使用JavaScript触发动作外，在CSS中也可以通过一些伪类来触发动作，如:hover、:focus、:active、:target和:checked等。

通过CSS3中的过渡，无需在JavaScript中编写动画，只需要更改一个属性值并依赖浏览器来执行所有重要的工作。

以下是使用CSS创建简单过渡的步骤。

（1）在默认样式中声明元素的初始状态样式。

（2）声明过渡元素最终状态样式，如悬浮状态。

（3）在默认样式中通过添加过渡函数，并添加一些不同的样式。

10.4.3 CSS3过渡属性的浏览器兼容性

transition属性和其他的CSS3属性一样，离不开浏览器对它的束缚，不过目前主流的现代浏览器都能够对transition属性提供良好的支持。

transition属性的浏览器兼容性见表10-11。

表10-11　　　　　　　　　　transition属性的浏览器兼容性

属性	Chrome	Firefox	Opera	Safari	IE
transition	4.0+ √	4.0+ √	10.5+ √	3.1+ √	10+ √

浏览器适配说明

虽然目前主流的现代浏览器都能够支持transition属性，但是并不是所有用户使用的都是主流的现代浏览器，想让使transition属性适配更多的浏览器，有必要花点时间详细了解各浏览器对transition属性的支持情况。

- IE11+、Firefox 16.0+、Chrome 26.0+、Safari 7.0+、Opera 12.1+支持transition属性的W3C的标准写法，不需要添加浏览器的私有属性前缀。
- IE10、Firefox 4.0~Firefox 15.0、Chrome 4.0~Chrome 20.0、Safari 3.1~Safari 6.0和Opera 10.5~Opera 12.0中只支持各浏览器的私有属性，也就是说需要适配这些版本的浏览器，就需要使用transition属性的私有属性前缀。
- iOS Safari 3.2~iOS Safari 6.1、Android Browser 2.1+、Blackberry Browser 7.0+和Chrome for Android 27.0需要添加浏览器私有属性前缀-webkit-，Opera Mobile 10.0~Opera Mobile 12.0中需要添加浏览器私有属性前缀-o-。
- iOS Safari 7.0+和Firefox for Android 22.0+支持transition属性的W3C标准语法，不需要添加浏览器的私有属性前缀。

提示

transition属性的4个子属性（transition-property、transition-duration、transition-timing-function和transition-delay）的浏览器兼容性，以及适配浏览器的方法与此处介绍的transition属性完全相同。

▶▶▶ 10.5 CSS3实现元素过渡效果

前面所介绍的transform属性所实现的是网页元素的变形效果，仅仅呈现的是元素变形的结果。在CSS3中还新增了transition属性，通过该属性可以设置元素的变形过渡效果，可以让元素的变形过程看起来更加平滑。

10.5.1　transition-property属性——实现过渡效果

要让transition属性能够正常工作，需要为元素设置两套样式用于用户与页面的交互。通过transition-property属性来指定产生过渡的CSS属性名称。

transition-property属性的语法格式如下。

```
transition-property: none | all | <property>;
```

transition-property属性的属性值说明见表10-12。

表10-12　　　　　　　　　　transition-property属性的属性值说明

属性值	说明
none	表示没有任何CSS属性有过渡效果
all	该属性值为默认值，表示所有的CSS属性都有过渡效果
<property>	指定一个或多个使用逗号分隔的属性，针对指定的这些属性有过渡效果

需要注意的是，使用transition-property属性来指定过渡属性并不是所有属性都可以过渡，具体什么CSS属性可以实现过渡，在W3C官网中列出了可以实现过渡的CSS属性值及值的类型，见表10-13。

表10-13　　　　　　　　　　支持过渡效果的CSS属性表

background-color	background-position	border-bottom-color	border-bottom-width
border-left-color	border-left-width	border-right-color	border-right-width
border-spacing	border-top-color	border-top-width	bottom
clip	color	font-size	font-weight
height	left	letter-spacing	line-height
margin-bottom	margin-left	margin-right	margin-top
max-height	max-width	min-height	min-width
opacity	outline-color	outline-width	padding-bottom
padding-left	padding-right	padding-top	right
text-indent	text-shadow	vertical-align	visibility
width	word-spacing	z-index	

> **技巧**
>
> 在使用transition-property属性指定过渡CSS属性时，不仅可以指定一个CSS属性，还可以同时指定多个过渡CSS属性，只是在CSS属性名称之间使用逗号隔开。

10.5.2　transition-duration属性——过渡时间

transition-duration属性用来设置一个属性过渡到另一个属性所需要的时间，即从旧属性过渡到新属性持续的时间。

transition-duration属性的语法格式如下。

```
transition-duration: <time>;
```

<time>参数用于指定一个用逗号分隔的多个时间值，时间的单位可以是s（秒）或ms（毫秒）。默认情况

下为0，即看不到过渡效果，看到的直接是变换后的结果。

实战

实现网页元素变形过渡效果

最终文件：最终文件\第10章\10-5-2.html　　视频：视频\第10章\10-5-2.mp4

---

01 执行"文件>打开"命令，打开页面"源文件\第10章\10-5-2.html"，可以看到页面的HTML代码，如图10-66
所示。在IE11浏览器中预览该页面，可以看到页面的效果，如图10-67所示。

```html
<body>
<div id="top">
  <div id="menu">
    <ul>
      <li>网站首页</li>
      <li>关于我们</li>
      <li>美味蛋糕</li>
      <li>花式蛋糕</li>
      <li>在线预订</li>
      <li>联系我们</li>
    </ul>
  </div>
</div>
<div id="logo"><img src="images/105102.png" width="313"
height="313" alt=""/></div>
<div id="box">
  <div id="text">目前国内最大的蛋糕连锁<br>
  秉承&ldquo;引领美食潮流、倡导品位生活&rdquo;的经营理念</div>
  <div id="btn"><img src="images/105103.png" width="36"
height="51" alt=""/></div>
</div>
</body>
```

图10-66　网页HTML代码　　　　　　　　　　图10-67　在IE11浏览器中预览页面效果

02 转换到该网页所链接的外部CSS样式表文件中，找到名为#logo的CSS样式，如图10-68所示。在该CSS样式
代码中添加transition-property属性和transition-duration属性设置，设置元素过渡效果和过渡时间，如图10-69所示。

```css
#logo {
    position: absolute;
    width: 313px;
    height: 313px;
    left: 50%;
    margin-left: -178px;
    top: 45%;
    margin-top: -178px;
    background-color: rgba(255,255,255,0.2);
    border: solid 1px #CCC;
    padding: 20px;
}
```

```css
#logo {
    position: absolute;
    width: 313px;
    height: 313px;
    left: 50%;
    margin-left: -178px;
    top: 45%;
    margin-top: -178px;
    background-color: rgba(255,255,255,0.2);
    border: solid 1px #CCC;
    padding: 20px;
    transition-property: transform,background-color;/*设置过渡效果*/
    transition-duration: 4s;/*设置过渡持续时间*/
}
```

图10-68　CSS样式代码　　　　　　　　　　图10-69　添加过渡效果和时间属性设置代码

03 在外部CSS样式表文件中创建名为#logo:hover的CSS样式，在该CSS样式中设置元素在鼠标经过状态下的
变形效果，如图10-70所示。保存外部CSS样式表文件，在IE11浏览器中预览该页面，当鼠标移至页面中的Logo
图像上方时，可以看到该元素背景颜色逐渐过渡变化的动画效果，如图10-71所示。

```css
#logo:hover {
    background-color: rgba(233,34,105,0.7);
    border: solid 10px #FFF;
    transform: rotate(360deg); /*设置元素旋转变形*/
    cursor: pointer;
}
```

图10-70　CSS样式代码　　　　　　　　　　图10-71　预览元素过渡动画效果

> **提示**
>
> 　　因为在名为#logo的CSS样式中通过transition-property属性指定了两个过渡属性，分别是transform和background-color这两个属性，两个属性之间使用逗号分隔，所以在预览页面中当鼠标移至元素上方时，只能够看到元素的变形和背景颜色变化的过渡动画效果，而看不到边框过渡的动画效果。

04 返回到CSS样式表文件中，在名为#logo的CSS样式中，修改transition-property属性值为all，如图10-72所示。保存外部CSS样式表文件，在IE11浏览器中预览该页面，当鼠标移至页面中的Logo图像上方时，可以看到该元素所有属性过渡变化的动画效果，如图10-73所示。

```
#logo {
    position: absolute;
    width: 313px;
    height: 313px;
    left: 50%;
    margin-left: -178px;
    top: 45%;
    margin-top: -178px;
    background-color: rgba(255,255,255,0.2);
    border: solid 1px #CCC;
    padding: 20px;
    transition-property: all;/*设置过渡效果*/
    transition-duration: 4s;/*设置过渡持续时间*/
}
```

图10-72　修改transition-property属性设置　　　　图10-73　预览元素过渡动画效果

浏览器适配说明

```
#logo {
    position: absolute;
    width: 313px;
    height: 313px;
    left: 50%;
    margin-left: -178px;
    top: 45%;
    margin-top: -178px;
    background-color: rgba(255,255,255,0.2);
    border: solid 1px #CCC;
    padding: 20px;

    -moz-transition-property: all;
    -webkit-transition-property: all;
    -o-transition-property: all;
    -ms-transition-property: all;
    transition-property: all;/*设置过渡效果*/

    -moz-transition-duration: 4s;
    -webkit-transition-duration: 4s;
    -o-transition-duration: 4s;
    -ms-transition-duration: 4s;
    transition-duration: 4s;/*设置过渡持续时间*/
}
```

（1）目前主流的现代浏览器都能够支持CSS3的变形和过渡效果，但是较低版本的浏览器则需要使用私有属性的方法，转换到外部CSS样式表文件中，为transform和transition属性添加不同浏览器私有属性前缀，如图10-74所示。

```
#logo:hover {
    background-color: rgba(233,34,105,0.7);
    border: solid 10px #FFF;
    -moz-transform: rotate(360deg);
    -webkit-transform: rotate(360deg);
    -o-transform: rotate(360deg);
    -ms-transform: rotate(360deg);
    transform: rotate(360deg); /*设置元素旋转变形*/
    cursor: pointer;
}
```

图10-74　添加不同浏览器私有属性写法

（2）保存外部CSS样式表文件，在Chrome浏览器中预览页面，同样可以看到元素变形过渡的效果，如图10-75所示。在IE10浏览器中预览页面，同样可以看到元素变形过渡的效果，如图10-76所示。

图10-75　在Chrome浏览器中预览过渡动画效果　　　　图10-76　在IE10浏览器中预览过渡动画效果

（3）通过观察可以发现，页面中多处使用了RGBA颜色方式来实现半透明背景颜色的效果，这里也可以根据之前介绍的方法，通过使用Gradient滤镜实现半透明的背景颜色，从而适配低版本的IE浏览器，如图10-77所示。

图10-77　添加Gradient滤镜设置代码

（4）但是在IE9及其以下版本的IE浏览器中并不支持CSS3新增的过渡属性，并且也没有什么好的替代方法。

10.5.3　transition-delay属性——过渡延迟时间

transition-delay属性用于设置CSS属性过渡的延迟时间。

transition-delay属性的语法格式如下。

```
transition-delay: <time>;
```

<time>参数用于指定一个用逗号分隔的多个时间值，时间的单位可以是s（秒）或ms（毫秒）。默认情况下为0，即没有时间延迟，立即开始过渡效果。

<time>参数的取值可以为负值，但过渡的效果会从该时间点开始，之前的过渡效果将会被截断。

> **提示**
>
> transition-duration属性和transition-delay属性在transition属性中都是指时间，其使用方法也基本相似，不同的是transition-duration属性设置的是过渡动画完成所需要的时间（也就是完成过渡动画总共用了多少时间）；而transition-delay属性设置的是动画在多长时间之后触发（也就是多长时间之后触发过渡动画）。

实战 设置网页元素变形过渡延迟时间
最终文件：最终文件\第10章\10-5-3.html　　视频：视频\第10章\10-5-3.mp4

01 执行"文件>打开"命令，打开页面"源文件\第10章\10-5-3.html"，页面效果如图10-78所示。转换到该网页所链接的外部CSS样式表文件中，找到名为#logo的CSS样式设置代码，如图10-79所示。

```
#logo {
    position: absolute;
    width: 313px;
    height: 313px;
    left: 50%;
    margin-left: -178px;
    top: 45%;
    margin-top: -178px;
    /*IE 5至IE7*/
    filter: progid:DXImageTransform.Microsoft.gradient(enabled=
    'true',startColorstr='#33FFFFFF',endColorstr='#33FFFFFF');
    /*IE 8*/
    -ms-filter:
"progid:DXImageTransform.Microsoft.gradient(enabled='true',
startColorstr='#33FFFFFF',endColorstr='#33FFFFFF')";
    background-color: rgba(255,255,255,0.2);
    border: solid 1px #CCC;
    padding: 20px;

    -moz-transition-property: all;
    -webkit-transition-property: all;
    -o-transition-property: all;
    -ms-transition-property: all;
    transition-property: all;/*设置过渡效果*/
    -moz-transition-duration: 4s;
    -webkit-transition-duration: 4s;
    -o-transition-duration: 4s;
    -ms-transition-duration: 4s;
    transition-duration: 4s;/*设置过渡持续时间*/
}
```

图 10-78　打开页面

图 10-79　CSS样式代码

02 在该CSS样式代码中添加transition-delay属性设置，如图10-80所示。保存外部CSS样式表文件，在IE11浏览器中预览页面，当光标移至页面中logo元素上方时，需要等待延迟时间后才开始显示过渡效果，如图10-81所示。

> **提示**
>
> 此处设置延迟过渡时间transition-delay属性为500ms，表示当鼠标经过该元素时，需要等待500ms后才产生过渡效果。

```
    -moz-transition-property: all;
    -webkit-transition-property: all;
    -o-transition-property: all;
    -ms-transition-property: all;
    transition-property: all;/*设置过渡效果*/
    -moz-transition-duration: 4s;
    -webkit-transition-duration: 4s;
    -o-transition-duration: 4s;
    -ms-transition-duration: 4s;
    transition-duration: 4s;/*设置过渡持续时间*/

    -moz-transition-delay: 500ms;
    -webkit-transition-delay: 500ms;
    -o-transition-delay: 500ms;
    -ms-transition-delay: 500ms;
    transition-delay: 500ms;    /*设置过渡延迟时间*/
}
```

图 10-80　添加transition-delay属性设置代码

图 10-81　预览元素过渡动画效果

10.5.4　transition-timing-function属性——过渡方式

transition-timing-function属性用于设置CSS属性过渡的速度曲线，即过渡方式。

transition-timing-function属性的语法格式如下。

```
transition-timing-function: linear | ease | ease-in | ease-out | ease-in-out |
cubic-bezier(n,n,n,n);
```

transition-timing-function属性的属性值说明见表10-14。

表10-14   transition-timing-function属性的属性值说明

属性值	说明
linear	表示过渡动画一直保持同一速度，相当于cubic-bezier(0,0,1,1)
ease	该属性值为transition-timing-function属性的默认值，表示过渡的速度先慢、再快、最后非常慢，相当于cubic-bezier(0.25,0.1,0.25,1)
ease-in	表示过渡的速度先慢，后来越来越快，直到动画过渡结束，相当于cubic-bezier(0.42,0,1,1)
ease-out	表示过渡的速度先快，后来越来越慢，直到动画过渡结束，相当于cubic-bezier(0,0,0.58,1)
ease-in-out	表示过渡的速度在开始和结束的时候都比较慢，相当于cubic-bezier(0.42,0,0.58,1)
cubic-bezier(n,n,n,n)	自定义贝赛尔曲线效果，其中的4个参数为从0~1的数字

实战   设置网页元素变形过渡方式

最终文件：最终文件\第10章\10-5-4.html   视频：视频\第10章\10-5-4.mp4

01 执行"文件>打开"命令，打开页面"源文件\第10章\10-5-4.html"，页面效果如图10-82所示。转换到该网页所链接的外部CSS样式表文件中，找到名为#logo的CSS样式设置代码，如图10-83所示。

```
#logo {
    position: absolute;
    width: 313px;
    height: 313px;
    left: 50%;
    margin-left: -178px;
    top: 45%;
    margin-top: -178px;
    /*IE 5至IE7*/
    filter: progid:DXImageTransform.Microsoft.gradient(enabled=
'true',startColorstr='#33FFFFFF',endColorstr='#33FFFFFF');
    /*IE 8*/
    -ms-filter:
"progid:DXImageTransform.Microsoft.gradient(enabled='true',
startColorstr='#33FFFFFF',endColorstr='#33FFFFFF')";
    background-color: rgba(255,255,255,0.2);
    border: solid 1px #CCC;
    padding: 20px;

    -moz-transition-property: all;
    -webkit-transition-property: all;
    -o-transition-property: all;
    -ms-transition-property: all;
    transition-property: all;/*设置过渡效果*/
    -moz-transition-duration: 4s;
    -webkit-transition-duration: 4s;
    -o-transition-duration: 4s;
    -ms-transition-duration: 4s;
    transition-duration: 4s;/*设置过渡持续时间*/
}
```

图10-82 打开页面   图10-83 CSS样式代码

02 在该CSS样式代码中添加transition-timing-function属性设置，如图10-84所示。保存页面和外部CSS样式表文件，在浏览器中预览页面，当光标移至页面中logo元素上方时，可以看到元素的变形过渡方式，如图10-85所示。

```
    -moz-transition-property: all;
    -webkit-transition-property: all;
    -o-transition-property: all;
    -ms-transition-property: all;
    transition-property: all;/*设置过渡效果*/
    -moz-transition-duration: 4s;
    -webkit-transition-duration: 4s;
    -o-transition-duration: 4s;
    -ms-transition-duration: 4s;
    transition-duration: 4s;/*设置过渡持续时间*/

    -moz-transition-timing-function: ease-out;
    -webkit-transition-timing-function: ease-out;
    -o-transition-timing-function: ease-out;
    -ms-transition-timing-function: ease-out;
    transition-timing-function: ease-out;    /*设置过渡方式*/
}
```

图10-84 添加过渡方式属性设置代码   图10-85 预览元素过渡动画效果

提示

　　设置transition-timing-function属性为ease-out，表示过渡效果的速度越来越慢。当鼠标经过该元素时，快速产生过渡效果，然后缓慢地结束。

▶▶▶ **10.6　CSS3关键帧动画简介**

　　在前面的小节中已经学习了如何使用CSS3新增的transition属性实现元素属性过渡的动画效果，但是这种元素属性过渡动画效果的功能比较单一。因此，在CSS3中新增了一个专门用于制作动画的animation属性，与transition过渡属性不同的是，CSS3新增的animation属性可以像Flash制作动画一样，通过关键帧控制动画的每一步，从而在网页中实现更为复杂的动画效果。

10.6.1　CSS3新增的animation属性

　　CSS3中通过animation属性实现动画效果和transition属性实现动画效果非常类似，都是通过改变元素的属性值来实现动画效果的，它的区别主要在于：使用transition属性只能指定属性的初始状态和结束状态，然后在两个状态之间通过平滑过渡的方式来实现动画。而animation属性实现动画效果主要由两个部分组成。

　　（1）通过@keyframes规则来声明一个动画。

　　（2）在animation属性中调用关键帧声明的动画，从而实现一个更为复杂的动画效果。

　　CSS3动画属性animation与CSS3的transition属性一样都是一个复合属性，它包含了多个子属性，如animation-name、animation-duration、animation-timing-function、animation-delay、animation-iteration-count、animation-direction、animation-play-state和animation-fill-mode。

　　animation属性的语法格式如下。

```
animation: [ <animation-name> || <animation-duration> || <animation-timing-
function> || <animation-delay> || <animation-iteration-count> || <animation-
direction> || <animation-play-state> || <animation-fill-mode> ] *
```

　　从语法中可以看出，animation属性包含8个子属性，而每一个子属性都有其具体的含义和作用，各子属性说明见表10-15。

表10-15　　　　　　　　　　　　　　　　　animation属性的子属性说明

子属性	说明
animation-name	该子属性用于指定一个关键帧动画的名称，这个动画名称必须对应一个@keyframes规则。CSS加载时会应用animation-name属性指定的动画，从而执行动画
animation-duration	该子属性用于设置动画播放所需要的时间，一般以秒为单位
animation-timing-function	该子属性用于设置动画的播放方式，与transition-timing-function类似
animation-delay	该子属性用于设置动画开始时间，一般以秒为单位
animation-iteration-count	该子属性用于设置动画播放的循环次数
animation-direction	该子属性用于设置动画的播放方向
animation-play-state	该子属性用于设置动画的播放状态
animation-fill-mode	该子属性用于设置动画在播放之前或之后，其动画效果是否可见

animation属性的8个子属性，可以分开分别单独进行设置，也可以同时将8个子属性的值定义在animation属性中，每个子属性值使用空格分隔即可，写为如下的形式。

```
animation: <animation-name> <animation-duration> <animation-timing-function>
<animation-delay> <animation-iteration-count> <animation-direction> <animation-play-
state> <animation-fill-mode>;
```

> **技巧**
>
> 在animation属性的设置中，除了可以将动画子属性简写在一起外，还可以将多个动画应用在一个元素上。同时将多个动画属性应用到一个元素之上时，可以包括每个动画名称的分组，每个简写的分组以逗号分隔开。

10.6.2　animation属性的浏览器兼容性

CSS3新增的animation属性目前已获得主流现代浏览器的支持，animation属性的浏览器兼容性见表10-16。

表10-16　　　　　　　　　　　　　animation属性的浏览器兼容性

属性	Chrome	Firefox	Opera	Safari	IE
animation	4.0+ √	5.0+ √	12.0+ √	4.0+ √	10+ √

> **浏览器适配说明**
>
> 虽然主流的现代浏览器都能够支持CSS3新增的animation属性，不过，在现代浏览器及移动商用浏览器中对animation属性的支持情况各有不同。
>
> - Chrome 4+、Safari 4.0+、Firefox 5.0+~Firefox 16只支持各浏览器的私有属性，也就是说适配这些版本的浏览器需要使用animation属性的私有属性前缀。
> - IE10+、Firefox 16+和Opera 12+支持animation属性的W3C的标准写法，不需要添加浏览器的私有属性前缀。
> - Opera 16+、iOS Safari 3.2+、Android Browser 2.1+、Blackberry Browser 7.0+需要添加浏览器私有属性前缀-webkit-。

10.6.3　@keyframes的语法

前面介绍过CSS3的animation属性制作动画效果主要包括两个部分，首先是使用关键帧声明一个动画，其次是在animation中调用关键帧声明的动画。在CSS3中，把@keyframes称为关键帧。

@keyframes具有其自己的语法规则则，命名是由@keyframes开头，后面紧跟"动画的名称"加上一对大括号"{……}"，括号中就是不同时间段样式规，有点像CSS的样式写法。一个@keyframes中的样式规则是由多个百分比值构成的，如0%~100%，可以在这个规则中创建更多个百分比，分别给每个百分比中需要有动画效果的元素加上不同的属性，从而让元素达到一种不断变化的效果，如移动，或改变元素颜色、位置、大小和形状等。不过有一点需要注意，可以使用from to代表一个动画从哪开始，到哪结束，也就是说from就相当于0%，而to相当于100%。

@keyframes可以指定任何顺序排列来决定animation动画变化的关键位置，具体语法格式如下。

```
keyframes-rule: '@keyframes' IDENT '{' keyframes-blocks '}';
keyframes-blocks: [keyframe-selectors block] *;
keyframe-selectors: ['from' | 'to' PERCENTAGE] [',' ['from' | 'to" | PERCENTAGE]] *;
```

把上面的语法综合起来理解，可以写为如下的形式。

```
@keyframes IDENT {
  from{ /*这里是CSS样式设置代码*/ }
  percentage{ /*这里是CSS样式设置代码*/ }
  to{ /*这里是CSS样式设置代码*/ }
}
```

也可以将语法中的关键词from和to替换成百分比，如下。

```
@keyframes IDENT {
  0% { /*这里是CSS样式设置代码*/ }
  percentage{ /*这里是CSS样式设置代码*/ }
  100% { /*这里是CSS样式设置代码*/ }
}
```

其中，IDENT是自定义的动画名称，percentage是一个百分比值，用来定义某个时间段的动画效果。

10.6.4 @keyframes 的浏览器兼容性

@keyframes规则在制作关键帧动画过程中是必不可少的一个属性，浏览器对@keyframes的兼容性直接影响到animation属性能在哪些浏览器中运行。目前，@keyframes在主流现代浏览器中都得到了比较好的支持，@keyframes的浏览器兼容性见表10-17。

表10-17　　　　　　　　　　　　　　@keyframes的浏览器兼容性

属性	Chrome	Firefox	Opera	Safari	IE
@keyframes	4.0+ √	5.0+ √	4.0+ √	12.0+ √	10+ √

> - IE10+、Firefox 21+ 支持 @keyframes 的 W3C 标准语法，不需要添加浏览器私有属性前缀。
> - iOS 3.2、Android Browser 4.0+ 和 Blackberry Browser 7.0+ 需要添加浏览器私有属性前缀 −webkit−。

▶▶▶ 10.7　为网页元素应用关键帧动画

要在CSS样式中为元素应用动画，首先需要创建一个自定义名称的动画，然后将它附加到该元素属性声明块中的一个元素上。动画本身并不执行任何操作，为了向元素应用动画，需要将动画与元素关联起来。这个要创建的动画必须使用@keyframes来声明，后跟所选择的名称，该名称主要用于对动画的声明作用，然后指定关键帧。

10.7.1　使用@keyframes声明动画

一起来看一个W3C官网的实例。

```
@keyframes wobble {
  0% {
    margin-left: 100px;
    background-color: green;
  }
  40% {
    margin-left: 150px;
    background-color: orange;
  }
  60% {
    margin-left: 75px;
    background-color: blue;
  }
  100% {
    margin-left: 100px;
    background-color: red;
  }
}
```

提示

　　此处使用了 @keyframes 的 W3C 标准语法，如果需要让所有支持 @keyframes 的浏览器都有效果，需要添加不同核心浏览器的私有属性前缀，但添加前缀时和以往CSS3属性添加前缀略有不同，浏览器私有属性前缀应该添加在keyframes关键词前面，而不是@keyframes前面，如 @-moz-keyframes。

在这个简单的示例中，通过@keyframes声明了一个名称为wobble的动画，在该动画中一共定义了4个关键帧。

（1）0% 为第1个关键帧，元素左边距为100像素，背景颜色为绿色。

（2）40% 为第2个关键帧，元素左边距为150像素，背景颜色为橙色。

（3）60%为第3个关键帧，元素左边距为75像素，背景颜色为蓝色。

（4）100%为第4个关键帧，元素左边距为100像素，背景颜色为红色。

使用@keyframes声明一个动画名称，而其中声明动画的每个关键帧看起来就像它自己嵌套的CSS声明块。在每个关键帧内，包含目标属性和值。在每个关键帧之间，浏览器的动画引擎将平滑地插入值。

> **技巧**
>
> @keyframes中的关键帧并不是一定要按顺序指定的，其实可以任何顺序来指定关键帧，因为动画中的关键帧顺序由百分比值确定而不是声明的顺序。

这里使用@keyframes声明了关键帧动画，但是它们并没有附加到任何元素上，所以不会有任何的效果。通过@keyframes定义关键帧动画后，还需要通过CSS属性来调用@keyframes声明的动画。

10.7.2 调用@keyframes声明的动画

@keyframes只是用来声明一个动画，如果不通过其他的CSS属性调用这个动画，是没有任何动画效果的。那么，在CSS中如何调用@keyframes声明的动画呢？

CSS3的animation类似于transition属性，它们都随着时间改变元素的属性值。它们的主要区别是transition属性需要触发一个事件（hover事件或click事件等）才会随时间改变其CSS属性；而animation属性在不需要触发任何事件的情况下也可以随时间变化来改变元素CSS的属性值，从而达到一种动画效果。这样一来就可以直接在一个元素中调用animation的动画属性。换句话说，就是通过animation属性来调用@keyframes声明的动画。

下面通过一个简单的实例，来演示animation属性调用@keyframes声明的动画。

```
.demo {
  margin-left: 100px;
  background-color: blue;
  animation: wobble 2s ease-in; /*调用自定义关键帧动画，并设置动画持续时间和方式*/
}
```

CSS3的animation属性调用wobble动画之后，会影响与元素相对应的CSS属性值，在整个动画过程中，元素的变化属性值完全是由animation属性来控制的，动画后面的属性值会覆盖前面的属性值。

▶▶▶ 10.8 CSS3动画子属性详解

animation属性包含8个子属性，其中每个子属性所起的作用都不一样，只有了解并掌握了每个子属性的功能及其使用方法，才能够更好地运用animation属性实现完美的动画效果。

10.8.1 animation-name属性——调用动画

animation-name属性主要用来调用动画，其调用的动画是通过@keyframes声明的动画。animation-name属性的语法格式如下。

```
animation-name: none | IDENT[,none | IDENT] *;
```

animation-name属性的属性值说明见表10-18。

表10-18　　　　　　　　　　　　　animation-name属性的属性值说明

属性值	说明
none	为默认值，当值为none时，将没有任何动画效果，其可以用于覆盖任何动画
IDENT	是由@keyframes声明的自定义动画名称，换句话说此处的IDENT需要与@keyframes中的IDENT一致，如果不一致将无法正常调用自定义的关键帧动画

10.8.2　animation-duration属性——动画播放时间

animation-duration属性用来设置所调用的关键帧动画的播放时间。animation-duration属性的语法格式如下。

```
animation-duration: <time>[,<time>] *;
```

animation-duration属性与transition-duration属性的使用方法类似，用来指定元素播放动画所持续的时间，也就是完成从0%~100%一次动画所需要的时间。<time>取值为数值，单位为秒，其默认值为0，意味着动画周期为0，也就是没有动画效果。如果取值为负值则会被视为0。

10.8.3　animation-timing-function属性——动画播放方式

animation-timing-function属性用来设置所调用的关键帧动画的播放方式。animation-timing-function属性的语法格式如下。

```
animation-timing-function: ease | linear | ease-in | ease-out | ease-in-out |
cubic-bezier(<number>,<number>,<number>,<number>) [,ease | linear | ease-in | ease-
out | ease-in-out | cubic-bezier(<number>,<number>,<number>,<number>)] *;
```

animation-timing-function属性是指元素根据时间的推移来改变属性值的变换速率，说得简单点就是动画的播放方式。该属性与transition-timing-function属性一样，它们的动画播放方式也完全相同，各属性值的说明可以参考10.5.4节中的介绍。

10.8.4　animation-delay属性——动画开始播放时间

animation-delay属性用来设置所调用的关键帧动画开始播放的时间，是延迟还是提前等。animation-delay属性的语法格式如下。

```
animation-delay: <time> [,<time>] *;
```

animation-delay属性与transition-delay属性的使用方法及所起的作用是相同的，具体可以参考10.5.3节。

10.8.5　animation-iteration-count属性——动画播放次数

animation-iteration-count属性用来设置所调用的关键帧动画的播放次数。animation-iteration-count属性的语法格式如下。

```
animation-iteration-count: infinite | <number> [,infinite | <number>]*;
```

该属性主要用于设置动画的播放次数，其属性值通常为整数，但也可以使用带有小数的数值。该属性的属性值默认为1，这意味着动画只播放一次。如果取值为infinite，动画将会无限循环播放。

10.8.6 animation-direction属性——动画播放方向

animation-direction属性主要用于设置所调用的关键帧动画的播放方向。animation-direction属性的语法格式如下。

```
animation-direction: normal | alternate [,normal | alternate]*;
```

animation-direction属性主要有两个属性值，默认值为normal，表示动画每次循环播放都是向前播放；如果设置该属性值为alternate，则动画播放为偶数次则向前播放，奇数次则向反方向播放。

10.8.7 animation-play-state属性——动画播放状态

animation-play-state属性主要用来设置所调用关键帧动画的播放状态。animation-play-state属性的语法格式如下。

```
animation-play-state: running | paused [,running | paused] *;
```

animation-play-state属性有两个属性值，其中running为默认值，作用类似于音乐播放器，可以通过paused将正在播放的动画停下来，也可以通过running使暂停的动画重新播放，这里的重新播放不一定是从动画的开始播放，也可能是从暂停的位置开始播放。另外如果暂停了动画的播放，元素的样式将回到最原始设置状态。

10.8.8 animation-fill-mode属性——动画时间外属性

animation-fill-mode属性用于设置在动画开始之前和结束之后所发生的操作。animation-fill-mode属性的语法格式如下。

```
animation-fill-mode: none | forwards | backwards | both ;
```

animation-fill-mode属性主要有4个属性值：none、forwards、backwards和both。其默认值为none，表示动画将按预期进行和结束，在动画完成其最后一帧时，动画会恢复到初始帧处。当属性值设置为forwards时，动画在结束后继续应用最后关键帧的位置。当属性值为backwards时，会在向元素应用动画样式时迅速应用动画的初始帧。当属性值为both时，元素动画同时具有forwards和backwards效果。

> **提示**
> 在默认情况下，动画不会影响它的关键帧之外的属性，但是使用animation-fill-mode属性可以修改动画的默认行为。简单的理解就是告诉动画在第一个关键帧上等待动画开始，或者在动画结束时停在最后一个关键帧上而不返回到动画第一帧，或者同时具有这两个效果。

实战 制作关键帧动画效果
最终文件：最终文件\第10章\10-8-8.html　　视频：视频\第10章\10-8-8.mp4

01 执行"文件>打开"命令，打开页面"源文件\第10章\10-8-8.html"，可以看到页面的HTML代码，如图10-86所示。在IE11浏览器中预览该页面，可以看到页面的效果，如图10-87所示。

```
<!doctype html>
<html>
<head>
<meta charset="utf-8">
<title>制作简单的关键帧动画</title>
<link href="style/10-7-2.css" rel="stylesheet" type=
"text/css">
</head>

<body>
<div id="logo"><img src="images/107202.png" width=
"460" height="98" alt=""/></div>
</body>
</html>
```

图 10-86　网页 HTML 代码

图 10-87　在 IE11 浏览器中预览页面效果

提示

　　默认情况下，页面中的 Logo 图像位于页面的左侧中间位置，接下来首先需要通过 @keyframes 来定义一个动画，并且在该动画中创建关键帧，在每个关键帧设置 Logo 图像的相关属性。然后在 Logo 元素的 CSS 样式中通过 animation 属性来调用 @keyframes 所创建的关键帧动画。

---

02 转换到该网页所链接的外部 CSS 样式表文件中，使用 @keyframes 创建名称为 mymove 的关键帧动画，如图 10-88 所示。在名为 #logo 的 CSS 样式中添加 animation 属性设置代码，调用刚定义的名为 mymove 的关键帧动画，如图 10-89 所示。

```
@keyframes mymove {
    0% {left: -25%; opacity: 0;}
    50% {left: 50%; opacity: 1;}
    100% {left: 100%; opacity: 0;}
}
```

图 10-88　声明关键帧动画

```
#logo {
    position: absolute;
    width: 460px;
    height: 98px;
    text-align: center;
    top: 50%;
    margin-top: -49px;
    margin-left: -230px;
    animation: mymove 15s infinite;
}
```

图 10-89　调用关键帧动画

提示

　　通过 @keyframes 创建了名称为 mymove 的关键帧动画，在该动画中定义了 3 个关键帧，分别在 0%、50% 和 100% 位置，在这 3 个关键帧中分别设置了元素距离容器左侧的距离及元素的不透明度。通过此处 3 个关键帧代码的设置，我们就可以知道，这里制作的是元素从左向右移动的动画效果，并且元素的不透明度也是从完全透明到完全不透明再到完全透明。

提示

　　此处 animation 属性设置了 3 个属性值，3 个属性值使用空格分隔。第 1 个属性值 mymove 是调用所创建的关键帧动画，第 2 个属性值 15s 表示整个关键帧动画的持续时间为 15 秒，第 3 个属性值 infinite 表示该关键帧动画为无限循环播放。如果希望动画只播放一次，可以删除第 1 个属性值。

---

03 保存外部 CSS 样式表文件，在 IE11 浏览器中预览该页面，可以看到 Logo 图像从左至右逐渐显示到逐渐消失的动画效果，如图 10-90 所示。

04 转换到外部 CSS 样式表文件中，使用 @keyframes 创建名称为 myscale 的关键帧动画，如图 10-91 所示。在名为 #logo 的 CSS 样式中修改 animation 属性设置代码，同时调用刚定义的两个关键帧动画，如图 10-92 所示。

图10-90 在IE11浏览器中预览制作的动画效果

```
@keyframes myscale {
    0% {transform:rotate(-720deg) scale(0.1,0.1);}
    50% {transform:rotate(0deg) scale(1,1);}
    100% {transform:rotate(720deg) scale(0.1,0.1);}
}
```

图10-91 声明关键帧动画

```
#logo {
    position: absolute;
    width: 460px;
    height: 98px;
    text-align: center;
    top: 50%;
    margin-top: -49px;
    margin-left: -230px;
    animation: mymove 15s infinite, myscale 15s infinite;
}
```

图10-92 同时调用两个关键帧动画

提示

在animation属性中同时调用两个关键帧动画时，需要将不同名称的关键帧动画的相关设置进行分组，分组之间使用逗号进行分隔。注意，不能写为"animation:mymove,myscale 15s infinite;"这种形式，这种形式会导航动画表现效果出错。

---

05 保存外部CSS样式表文件，在IE11浏览器中预览该页面，可以看到Logo图像旋转放大逐渐显示到旋转缩小逐渐消失的动画效果，如图10-93所示。

图10-93 在IE11浏览器中预览制作的动画效果

提示

在animation属性中同时调用两个关键帧动画，并且为两个关键帧动画设置了相同的动画播放周期时间，在浏览器中预览时，页面元素会同时执行所调用的两个关键帧动画效果。

浏览器适配说明

（1）如果希望获得大多数浏览器的支持，在使用时需要添加各浏览器私有属性前缀。转换到外部CSS样式表文件中，为@keyframes添加各浏览器私有属性前缀，如图10-94所示。

（2）为animation属性添加各浏览器私有属性写法，如图10-95所示。保存外部CSS样式表文件，在Firefox浏览器中预览页面，同样可以看到所制作的关键帧动画效果，如图10-96所示。

（3）但是IE9及其以下版本的IE浏览器中并不支持CSS3新增的过渡属性，并且也没有什么好的替代方法。

```
@-moz-keyframes mymove {/*Gecko核心浏览器私有属性写法*/
    0% {left: -25%; opacity: 0;}
    50% {left: 50%; opacity: 1;}
    100% {left: 100%; opacity: 0;}
}
@-webkit-keyframes mymove {/*Webkit核心浏览器私有属性写法*/
    0% {left: -25%; opacity: 0;}
    50% {left: 50%; opacity: 1;}
    100% {left: 100%; opacity: 0;}
}
@-o-keyframes mymove {/*Presto核心浏览器私有属性写法*/
    0% {left: -25%; opacity: 0;}
    50% {left: 50%; opacity: 1;}
    100% {left: 100%; opacity: 0;}
}
@keyframes mymove {/*W3C标准属性写法*/
    0% {left: -25%; opacity: 0;}
    50% {left: 50%; opacity: 1;}
    100% {left: 100%; opacity: 0;}
}
```

```
@-moz-keyframes myscale {/*Gecko核心浏览器私有属性写法*/
    0% {transform:rotate(-720deg) scale(0.1,0.1);}
    50% {transform:rotate(0deg) scale(1,1);}
    100% {transform:rotate(720deg) scale(0.1,0.1);}
}
@-webkit-keyframes myscale {/*Webkit核心浏览器私有属性写法*/
    0% {transform:rotate(-720deg) scale(0.1,0.1);}
    50% {transform:rotate(0deg) scale(1,1);}
    100% {transform:rotate(720deg) scale(0.1,0.1);}
}
@-o-keyframes myscale {/*Presto核心浏览器私有属性写法*/
    0% {transform:rotate(-720deg) scale(0.1,0.1);}
    50% {transform:rotate(0deg) scale(1,1);}
    100% {transform:rotate(720deg) scale(0.1,0.1);}
}
@keyframes myscale {/*W3C标准属性写法*/
    0% {transform:rotate(-720deg) scale(0.1,0.1);}
    50% {transform:rotate(0deg) scale(1,1);}
    100% {transform:rotate(720deg) scale(0.1,0.1);}
}
```

图 10-94 为 @keyframes 添加各浏览器私有属性写法

```
#logo {
    position: absolute;
    width: 460px;
    height: 98px;
    text-align: center;
    top: 50%;
    margin-top: -49px;
    margin-left: -230px;
    -moz-animation: mymove 15s infinite, myscale 15s infinite;
    -webkit-animation: mymove 15s infinite, myscale 15s infinite;
    -o-animation: mymove 15s infinite, myscale 15s infinite;
    animation: mymove 15s infinite, myscale 15s infinite;
}
```

图 10-95 为 animation 添加各浏览器私有属性前缀　　　图 10-96 在 Firefox 浏览器中预览关键帧动画效果

▶▶▶ **10.9 本章小结**

本章向读者介绍了实现元素变换的 transform 属性、实现元素过渡效果的 transition 属性和实现动画设计的 @keyframes 规则和 animation 属性。读者重点需要掌握元素的各种变换方法和过渡效果的实现，从而能够在网页中实现简单的动画效果。

第 11 章

媒体查询和响应式设计

移动互联网发展势头迅猛，正成为人们日常生活中不可缺少的组成部分。越来越多的用户在手机、平板上阅读新闻、观看视频、玩游戏、购物，这些原本只能在PC上完成的事情现在用移动设备上能更轻松地完成，而且随时随地可以完成。

为了适应移动互联网大潮，传统的网页技术也在不断发展，目前，响应式设计是最为流行的方式。在本章中将向读者介绍如何使用CSS3中的Media Query模块让一个页面适应不同的终端（或屏幕大小），从而让页面具有更好的用户体验。

本章知识点：

- 了解媒体类型及在网页中引用媒体类型的方法
- 了解媒体查询的特性
- 了解媒体查询的浏览器兼容性
- 理解并掌握媒体查询的使用方法
- 理解响应式设计
- 掌握使用媒体查询制作响应式网站页面的方法

▶▶▶ 11.1 媒体类型 = 各种浏览终端

媒体类型（Media Type）在CSS2中是一个常见的属性，也是一个非常有用的属性，可以通过媒体类型对不同的设备指定不同的样式。

11.1.1 媒体类型（Media Type）

这里所说的媒体，不同于新闻传播学对媒体的定义，而是指浏览内容时所使用的各种电子设备。在CSS2标准中就已经可以根据不同的媒体类型来设置不同的输出样式了。@media规则使开发者有能力在相同的样式表中，针对不同的媒体来使用不同的CSS样式规则。

下面这个例子中的CSS样式告诉浏览器在显示器上显示14像素的Verdana字体，但是假如页面需要被打印，将使用10像素的Times字体。

```
<html>
<head>
<style>
  @media screen{                              ◄————— 判断媒体类型
    p{
        font-family: verdana,sans-serif;    ◄————— 针对该媒体类型的CSS样式设置代码
        font-size: 14px;
    }
  }
  @media print{
    p{
        font-family: times,serif;
        font-size: 10px;
    }
  }
  @media screen,print{
    p{
        font-weight: bold;
    }
  }
</style>
</head>
<body>
.....
</body>
</html>
```

　　在CSS2中常常碰到的媒体类型有all（全部）、screen（屏幕）、print（页面打印或打印预览模式），其实媒体类型远不止这3种，W3C共列出10种媒体类型，见表11-1。

表11-1　　　　　　　　　　　　　　　　Media Type设备类型

值	设备类型
all	所有设备
braille	盲人用点字法触觉回馈设备
embossed	盲文打印机
handheld	便携手持设备
print	打印机设备或打印预览视图
projection	各种投影设备
screen	计算机显示器
speech	语音或音频合成器
tv	电视机类型设备
tty	使用固定密度字母栅格的媒介，如电传打字机和终端

> **提示**
>
> 虽然媒体类型（Media Type）在CSS2规范中就已经被引入，但是只有Opera浏览器支持handheld属性值。另外需要注意的是，Android、iPhone都不是handheld设备，它们都是screen设备。所以，不要试图使用handheld来识别iPhone、iPad或Android等设备。

11.1.2 在网页中引用媒体类型的方法

虽然媒体类型有10种之多，但是在实际使用中常用也就那么几种。不过媒体类型的引用方法也有多种，常见的媒体类型引用方法主要有：link方法、xml方法、@import和@media这4种方法，下面简单介绍这4种引用媒体类型的使用方法。

1. link方法

link方法引用媒体类型其实就是在<link>标签中引用外部CSS样式表文件时，通过在<link>标签中添加media属性来指定不同的媒体类型。这种方式引入媒体类型时常跟着引用的CSS样式表文件。代码如下所示。

```
<link href="style.css" rel="stylesheet" type="text/css" media="screen">
<link href="print.css" rel="stylesheet" type="text/css" media="print">
```

2. xml方法

xml方法引用媒体类型和link引用媒体类型极其相似，也是通过media属性来进行指定的。

```
<?xml-stylesheet href="style.css" rel="stylesheet" media="screen" ?>
```

3. @import方式

@import是引用外部CSS样式表文件的方法之一，同样也可以引用媒体类型。@import引用媒体类型主要有两种方式，一种是在样式中通过@import调用另一个样式文件；另一种是在<head></head>标签中的<style></style>中引入，但这种使用方法IE6和IE7都不支持。

（1）样式文件中调用另一个样式文件时，就可以指定对应的媒体类型，代码如下。

```
@import url(screen.css) screen;
@import url(print.css) print;
```

（2）在<head>标签中的<style>标签中引用媒体类型的方法，代码如下。

```
<head>
  <style type="text/css">
    @import url(style.css) all;
  </style>
</head>
```

4. @media方式

@media是CSS3中新引入的一种特性，称为媒体查询。在页面中也可以通过这个属性来引入媒体类型。@media引入媒体类型和@import有点类似，也具有两种方式。

（1）在CSS样式中引用媒体类型，代码如下。

```
@media screen {
```

```
  /* 针对该媒体类型的CSS样式代码 */
}
```

（2）在 <head> 标签中的 <style> 标签中使用 @media 引用媒体类型，代码如下。

```
<head>
  <style type="text/css">
    @media screen {
      /* 针对该媒体类型的CSS样式代码 */
    }
  </style>
</head>
```

— 提示 —

以上4种方法都可以在页面中引用媒体类型，但是这几种方法都有其各自的利弊，在实际应用中个人强烈建议使用第1种和第4种引用媒体类型的方法，这两种方法也是在项目制作过程中最常用的两种引用媒体类型的方法。

▶▶▶ 11.2 媒体查询（Media Query）

通过前面对媒体类型的介绍可以看出，通过媒体类型只能做一个大概的区分，而现在桌面和移动设备拥有不同的分辨率，即使是同样类型的设备，也可能需要做出不同的适配。所以仅仅依靠媒体类型已经无法满足时代的要求了。为了顺应这种需求，CSS3新增了媒体查询（Media Query）功能。

11.2.1 了解媒体查询（Media Query）

一起来看一个简单的实例。

```
<link rel="stylesheet" href="small.css" media="screen and (max-width: 600px)">
```

通常是按照上面的方式引用一个外部的CSS样式表文件，那么在CSS样式中可以将上面的形式转成为CSS样式代码。

```
@media screen and (max-width: 600px) {
  /* 相应的CSS样式代码 */
}
```

其实就是把 <link> 标签中所引用的外部CSS样式表文件中的CSS样式代码放在了 @media screen and (max-width: 600px){…} 的大括号之间。从上面的代码中可以看出媒体查询与CSS样式代码集合很相似，主要区别如下。

- 媒体查询只能够接受单个的逻辑表达式作为其值，或者没有值。
- CSS属性用于声明如何表现页面信息；而媒体查询是一个用于判断输出设备是否满足条件的表达式。
- 媒体查询中的大部分接受min/max前缀，用来表达其逻辑关系，表示相应的CSS样式代码应用于大于等于或小于等于某个值的情况。
- CSS属性要求必须有属性值，媒体查询可以没有值，因为其表达式返回的只有真或假两种。

11.2.2 常用媒体查询（Media Query）特性

W3C共列出13种CSS中常用的媒体查询特性，见表11-2。

表11-2 常用的媒体查询（Media Query）特性

值	值	Min/Max	描述
color	整数	Yes	每种色彩的字节数
color-index	整数	Yes	色彩表中的色彩数
device-aspect-ratio	整数/整数	Yes	宽高比例
device-height	Length	Yes	设备屏幕的输出高度
device-width	Length	Yes	设备屏幕的输出宽度
grid	整数	No	是否基于栅格的设备
height	Length	Yes	渲染界面的高度
monochrome	整数	Yes	单色帧缓冲器中每像素字节
resolution	分辨率（dpi/dpcm）	Yes	分辨率
scan	Progressive interlaced	No	tv媒体类型的扫描方式
width	Length	Yes	渲染界面的宽度
orientation	Portrait/landscape	No	横屏或竖屏

11.2.3 媒体查询（Media Query）的浏览器兼容性

CSS3新增的媒体查询功能除了IE9以下版本的IE浏览器不支持外，其他的主流现代浏览器都能够完美支持媒体查询功能。

媒体查询功能的浏览器兼容性见表11-3。

表11-3 媒体查询（Media Query）功能的浏览器兼容性

属性	Chrome	Firefox	Opera	Safari	IE
@media	21.0+ √	3.5+ √	9.0+ √	4.0+ √	9+ √

浏览器适配说明

媒体查询功能与其他的CSS3属性不同之处在于，它并不需要在不同的浏览器中使用私有属性前缀，只需要使用W3C的标准写法即可。

但前面已经介绍过，IE9以下版本的IE浏览器并不支持CSS3的媒体查询功能，那么为了让IE9以下版本的IE浏览器能够支持CSS3的媒体查询功能，就很有必要在IE9以下版本的IE浏览器中加载以下两个JavaScript脚本文件。

- respond.js。
- media-queries.js。

以上两个JavaScript脚本文件可以从互联网中下载，在页面中可以通过IE条件注释语法来调用这两个JavaScript脚本文件，代码如下。

```
<!--[if lte IE9]>
<script type="text/javascript" src="respond.js"></script>
<script type="text/javascript" src="media-queries.js"></script>
<![endif]-->
```

11.2.4　媒体查询（Media Query）的使用方法

媒体查询能够在不同的条件下为页面元素应用不同的CSS样式，从而使页面在不同的终端设备中表现出不同的效果。前面简单介绍了如何在文件中引用媒体查询，但媒体查询有自己的使用规则。

媒体查询的使用方法如下。

```
@media 媒体类型 and (媒体特性) {
    /*CSS样式设置代码*/
}
```

使用媒体查询时必须使用@media开头，然后指定媒体类型（也可以称为设备类型），随后指定媒体特性（也可以称为设备特性）。媒体特性的书写方式和CSS样式的书写方式非常相似，主要分为两个部分，第一个部分指的是媒体特性，第二部分为媒体特性所指定的值，而且这两个部分之间使用冒号分隔。如下面的代码。

```
                媒体类型              媒体特性
@media  screen  and  (max-width: 640px) {
    /*CSS样式设置代码*/
}
```

目前主要有10种媒体类型和13种媒体特性，可进行不同的组合，类似于不同的CSS集合。但是与CSS属性不同的是，媒体特性是通过min/max来表示大于、等于或小于作为逻辑判断，而不是使用小于（＜）和大于（＞）这样的符号来判断。接下来一起来看看媒体查询在实际项目中的常用方式。

1. 最大宽度max-width

max-width是媒体特性中最常用的一个特性，其意思是指媒体类型小于或等于指定的宽度时，其中所包含的相关CSS样式设置代码生效。如下面的代码。

```
@media screen and (max-width: 640px) {
    /*CSS样式设置代码*/
}
```

此处的媒体查询代码表示当屏幕宽度小于或等于640像素时，将执行大括号中所包含的CSS样式代码。

2. 最小宽度min-width

```
@media screen and (min-width: 900px) {
    /*CSS样式设置代码*/
}
```

此处的媒体查询代码表示当屏幕宽度大于或等于900像素时，将执行大括号中所包含的CSS样式代码。

3. 同时使用多个媒体特性

在使用媒体查询功能时可以使用关键词and将多个媒体特性结合在一起。也就是说，一个媒体查询中可以包含0至多个表达式，表达式又可以包含0至多个关键字，以及一种媒体类型。

如下面的媒体查询代码中使用了两个媒体特性。

```
@media screen and (min-width: 640px) and (max-width: 1000px) {
  /*CSS样式设置代码*/
}
```

此处的媒体查询代码表示当屏幕宽度大于或等于640像素并且小于或等于1000像素时，也就是屏幕宽度在640像素~1000像素之间时，将执行大括号中所包含的CSS样式代码。

4. 设备屏幕的输出宽度Device Width

在智能设备中，如智能手机或平面板电脑等，还可以根据屏幕尺寸来设置相应的CSS样式（或者调用相应的CSS样式表文件），对于屏幕同样可以使用min/max对应参数，如min-device-width或max-device-width。

```
<link rel="stylesheet" type="text/css" href="phone.css" media="screen and (max-device-width:640px)">
```

此处的代码是指phone.css样式表文件适用于最大屏幕宽度为640像素的设备，这里的max-device-width所指的是设备的实际分辨率，也就是指可视面积分辨率。

5. not关键词

关键词not是用来排除某种特定的媒体类型，也就是排除符合表达式的设备。换句话说，not关键词表示对后面的表达式执行取反操作。如下面的代码。

```
@media not print and (max-width: 1200px) {
/*CSS样式设置代码*/
}
```

此处的媒体查询代码表示在除打印设备和屏幕宽度小于等于1200像素的所有设备中应用大括号中所包含的CSS样式代码。

6. only关键词

only关键词用来指定某种特定的媒体类型，可以排除不支持媒体查询的浏览器。其实，only很多时候是用来对不支持媒体查询却支持媒体类型的设备隐藏样式表。如支持媒体查询功能的浏览器正常调用相应的CSS样式应用，此时就当only不存在；而不支持媒体查询但是支持媒体类型的浏览器，就不会调用相应的CSS样式，因为其会先读取only而不是screen；不支持媒体查询的浏览器，不论是否支持only，其相应的CSS样式都不会被应用。

如下面的代码。

```
<link rel="stylesheet" type="text/css" media="only screen and (max-device-width:240px)" href="android240.css">
```

在媒体查询代码中如果没有明确指定媒体类型，其默认值为all。如下面的代码。

```
<link rel="stylesheet" media="(min-width:700px) and (max-width:900px)" href="style.css">
```

另外在样式中，还可以使用多条语句将同一个样式应用于不同的媒体类型和媒体特性中，指定方式如下。

```
<link rel="stylesheet" type="text/css" href="style.css" media="handheld and
(max-width:480px), screen and(min-width: 960px)">
```

此处代码中，style.css样式表文件被应用在宽度小于或等于480像素的手持设备上，或者被用于屏幕宽度大于或等于960像素的设备上。

▶▶▶ 11.3　响应式设计

随着用户访问网站页面终端的多样化，如智能手机、平板电脑、台式电脑等，需要考虑如何使所设计制作的网站页面自动适应不同终端设备的浏览。响应式布局设计就是指网站的页面能够兼容多个终端，而不是为每个不同的终端制作一个特定的版本，网站页面能够自动响应用户的设备环境。

11.3.1　什么是响应式设计

响应式设计是精心提供各种设备都能够浏览网页的一种设计方法，响应式设计能够让网页在不同的设备中展现出不同的设计风格。由此可见，响应式设计不是流体布局，也不是网格布局，而是一种独特的网页设计方法。

响应式设计是一项不折不扣的"技术驱动"型设计模式，虽然对于设计师来说，把握响应式设计中的交互模式、色彩运用是一件颇费思量的事情，但是响应式设计本身是来源于移动互联网技术的兴起和新的CSS3技术，没有这些，一切好的想法都只是镜花水月。

下面就来简单认识一下响应式设计，并了解响应式设计需要遵循的一些模式。图11-1所示为一个典型的响应式设计案例，读者可以直观地感受一下。

在不同的设备中页面的配色、内容和设计风格都保持了一致性，只是根据设备屏幕大小的不同采用了不同的排版布局方式，从而更适合不同设备的浏览

图11-1　响应式网站设计

读者可能已经发现，响应式设计并不是同样内容的等比例缩小，也不像之前流行的WAP网站一样和PC端差异区大。响应式设计在设计风格和色彩搭配上保持了很大的一致性，又根据移动设备的特点对页面布局进行了适当调整。

11.3.2　响应式设计的相关术语

在响应式设计中，有一些专有的术语，理解这些术语对于帮助理解和学习响应式设计至关重要。

1. 流体网格

流体网格是一个简单的网格系统，这种网格设计参考了流体设计中的网格系统。将每个网格格子使用百分比单位来控制网格大小。这种网格系统最大的好处是让网格大小随时根据屏幕尺寸大小做出相应的比例缩放。

2. 弹性图片

弹性图片是指不给图片设置固定尺寸，而是根据流体网格进行缩放，用于适应各种网格的尺寸。而实现方法也非常简单，只需要一条代码即可。

```
img {max-width: 100%;}
```

不幸的是，这条代码在IE8浏览器中存在严重的问题，图片会失踪。当然弹性图片在响应式设计中如何更好地实现，到目前为止还存在争议，也还在不断地改善。

3. 媒体查询

媒体查询功能在CSS3中得到了极大的扩展，使用媒体查询功能可以让设计根据用户终端设备适配对应的CSS样式，这也是响应式设计中最为关键的核心。可以说，响应式设计离开了媒体查询功能就失去了它存在的意义。

简单地说，媒体查询功能可以根据设备的尺寸，查询出适配的CSS样式。响应式设计最关注的就是：根据用户所使用设备的分辨率，Web页面将加载一个备用的CSS样式，实现特定的页面风格。

4. 屏幕分辨率

屏幕分辨率是指用户使用的设备浏览Web页面时的分辨率，如智能手机浏览器、平板电脑浏览器和桌面浏览器。响应式设计利用媒体查询功能针对浏览器使用的分辨率来适配对应的CSS样式，因此屏幕分辨率在响应式设计中是很重要的内容，因为只有知道Web页面要在哪种分辨率下显示何种效果，才能调用对应的CSS样式。

5. 主要断点

主要断点，在Web开发中是一个新词，但它是响应式设计中很重要的一部分。简单的描述就是设备宽度的临界点。在媒体查询中，媒体特体min-width和max-width对应的属性值就是响应式设计中的断点值。简单来说，就是使用主要断点和次要断点，创建媒体查询的条件，而每个断点会调用相应的CSS样式代码，图11-2所示为在一个CSS样式表文件中设置主要断点的示意图。

在一个CSS样式表文件中设置主要断点，这个CSS样式表文件包括了所有风格的CSS样式代码，也就是说，所有设备下显示的风格都要通过这个CSS样式表文件下载。当然，在实际中还可以使用另一种方法，也就是在不同的断点加载不同的CSS样式表文件，如图11-3所示。

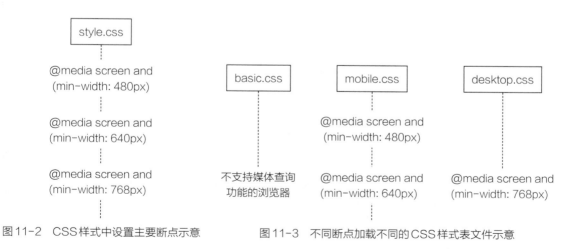

图11-2 CSS样式中设置主要断点示意   图11-3 不同断点加载不同的CSS样式表文件示意

> **提示**
>
> 除了主要断点之外，为了满足更多效果，还可以在这个基础上添加次要断点。不过主要断点和次要断点增加之后，需要维护的CSS样式也相应增加，成本也会相应增加。

11.3.3 <meta>标签

当采用响应式设计的页面在智能设备中进行测试时，会发现所有的媒体查询都不会生效，页面仍展示为普通的样式，即一个全局缩小后的页面。这是因为许多智能设备都使用了一个比实际屏幕尺寸大很多的虚拟可视区域，主要目的就是让页面在智能设备上阅读时不会因为实际可视区域而变形。

为了让智能设备能够根据媒体查询匹配相应的CSS样式，让页面在智能设备中正常显示，特意添加了一个特殊的<meta>标签，这个标签的主要作用就是让智能手机浏览网页时能够进行优化，并且可以自定义界面中可视区域的尺寸和缩放级别。

<meta>标签的使用方法如下。

```
<meta name="viewport" content=" ">
```

在<meta>标签的content属性中可以设置相应的属性值为处理可视区域，content属性值的说明见表11-4。

表11-4　　　　　　　　　　　　　　　　<meta>标签的content属性值说明

属性值	描述
width	可视区域的宽度，其值可以是一个具体数字或关键词device-width
height	可视区域的高度，其值可以是一个具体数字或关键词device-height
initial-scale	页面首次被显示时可视区域的缩放级别，取值为1.0时将使页面按实际尺寸显示，无任何缩放
minimun-scale	可视区域的最小缩放级别，表示用户可以将页面缩小的程度，取值为1.0时将禁止用户缩小至实际尺寸以下
maximun-scale	可视区域的最大缩放级别，表示用户可以将页面放大的程度，取值为1.0时将禁止用户放大至实际尺寸以上
user-scalable	指定用户是否可以对页面进行缩放，设置为yes将允许缩放，no为禁止缩放

在实际项目中，为了让响应式设计在智能设备中能正常显示，也就是浏览Web页面时能够适应屏幕的大小并显示在屏幕上，可以通过这个可视区域的<meta>标签进行设置，告诉它使用设备的宽度为视图的宽度，也就是说，禁止其默认的自适应页面效果，具体设置如下。

```
<meta name="viewport" content="width=device-width,initial-scale=1">
```

另外，由于响应式设计只有结合CSS3的媒体查询功能，才能够尽显响应式布局的设计风格，这就要求浏览器必须支持CSS3的媒体查询功能。

▶▶▶ 11.4　设计响应式摄影图片网站

本节将带领读者应用本章所讲解的有关媒体查询和响应式设计的相关知识，完成一个能够适用于手机、平板电脑和桌面电脑浏览的响应式摄影图片网站的设计制作，并且在页面中添加了常见的交互式效果的实现，用户无论使用何种移动设备都能够轻松地浏览该网页。

实战　**制作页面导航区域**
最终文件：最终文件\第11章\11-4.html　　视频：视频\第11章\11-4-1.mp4

01 执行"文件>新建"命令，弹出"新建文档"对话框，新建一个空白的HTML页面，如图11-4所示，将其保存为"源文件\第11章\11-4.html"。新建外部CSS样式表文件，如图11-5所示，将其保存为"源文件\第11章\style\11-4.css"。

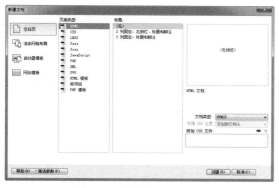

图11-4 新建HTML页面

图11-5 新建CSS样式表文件

02 转换到HTML页面中，在<head>与</head>标签之间添加<link>标签链接到外部CSS样式表文件，继续添加<meta>标签设置，使用设备的宽度作为视图的宽度，如图11-6所示。

```
<head>
<meta charset="utf-8">
<meta name="viewport" content="width=device-width, initial-scale=1">
<title>响应式摄影图片网站</title>
<link href="style/11-4.css" rel="stylesheet" type="text/css">
</head>
```

图11-6 链接外部CSS样式表和
添加<meta>标签设置代码

03 首先制作该网页头部在PC桌面浏览器中显示的效果。返回网页HTML代码中，在<body>标签之间编写网页头部导航代码，如图11-7所示。转换到外部CSS样式表文件中，创建通配符和<body>标签CSS样式，对页面的整体基础属性进行设置，如图11-8所示。

```
<body>
<div id="top">
  <div id="nav">
    <div id="logo"><img src="images/11402.png" alt="logo"></div>
    <ul>
      <li>网站首页</li>
      <li>关于我们</li>
      <li>时尚生活</li>
      <li>精彩活动</li>
      <li>联系我们</li>
    </ul>
  </div>
</div>
</body>
```

图11-7 编写页面头部内容代码

```
* {
    margin: 0px;
    padding: 0px;
}
body {
    font-family: 微软雅黑;
    font-size: 0.875em;
    color: #333;
    line-height: 1.5em;
}
```

图11-8 CSS样式代码

04 创建针对传统PC桌面浏览器的媒体查询样式，如图11-9所示。在针对传统PC桌面浏览器的媒体查询中创建名为#top和#nav的CSS样式，如图11-10所示。

```
/*针对传统PC桌面浏览器*/
@media only screen and (min-width: 769px) {

}
```

图11-9 媒体查询样式代码

```
@media only screen and (min-width: 769px) {
#top {
    background-image: url(../images/11401.jpg);
    background-repeat: no-repeat;
    background-position: center;
    min-height: 800px;
    background-size: cover;
}
#nav {
    width: 18%;
    height: 750px;
    margin-left: 8%;
    background-color: rgba(125,89,216,0.6);
    padding-top: 50px;
}
}
```

图11-10 CSS样式代码

提示

此处所创建的媒体查询代码@media only screen and (min-width: 769px) {…} 是针对桌面电脑屏幕大小的,判断屏幕最小宽度为769像素,只要屏幕的宽度大于769像素,则会调用大括号中所定义的CSS样式来表现网页元素。

---

05 切换到网页设计视图中,在"状态栏"上单击"桌面电脑大小"按钮▣,可以看到页面的页眉的效果,如图11-11所示。注意,目前创建的CSS样式是针对桌面电脑浏览器大小的显示效果,如果在"状态栏"上单击"平板电脑大小"按钮▣或"手机大小"按钮▣,可以看到页面显示的效果是完全没有使用CSS样式进行美化的效果,如图11-12所示。这是因为目前所创建的CSS样式是针对桌面电脑大小的CSS样式,而不会对平板电脑和手机中显示的效果起作用。

图11-11 桌面电脑中页面效果

图11-12 在手机中的显示效果

提示

在Dreamweaver设计视图中的状态栏上有3个按钮,分别是"手机大小"按钮▣、"平板电脑大小"按钮▣和"桌面电脑大小"按钮▣,分别用于预览当前网页在这3种不同设备中的显示效果,这也是使用Dreamweaver来制作响应式网页的优势,可以随时查看网页在不同设备中的显示效果。

提示

目前所创建的CSS样式是创建在@media only screen and (min-width: 769px) {…} 之间的,该部分只针对屏幕宽度大于769像素的设备起作用,所以在手机和平板电脑中查看时,还没有样式的表现效果。

---

06 转换到外部CSS样式表文件中,同样在针对桌面电脑的媒体查询部分创建名为#logo和#logo img的CSS样式,如图11-13所示。切换到网页设计视图中,在桌面电脑大小屏幕中可以看到网页logo的显示效果,如图11-14所示。

```
#logo {
    width: 90%;
    margin: 0px auto;
}
#logo img {
    width: 100%;
}
```

图11-13 CSS样式代码 　　　　　　　图11-14 页面效果

07 转换到外部CSS样式表文件中,在针对桌面电脑的媒体查询部分创建名为.menu01和.menu01 li的CSS样式，如图11-15所示。返回网页HTML代码中，在<ul>标签中添加class属性并应用名为menu01的类CSS样式，如图11-16所示。

```
.menu01 {
    display: block;
    text-align: center;
    margin: 100px auto 0px auto;
    background-color: rgba(85,58,153,0);
    color: #FFF;
}
.menu01 li {
    list-style-type: none;
    font-size: 1.2em;
    line-height: 3em;
    border-bottom: 1px solid rgba(255,255,255,0.4);
}
```

图11-15　CSS样式代码

```
<div id="top">
    <div id="nav">
        <div id="logo"><img src="images/11402.png"
alt="logo"></div>
        <ul class="menu01">
            <li>网站首页</li>
            <li>关于我们</li>
            <li>时尚生活</li>
            <li>精彩活动</li>
            <li>联系我们</li>
        </ul>
    </div>
</div>
```

图11-16　应用类CSS样式

08 在<ul>结束标签之后添加<div>标签并插入相应的图像，如图11-17所示。转换到外部CSS样式表文件中，在针对桌面电脑的媒体查询部分创建名为#menu-btn的CSS样式，如图11-18所示。

```
<div id="top">
    <div id="nav">
        <div id="logo"><img src="images/11402.png"
alt="logo"></div>
        <ul class="menu01">
            <li>网站首页</li>
            <li>关于我们</li>
            <li>时尚生活</li>
            <li>精彩活动</li>
            <li>联系我们</li>
        </ul>
        <div id="menu-btn"><img src=
"images/11403.png" alt="menu"></div>
    </div>
</div>
```

图11-17　编写HTML代码

```
#menu-btn {
    width: 32px;
    height: 32px;
    display: none;
}
```

图11-18　CSS样式代码

> **提示**
>
> 此处添加id名称为menu-btn的Div，并在该Div中插入相应的图像。该Div的是在平板电脑和手机中浏览网页时才会显示的，在手机和平板电脑中浏览网页时，默认隐藏网页中的导航菜单项，显示出该Div中的内容。而在桌面电脑中浏览网页时，则显示网页导航菜单，隐藏该Div，所以此处需要在该Div的CSS样式中添加display:none属性，将其在页面中隐藏。

09 切换到网页设计视图中，在桌面电脑大小屏幕中可以看到网页导航菜单的显示效果，如图11-19所示，id名称为menu-btn的Div大桌面电脑大小屏幕中被隐藏了。接着制作该网页头部在平板电脑中显示的效果，页面的HTML代码都是相同的，不同的是CSS样式代码的设置。转换到外部CSS样式表文件中，创建针对平板电脑屏幕大小的媒体查询样式，如图11-20所示。

10 在针对平板电脑的媒体查询部分创建名为#top和名为#nav的CSS样式，如图11-21所示。切换到网页设计视图中，在"状态栏"上单击"平板电脑大小"按钮▣，可以看到页眉部分在平板电脑中的显示效果，如图11-22所示。

> **提示**
>
> 此处所创建的媒体查询@media only screen and (min-width: 481px) and (max-width: 768px) {…}部分是针对平板电脑屏幕大小的，判断设备的屏幕在481像素~768像素之间时，调用大括号中所定义的CSS样式来表现网页元素。此处所编写的CSS样式代码与前面针对桌面电脑所编写的CSS样式代码相似，但在个别属性的设置上有所不同，需要注意。

图 11-19　桌面电脑显示效果

```
/*针对平板电脑屏幕大小*/
@media only screen and (min-width: 481px) and
(max-width: 768px) {

}
```

图 11-20　媒体查询样式代码

```
@media only screen and (min-width: 481px) and
(max-width: 768px) {
#top {
  background-image: url(../images/11401.jpg);
  background-repeat: no-repeat;
  background-position: center;
  min-height: 400px;
  background-size: cover;
}
#nav {
    position: relative;
    width: auto;
    height: 110px;
    background-color: rgba(125,89,216,0.6);
    padding: 10px 0px;
}

}
```

图 11-21　CSS样式代码

图 11-22　平板电脑显示效果

11 转换到外部CSS样式表文件中，在针对平板电脑的媒体查询部分创建名为 #logo 和 #logo img 的CSS样式，如图11-23所示。切换到网页设计视图中，在平板电脑大小屏幕中可以看到网页logo的显示效果，如图11-24所示。

```
#logo {
    width: 15%;
    position: relative;
    margin-left: 20px;
}
#logo img {
    width: 100%;
}
```

图 11-23　CSS样式代码

图 11-24　平板电脑显示效果

12 转换到外部CSS样式表文件中，在针对平板电脑的媒体查询部分创建名为.menu01、.menu01 li和#menu-btn的CSS样式，如图11-25所示。切换到网页设计视图中，在平板电脑中可以看到网页头部导航的显示效果，如图11-26所示。

提示

通过在针对平板电脑屏幕大小的 @media only screen and (min-width: 481px) and (max-width:768px){…}样式部分编写相应的CSS样式，从而设置在平板电脑中页面头部的表现效果。可以看到，导航背景从纵向调整为横向，调整了Logo的大小，将网页中的导航菜单隐藏，显示出用于显示交互导航菜单的按钮。

```
.menu01 {
    display: none;
    position: absolute;
    width: 100%;
    text-align: center;
    background-color: rgba(85,58,153,1);
    margin-top: 15px;
    color: #FFF;
}
.menu01 li {
    list-style-type: none;
    font-size: 1.2em;
    line-height: 3em;
}
#menu-btn {
    width: 32px;
    height: 32px;
    position: absolute;
    right: 20px;
    top: 40px;
}
```

图11-25　CSS样式代码

图11-26　平板电脑显示效果

13 接着制作该网页头部在手机屏幕中显示的效果，页面的HTML代码都是相同的，不同的是CSS样式代码的设置。转换到外部CSS样式表文件中，创建针对平板电脑屏幕大小的媒体查询样式，如图11-27所示。在针对手机的媒体查询部分创建相应的CSS样式，如图11-28所示。

```
/*针对手机屏幕大小*/
@media only screen and (max-width: 480px) {

}
```

图11-27　媒体查询样式代码

```
#top {
    background-image: url(../images/11401.jpg);
    background-repeat: no-repeat;
    background-position: center;
    min-height: 350px;
    background-size: cover;
}
#nav {
    position: relative;
    width: auto;
    height: 95px;
    background-color: rgba(125,89,216,0.6);
    padding: 10px 0px;
}
#logo {
    width: 15%;
    position: relative;
    margin-left: 20px;
}
#logo img {
    width: 100%;
}
```

```
.menu01 {
    display: none;
    position: absolute;
    width: 100%;
    text-align: center;
    background-color: rgba(85,58,153,1);
    margin-top: 15px;
    color: #FFF;
}
.menu01 li {
    list-style-type: none;
    font-size: 1.2em;
    line-height: 3em;
}
#menu-btn {
    width: 32px;
    height: 32px;
    position: absolute;
    right: 20px;
    top: 40px;
}
```

图11-28　CSS样式代码

提示

　　该部分CSS样式代码的设置与针对平板电脑的CSS样式代码设置比较相似，主要区别在于在名为#top的CSS样式中修改了min-height属性值，在名为#nav的CSS样式中修改了height属性值。

---

14 切换到网页设计视图中，在"状态栏"上单击"手机大小"按钮▯，可以看到页眉部分在手机屏幕中的显示效果，如图11-29所示。返回网页HTML代码中，在页面头部的<head>与</head>标签之间添加<script>标签链接jQuery库文件，并且在页眉<body>与</body>标签之间添加相应的JavaScript脚本代码，如图11-30所示。

提示

　　此处所编写的JavaScript脚本代码用于实现当单击页面中id名称为menu-btn的元素时，页面中应用了名为menu01类CSS样式的<ul>元素将调用jQuery库文件中的slideToggle()函数，并向该函数传递相应的参数，从而实现单击页面中的菜单按钮，动态弹出网页的导航菜单效果。

---

15 保存页面和外部CSS样式表文件，在手机中预览该网页，可以看到页面头部的效果，如图11-31所示。如果单击头部右上角的按钮图标，即可动态弹出导航菜单，如图11-32所示。

图 11-29 手机屏幕显示效果

```
<link href="style/11-4.css" rel="stylesheet" type="text/css">
<script src="js/jquery-1.11.0.min.js"></script>
</head>

<body>
<div id="top">
  <div id="nav">
    <div id="logo"><img src="images/11402.png" alt="logo"></div>
    <ul class="menu01">
      <li>网站首页</li>
      <li>关于我们</li>
      <li>时尚生活</li>
      <li>精彩活动</li>
      <li>联系我们</li>
    </ul>
    <div id="menu-btn"><img src="images/11403.png" alt="menu"></div>
  </div>
  <script type="text/livescript">
    $( "#menu-btn" ).click(function() {
      $( "ul.menu01" ).slideToggle( 300, function() {
        // Animation complete.
      });
    });
  </script>
</div>
</body>
```

图 11-30 添加 JavaScript 脚本代码

图 11-31 在手机模拟器中预览效果

图 11-32 弹出导航菜单

> **提示**
>
> 　　读者可以从互联网中下载手机模拟器，使用手机模拟器预览网页在手机中的显示效果。也可以直接使用普通的 IE 浏览器来预览网页效果，通过改变浏览器窗口的宽度，从而查看网页在不同屏幕宽度下显示的效果。

16 如果在平板电脑中预览该网页，页面头部的效果如图 11-33 所示。如果在桌面电脑中预览该网页，页面头部的效果如图 11-34 所示。

图 11-33 在平板电脑中预览效果

图 11-34 在桌面浏览器中预览效果

实战　制作页面主体内容区域
最终文件：最终文件\第11章\11-4.html　　视频：视频\第11章\11-4-2.mp4

01 在页面中<header>标签的结束标签之后添加<div>标签并编写相应的代码，如图11-35所示。转换到外部CSS样式表文件中，在针对桌面电脑的媒体查询部分创建名为#main和#main h1的CSS样式，如图11-36所示。

```css
#main {
    position: relative;
    margin-top: 20px;
    width: 100%;
    height: auto;
    overflow: hidden;
}
#main h1 {
    display: block;
    width: 100%;
    font-size: 2em;
    font-weight: bold;
    color: #553A99;
    line-height: 2.5em;
    text-align: center;
}
```

```html
</header>
<div id="main">
    <h1>摄影作品</h1>
</div>
</body>
```

图11-35　编写HTML代码　　　　　　　　　图11-36　CSS样式代码

02 切换到网页设计视图中，在桌面电脑大小屏幕中可以看到该部分内容的显示效果，如图11-37所示。返回网页HTML代码中，在<h1>标签的结束标签之后编写相应的HTML代码，如图11-38所示。

图11-37　桌面电脑显示效果

```html
<div id="main">
    <h1>摄影作品</h1>
    <div>
        <img src="images/11409.jpg" alt="水下摄影">
        <div>
            <h2>水下摄影</h2>
            <p>光影与水的流动交相呼应，格外柔美！</p>
        </div>
    </div>
</div>
```

图11-38　编写HTML代码

03 转换到外部CSS样式表文件中，在针对桌面电脑的媒体查询部分创建名为名为.work01的CSS样式，如图11-39所示。返回网页HTML代码中，在相应的<div>标签中添加class属性应用名为work01的类CSS样式，如图11-40所示。

```css
.work01 {
    position: relative;
    float: left;
    width: 30%;
    height: auto;
    overflow: hidden;
    margin: 1.65%;
}
```

```html
<div id="main">
    <h1>摄影作品</h1>
    <div class="work01">
        <img src="images/11409.jpg" alt="水下摄影">
        <div>
            <h2>水下摄影</h2>
            <p>光影与水的流动交相呼应，格外柔美！</p>
        </div>
    </div>
</div>
```

图11-39　CSS样式代码　　　　　　　　　图11-40　应用类CSS样式

04 转换到外部CSS样式表文件中，在针对桌面电脑的媒体查询部分创建名为.work01 img和.work01 div的CSS样式，如图11-41所示。在外部CSS样式表文件中，在针对桌面电脑的媒体查询部分继续创建名为.work01:hover div 和 .work01 div h2 的 CSS 样式，如图 11-42 所示。

```
.work01 img {
    max-width: 100%;
}
.work01 div {
    position: absolute;
    top: 0px;
    width: 100%;
    height: 100%;
    color: #FFF;
    text-align: center;
    background-color: rgba(219,67,149,0.4);
    margin-left:-100%;
    transition: margin-left;
    transition-timing-function: ease-in;
    transition-duration: 250ms;
}
```

```
.work01:hover div {
    cursor: pointer;
    margin-left: 0px;
}
.work01 div h2 {
    font-size: 1.5em;
    line-height: 2em;
    font-weight: bold;
    margin-top: 2em;
}
```

图 11-41　CSS 样式代码　　　　　　　　　　图 11-42　CSS 样式代码

提示

　　在名为 .work01 div 的 CSS 样式中，添加 CSS3 新增的 transition 相关属性设置属性过渡效果，接着再创建名为 .work01:hover div 的 CSS 样式，从而实现当鼠标移至应用了 work01 类 CSS 样式的元素上方时，work01 元素中所包含的 <div> 标签中的内容从左侧滑出的动态显示效果。

---

05 切换到网页设计视图中，单击"实时视图"按钮，在实时视图中预览页面效果，如图 11-43 所示。当鼠标移至图像上方时，可以看到通过 CSS 样式实现的动画效果，如图 11-44 所示。

图 11-43　在桌面电脑的实时视图中预览　　　图 11-44　鼠标移至元素上方时产生过渡效果

06 返回网页 HTML 代码中，使用相同的代码结构编写其他部分内容，如图 11-45 所示。保存页面和外部 CSS 样式表文件，在桌面电脑浏览器中预览该页面，可以看到该部分内容的效果，如图 11-46 所示。

提示

　　因为此处在名称为 .work01 div 的 CSS 样式中设置了 <div> 标签的宽度为百分比宽度，所以 <div> 标签中的图像会随着浏览器宽度的变化而进行等比例缩放。

---

07 接着制作该网页主体内容在平板电脑中显示的效果。转换到外部 CSS 样式表文件中，在针对平板电脑的媒体查询部分创建相应的针对平板电脑显示效果的 CSS 样式设置代码，如图 11-47 所示。

08 切换到网页设计视图中，以"平板电脑大小"可以看到网页主体内容的显示效果，如图 11-48 所示。保存页面和外部 CSS 样式表文件，在平板电脑中预览该页面，可以看到页面主体部分内容在平板电脑中的显示效果，如图 11-49 所示。

```
<div id="main">
  <h1>摄影作品</h1>
  <div class="work01">
    <img src="images/11409.jpg" alt="水下摄影">
    <div>
      <h2>水下摄影</h2>
      <p>光影与水的流动交相呼应，格外柔美！</p>
    </div>
  </div>
  <div class="work01">
    <img src="images/11404.jpg" alt="奔跑的人物">
    <div>
      <h2>奔跑的人物</h2>
      <p>奔跑的人物与背景相结合，展示出健康、积极和美好！</p>
    </div>
  </div>
  <div class="work01">
    <img src="images/11405.jpg" alt="建筑摄影">
    <div>
      <h2>令人遐想的建筑</h2>
      <p>落日的光晕，映射出金色的建筑，带给人宏伟、磅礴的气势！</p>
    </div>
  </div>
  <div class="work01">
    <img src="images/11406.jpg" alt="风景摄影">
    <div>
      <h2>夕阳下的山峰</h2>
      <p>落日的黄昏，蜿蜒的盘山公路，给人宣息的美！</p>
    </div>
  </div>
  <div class="work01">
    <img src="images/11407.jpg" alt="风景摄影">
    <div>
      <h2>希望的田野</h2>
      <p>落日的黄昏，一望无际的田野，让人感觉自由和希望！</p>
    </div>
  </div>
  <div class="work01">
    <img src="images/11408.jpg" alt="时尚摄影">
    <div>
      <h2>时尚party</h2>
      <p>时尚的绚丽碰撞，给人激情！</p>
    </div>
  </div>
</div>
```

图 11-45 编写图片列表代码

图 11-46 在桌面电脑的实时视图中预览

```
#main {
    position: relative;
    margin-top: 15px;
    width: 100%;
    height: auto;
    overflow: hidden;
}
#main h1 {
    display: block;
    width: 100%;
    font-size: 2em;
    font-weight: bold;
    color: #553A99;
    line-height: 2.5em;
    text-align: center;
}
```

```
.work01 {
    position: relative;
    float: left;
    width: 30%;
    height: auto;
    overflow: hidden;
    margin: 1.65%;
}
.work01 img {
    max-width: 100%;
}
.work01 div {
    position: absolute;
    top: 0px;
    width: 100%;
    height: 100%;
    color: #FFF;
    text-align: center;
    background-color: rgba(219,67,149,0.4);
    margin-left:-100%;
    transition: margin-left;
    transition-timing-function: ease-in;
    transition-duration: 250ms;
}
```

```
.work01:hover div {
    cursor: pointer;
    margin-left: 0px;
}
.work01 div h2 {
    font-size: 1.5em;
    line-height: 2em;
    font-weight: bold;
    margin-top: 2em;
}
```

图 11-47 CSS样式代码

图 11-48 平板电脑显示效果

图 11-49 在平板电脑中预览效果

09 接着制作该网页主体内容在手机中显示的效果。转换到外部CSS样式表文件中，在针对手机屏幕的媒体查询部分创建相应的针对手机显示效果的CSS样式设置代码，如图11-50所示。

```css
#main {
    position: relative;
    margin-top: 15px;
    width: 100%;
    height: auto;
    overflow: hidden;
}

#main h1 {
    display: block;
    width: 100%;
    font-size: 1.6em;
    font-weight: bold;
    color: #553A99;
    line-height: 2.2em;
    text-align: center;
}
```

```css
.work01 {
    position: relative;
    float: left;
    width: 45%;
    height: auto;
    overflow: hidden;
    margin: 2.5%;
}

.work01 img {
    max-width: 100%;
}

.work01 div {
    position: absolute;
    top: 0px;
    width: 100%;
    height: 100%;
    color: #FFF;
    text-align: center;
    background-color: rgba(219,67,149,0.4);
    margin-left:-100%;
    transition: margin-left;
    transition-timing-function: ease-in;
    transition-duration: 250ms;
}
```

```css
.work01:hover div {
    cursor: pointer;
    margin-left: 0px;
}

.work01 div h2 {
    font-size: 1.2em;
    line-height: 1.5em;
    font-weight: bold;
    margin-top: 1em;
}
```

图11-50　CSS样式代码

提示

　　由于手机屏幕较小，如果在手机浏览时同样一行放置3张图像的话，图像就会显示得比较小。所以在针对手机屏幕的CSS样式设置中，设置一行只放置两张图像，这样可以保证在手机浏览时，图像的显示效果。主要是在.work01的类CSS样式中设置宽度为45%，这是与其他两种设置CSS样式设置最大的不同之处。

---

10 切换到网页设计视图中，以"手机屏幕大小"可以看到网页主体内容的显示效果，如图11-51所示。保存页面和外部CSS样式表文件，在手机中预览该页面，可以看到页面主体部分内容在手机中的显示效果，如图11-52所示。

图11-51　手机屏幕显示效果

图11-52　在手机模拟器中预览效果

实战 制作页面版底信息区域

　　最终文件：最终文件\第11章\11-4.html　　　视频：视频\第11章\11-4-3.mp4

01 在页面主体内容的Div结束标签之后添加<div>标签，编写页面的版底信息内容，如图11-53所示。转换到外部CSS样式表文件中，在针对桌面电脑的媒体查询部分创建名为名为#bottom的CSS样式，如图11-54所示。

```
<div id="bottom">
    时尚摄影沙龙<br>
    地址: 北京市某某区某某路某某大厦88层　电话: 010-xxxxxxxx<br>
    CopyRight 2017 by 时尚摄影沙龙. All Rights Reserved.
</div>
</body>
```

图11-53　编写页面版底信息HTML代码

```
#bottom {
    position: relative;
    width: 100%;
    height: auto;
    padding: 15px 0px;
    background-color: #333;
    text-align: center;
    color: #FFF;
    line-height: 1.5em;
}
```

图11-54　CSS样式代码

02 切换到网页设计视图中，在桌面电脑大小屏幕中可以看到版底信息部分的显示效果，如图11-55所示。相同的制作方法，分别是针对平板电脑的媒体查询部分和针对手机的媒体查询部分添加名为#bottom的CSS样式，如图11-56所示。

图11-55　桌面电脑显示效果

```
#bottom {
    position: relative;
    width: 100%;
    height: auto;
    padding: 15px 0px;
    background-color: #333;
    text-align: center;
    color: #FFF;
    line-height: 1.5em;
}
```

图11-56　CSS样式代码

03 保存页面和外部CSS样式表文件，在手机中预览该页面，页面在手机中的显示效果如图11-57所示。

图11-57　模拟手机预览页面效果

04 在平板电脑中预览该页面，页面在平板电脑中的显示效果如图11-58所示。

05 在桌面电脑浏览器中预览该页面，页面在桌面电脑浏览器中的显示效果如图11-59所示。

图 11-58　模拟平板电脑预览页面效果

图 11-59　桌面电脑预览页面效果

▶▶▶ 11.5　本章小结

　　我们正在跑步进入移动互联网时代，所以针对移动环境下Web开发的响应式设计成为了发展趋势。在本章中主要向读者介绍了CSS2中的媒体类型和CSS3新增的媒体查询，详细讲解了响应式设计的媒体查询技术。学习完本章的内容后，读者应掌握媒体查询功能的使用方法，并能够制作出响应式设计的网站页面。

第**12**章

综合案例实战

在前面的章节中已经详细向读者介绍了CSS3各种属性的设置和应用方法，对每个CSS属性都结合了相应的小案例进行讲解，使读者能够更容易理解和掌握CSS样式的精髓。本章将通过3个具有代表性的商业网站案例，向读者讲解综合应用CSS样式对网站页面进行布局制作的方法和技巧。

本章知识点：

- 掌握CSS样式各种属性的综合运用
- 掌握使用Dreamweaver制作网页的方法
- 掌握不同类型网站页面的设计制作

▶▶▶ **12.1** 企业类网站

企业类网站页面是非常常见的一种网站类型，企业类网站页面不同于其他网站页面，整个页面的设计不仅要体现出企业的鲜明形象，而且还要注重对企业产品的展示与宣传，以方便浏览者了解企业的性质。另外，在页面布局上还要体现出大方、简洁的风格，只有这样才能体现出网站的真正意义。

12.1.1 设计分析

本实例制作一个企业网站页面，该企业是一家建筑、节能和新能源科技公司，页面使用蓝天白云的素材图像作为背景，突出绿色、节能、低碳和环保的企业理念，整个页面使用深蓝色作为主色调，局部使用明亮的黄色进行点缀，突出重点。整个页面给人感觉环保、清新、简洁和大方。

12.1.2 布局分析

该企业网站页面采用传统的上、中、下的布局方式，使得页面内容的表现规整、清晰。页面顶部通过通栏的半透明黑色背景来突出导航菜单的表现；中间部分为页面的正文内容，在该部分又通过多栏布局的方式来表现不同的栏目内容；页面底部同样采用了通栏的灰色背景色块来表现版底信息内容，与顶部的导航背景相呼应。

实战　制作企业类网站页面

最终文件：最终文件\第12章\12-1.html　　　视频：视频\第12章\12-1.mp4

---

01 执行"文件>新建"命令，弹出"新建文档"对话框，新建一个空白的HTML页面，如图12-1所示，将其保存为"源文件\第12章\12-1.html"。新建外部CSS样式表文件，如图12-2所示，将其保存为"源文件\第12章\style\12-1.css"。

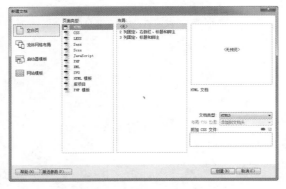

图12-1　新建HTML页面

图12-2　新建CSS样式表文件

02 转换到HTML页面中，在<head>与</head>标签之间添加<link>标签链接到外部CSS样式表文件，如图12-3所示。转换到该网页所链接的外部CSS样式表文件中，创建通配符和<body>标签的CSS样式，如图12-4所示。

```
<!doctype html>
<html>
<head>
<meta charset="utf-8">
<title>企业类网站页面</title>
<link href="style/12-1.css" rel="stylesheet" type="text/css">
</head>

<body>
</body>
</html>
```

图12-3　添加链接外部CSS样式表代码

```
* {
    margin: 0px;
    padding: 0px;
}
body {
    font-family: 微软雅黑;
    font-size: 14px;
    line-height: 28px;
    background-image: url(../images/12101.jpg);
    background-repeat: no-repeat;
    background-position: center top;
}
```

图12-4　CSS样式代码

03 返回页面设计视图，可以看到页面的背景效果，如图 12-5 所示。在页面中插入名为 top-bg 的 Div，如图 12-6 所示。

图 12-5　页面背景效果

图 12-6　在页面中插入 Div

提示

　　对于比较复杂的完整网站页面，我们建议代码与设计视图相结合，因为 Dreamweaver 的设计视图能够为用户提供实时的页面效果，非常方便。而在代码视图中，当页面 HTML 代码较多时，对代码不是很熟悉的用户很有可能会出错，所以还是建议代码与设计视图相结合，在制作过程中随时查看页面效果。

---

04 转换到外部 CSS 样式表文件中，创建名为 #top-bg 的 CSS 样式，如图 12-7 所示。返回页面设计视图，可以看到页面的效果，如图 12-8 所示。

```
#top-bg {
    width: 100%;
    height: 85px;
    background-color: rgba(0,0,0,0.6);
    box-shadow: 0px 5px 10px rgba(51,51,51,0.5);
}
```

图 12-7　CSS 样式代码

图 12-8　页面效果

05 光标移至名为 top-bg 的 Div 中，将多余文字删除，在该 Div 中插入名为 top 的 Div，转换到外部 CSS 样式表文件中，创建名为 #top 的 CSS 样式，如图 12-9 所示。返回网页设计视图，可以看到页面中名为 top 的 Div 的效果，如图 12-10 所示。

```
#top {
    width: 940px;
    height: 60px;
    margin: 0px auto;
    padding-top: 25px;
}
```

图 12-9　CSS 样式代码

图 12-10　页面效果

06 光标移至名为top的Div中，将多余文字删除，在该Div中插入名为menu的Div，转换到外部CSS样式表文件中，创建名为#menu的CSS样式，如图12-11所示。返回网页设计视图，可以看到页面中名为menu的Div的效果，如图12-12所示。

```css
#menu {
    width: 600px;
    height: 40px;
    font-weight: bold;
    color: #DDD;
    line-height: 40px;
    padding-top: 20px;
    float: right;
}
```

图12-11 CSS样式代码   图12-12 页面效果

07 光标移至名为menu的Div中，将多余文字删除，输入相应段落文本，并将段落创建为项目列表，如图12-13所示。转换到外部CSS样式表文件中，创建名为#menu li的CSS样式，如图12-14所示。

```css
#menu li {
    list-style-type: none;
    width: 120px;
    float: left;
    text-align: center;
}
```

图12-13 创建项目列表   图12-14 CSS样式代码

08 返回网页设计视图，可以看到页面导航菜单的效果，如图12-15所示。光标移至名为menu的Div之后，插入图像"源文件\第12章\images\12102.png"，如图12-16所示。

图12-15 页面效果

图12-16 插入图像

09 在名为top-bg的Div之后插入名为box的Div，转换到外部CSS样式表文件中，创建名为#box的CSS样式，如图12-17所示。返回网页设计视图，可以看到页面中名为box的Div的效果，如图12-18所示。

10 光标移至名为box的Div中，将多余文字删除，在该Div中插入名为help的Div，转换到外部CSS样式表文件中，创建名为#help的CSS样式，如图12-19所示。返回网页设计视图，可以看到页面中名为help的Div的效果，如图12-20所示。

```
#box {
    width: 940px;
    height: auto;
    overflow: hidden;
    margin: 0px auto;
    padding-top: 30px;
}
```

图 12-17　CSS样式代码

图 12-18　页面效果

```
#help {
    line-height: 36px;
    font-weight: bold;
    background-color: #FFDA10;
    background-image: url(../images/12103.png);
    background-repeat: no-repeat;
    padding-left: 225px;
}
```

图 12-19　CSS样式代码

图 12-20　页面效果

11 光标移至名为help的Div中，将多余文字删除，输入相应的文字，如图12-21所示。转换到HTML代码中，在刚刚输入的文字中添加相应的<span>标签，如图12-22所示。

图 12-21　输入文字

```
<div id="box">
    <div id="help">清洁新能源<span>|</span>风力项目设备
    <span>|</span>模拟控制<span>|</span>建筑装备<span>|</
    span>所有产品</div>
</div>
```

图 12-22　添加<span>标签

12 转换到外部CSS样式表文件中，创建名为#help span的CSS样式，如图12-23所示。返回网页设计视图，可以看到页面的效果，如图12-24所示。

```
#help span {
    color: #E5C203;
    margin-left: 40px;
    margin-right: 40px;
}
```

图 12-23　CSS样式代码

图 12-24　页面效果

13 在名为help的Div之后插入名为banner的Div，转换到外部CSS样式表文件中，创建名为#banner的CSS样式，如图12-25所示。返回网页设计视图，将名为banner的Div中多余文字删除，插入图像"源文件\第12章\images\12104.png"，效果如图12-26所示。

14 在名为banner的Div之后插入名为main的Div，转换到外部CSS样式表文件中，创建名为#main的CSS样式，如图12-27所示。返回网页设计视图，可以看到页面中名为main的Div的效果，如图12-28所示。

15 光标移至名为main的Div中，将多余文字删除，在该Div中插入名为title1的Div，转换到外部CSS样式表文件中，创建名为#title1的CSS样式，如图12-29所示。返回网页设计视图，将名为title1的Div中多余文字删除并输入相应的文字，如图12-30所示。

```
#banner {
    width: 940px;
    height: 254px;
    background-color: rgba(0,0,0,0.6);
    margin-top: 40px;
}
```

图12-25 CSS样式代码

图12-26 页面效果

```
#main {
    height:auto;
    overflow: hidden;
    background-color: #
    padding-left: 50px;
    padding-right: 50px
}
```

图12-27 CSS样式代码

图12-28 页面效果

```
#title1 {
    height: 69px;
    font-size: 20px;
    font-weight: bold;
    line-height: 69px;
    padding-left: 10px;
}
```

图12-29 CSS样式代码

图12-30 页面效果

16 在名为title1的Div之后插入名为hot的Div,转换到外部CSS样式表文件中,创建名为#hot的CSS样式,如图12-31所示。返回网页设计视图,可以看到页面中名为hot的Div的效果,如图12-32所示。

```
#hot {
    height: 230px;
    font-weight: bold;
    line-height: 35px;
}
```

图12-31 CSS样式代码

图12-32 页面效果

17 光标移至名为hot的Div中,将多余文字删除,在该Div中插入名为pic1的Div,转换到外部CSS样式表文件中,创建名为#pic1的CSS样式,如图12-33所示。返回网页设计视图,将名为pic1的Div中多余文字删除,插入相应的图像并输入文字,如图12-34所示。

18 使用相同的制作方法,在名为pic1的Div之后依次插入名为pic2和pic3的Div,在外部CSS样式表文件中定义相应的CSS样式,如图12-35所示。返回网页设计视图,完成该部分内容的制作,可以看到页面的效果,如图12-36所示。

```
#pic1 {
    width: 260px;
    height: 230px;
    float: left;
    margin-left: 10px;
    margin-right: 10px;
}
```

图 12-33　CSS样式代码

图 12-34　页面效果

```
#pic2 {
    width: 260px;
    height: 230px;
    float: left;
    margin-left: 10px;
    margin-right: 10px;
}
#pic3 {
    width: 260px;
    height: 230px;
    float: left;
    margin-left: 10px;
    margin-right: 10px;
}
```

图 12-35　CSS样式代码

图 12-36　页面效果

19 在名为hot的Div之后插入名为button的Div，转换到外部CSS样式表文件中，创建名为#button的CSS样式，如图12-37所示。返回网页设计视图，可以看到页面中名为button的Div的效果，如图12-38所示。

```
#button {
    height: 93px;
    padding-top: 40px;
    padding-bottom: 40px;
}
```

图 12-37　CSS样式代码

图 12-38　页面效果

20 光标移至名为button的Div中，将多余文字删除，单击"插入"面板上的"鼠标经过图像"按钮，在弹出对话框中进行设置，如图12-39所示。单击"确定"按钮，在光标所在位置插入鼠标经过图像，如图12-40所示。

图 12-39　"插入鼠标经过图像"对话框

图 12-40　页面效果

21 使用相同的制作方法，在刚插入的图像后插入其他鼠标经过图像，转换到外部CSS样式表文件中，创建名为 .#button img 的CSS样式，如图12-41所示。返回网页设计视图，可以看到页面的效果，如图12-42所示。

```
#button img {
    margin-left: 10px;
    margin-right: 10px;
}
```

图12-41 CSS样式代码　　　　　　　　　　图12-42 页面效果

22 使用相同的制作方法，可以完成页面中其他部分内容的制作，页面效果如图12-43所示。

图12-43 页面效果

23 保存HTML页面并保存外部CSS样式文件，在浏览器中预览页面，可以看到该企业网站页面的效果，如图12-44所示。

图12-44 在浏览器中预览页面效果

提示
　　该网站页面采用了W3C标准的CSS盒模型进行布局设计制作，整体上能够适配所有主流浏览器，在页面中为个别元素应用了CSS3新增的RGBA颜色模式实现半透明颜色，以及box-shadow属性实现元素的阴影效果。可以根据前面章节所介绍的方法，添加这两个属性的相关替代属性，从而保证在低版本的IE浏览器中也能够表现出相同的页面效果。

▶▶▶ # 12.2　房地产宣传网站

　　房地产宣传网站页面通常会使用清新、有活力和生命力的色调搭配一些美观漂亮的图片或动画，整个页面洋溢着和谐、快乐的生活气息，可以给浏览者大方、简洁的视觉感受，同时也需要体现出楼盘的特点。

12.2.1 设计分析

本案例制作一个房地产网站页面，使用了大幅的自然风景图片，在页面中占据较大的面积，蓝天、白云和山水环绕的图片在体现出该房产环境幽雅、静谧的同时，也使得整个页面更有大自然的韵味，给浏览者留下深刻的印象。

12.2.2 布局分析

该网站页面采用满版式布局，使用大幅的自然风景图片作为页面背景，页面中的内容较少，将页面内容叠加在背景图上进行表现，并且将导航菜单放置在页面的下方，与页面主体内容相近，方便用户的操作。页面内容与图像的叠加处理使页面表现出较强的层次感。

实战 制作房地产宣传网站页面
最终文件：最终文件\第12章\12-2.html　　视频：视频\第12章\12-2.mp4

01 执行"文件 > 新建"命令，弹出"新建文档"对话框，新建一个空白的HTML页面，如图12-45所示，将其保存为"源文件\第12章\12-2.html"。新建外部CSS样式表文件，如图12-46所示，将其保存为"源文件\第12章\style\12-2.css"。

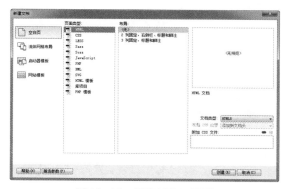

图12-45　新建HTML页面　　　　　　　　　　图12-46　新建CSS样式表文件

02 转换到HTML页面中，在 <head> 与 </head> 标签之间添加 <link> 标签链接到外部CSS样式表文件，如图12-47所示。转换到该网页所链接的外部CSS样式表文件中，创建通配符和 <body> 标签的CSS样式，如图12-48所示。

```
<!doctype html>
<html>
<head>
<meta charset="utf-8">
<title>房地产宣传网站页面</title>
<link href="style/12-2.css" rel="stylesheet" type="text/css">
</head>

<body>
</body>
</html>
```

```
* {
    margin: 0px;
    padding: 0px;
}
body{
    font-family: 微软雅黑;
    font-size: 14px;
    color: #555;
    background-image: url(../images/12202.jpg);
    background-repeat: no-repeat;
    background-position: center 70px;
}
```

图12-47　添加链接外部CSS样式表代码　　　　　　　　图12-48　CSS样式代码

03 返回页面设计视图，可以看到页面的背景效果，如图12-49所示。在页面中插入名为top的Div，如图12-50所示。

图12-49　页面背景效果

图12-50　在页面中插入Div

04 转换到外部CSS样式表文件中，创建名为#top的CSS样式，如图12-51所示。返回页面设计视图，将名为top的Div中多余文字删除，效果如图12-52所示。

```
#top{
    width: auto;
    height: 70px;
    background-image: url(../images/12201.jpg);
    background-repeat: repeat-x;
}
```

图12-51　CSS样式代码

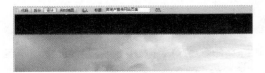

图12-52　页面效果

05 在名为top的Div之后插入名为logo的Div，转换到外部CSS样式表文件中，创建名为#logo的CSS样式，如图12-53所示。返回页面设计视图，将名为logo的Div中多余文字删除，插入图像"源文件\第12章\images\12203.jpg"，效果如图12-54所示。

```
#logo{
    position: absolute;
    width: 106px;
    height: 106px;
    top: 0px;
    left: 50%;
    margin-left: -53px;
}
```

图12-53　CSS样式代码

图12-54　页面效果

06 在名为logo的Div之后插入名为main的Div，转换到外部CSS样式表文件中，创建名为#logo的CSS样式，如图12-55所示。返回页面设计视图，可以看到名为main的Div的效果，如图12-56所示。

```
#main{
    position: absolute;
    width: 947px;
    height: 103px;
    top: 503px;
    left: 50%;
    margin-left: -494px;
    border-top: solid 3px #be9344;
    background-image: url(../images/12204.jpg);
    background-repeat: repeat;
    padding: 12px 20px 12px 20px;
    z-index: 1;
}
```

图 12-55 CSS 样式代码

图 12-56 页面效果

07 光标移至名为 main 的 Div 中，将多余文字删除，在该 Div 中插入名为 left 的 Div，转换到外部 CSS 样式文件中，创建名为 #left 的 CSS 样式，如图 12-57 所示。返回页面的设计视图中，可以看到名称为 left 的 Div 的效果，如图 12-58 所示。

```
#left{
    width: 302px;
    height: auto;
    overflow: hidden;
    padding-top: 20px;
    float: left;
    background-image: url(../images/12205.png);
    background-repeat: no-repeat;
    background-position: 12px 0px;
}
```

图 12-57 CSS 样式代码

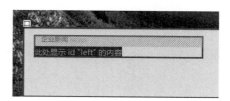

图 12-58 页面效果

08 光标移至名为 left 的 Div 中，将多余文字删除，输入相应的文字内容，如图 12-59 所示。切换到 HTML 代码中，为刚输入的文字内容添加相应的定义列表标签，如图 12-60 所示。

图 12-59 输入文字

```
<body>
<div id="top"></div>
<div id="logo"><img src="images/12203.jpg" width="106" height="106" alt=""/></div>
<div id="main">
    <div id="left">
        <dl>
            <dt>新绿洲集团领导应邀出席世界晋商大会</dt><dd>2017-03-28</dd>
            <dt>本市市委主要领导会见新绿洲集团董事长</dt><dd>2017-04-01</dd>
            <dt>本市主要领导人与集团领导洽谈住房建设问题</dt><dd>2017-04-24</dd>
        </dl>
    </div>
</div>
</body>
```

图 12-60 添加定义列表代码

```
#left dt{
    width:220px;
    float:left;
    padding-left: 10px;
    line-height:27px;
    background-image: url(../images/12206.jpg);
    background-repeat: no-repeat;
    background-position: left center;
    overflow: hidden;
    white-space: nowrap;
    -o-text-overflow: ellipsis;/*适配Opera浏览器*/
    text-overflow: ellipsis;
}
#left dd{
    width: 70px;
    float: left;
    font-size: 12px;
    color: #999999;
    line-height: 27px;
}
```

图 12-61 CSS 样式代码

09 转换到外部 CSS 样式文件中，分别创建名为 #left dt 和 #left dd 的 CSS 样式，如图 12-61 所示。返回页面设计视图中，单击 "实时视图" 按钮，在实时视图中可以看到该部分新闻列表的效果，如图 12-62 所示。

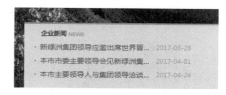

图 12-62 新闻列表效果

提示

　　此外，在 #left dt 的 CSS 样式中添加了 text-overflow: ellipsis 的属性设置代码，用于实现当容器中的内容溢出时将溢出内容显示为省略号的效果，在前面的章节中已经详细讲解过该 CSS 属性的使用方法。Dreamweaver 的设计视图并不支持该属性所实现效果的实时显示，所以此处我们可以在"实时视图"或者浏览器中进行预览，从而查看新闻列表的效果。

10 在名为 left 的 Div 之后插入名为 center 的 Div，转换到外部 CSS 样式文件中，创建名为 #center 的 CSS 样式，如图 12-63 所示。返回页面设计视图中，可以看到名称为 center 的 Div 的效果，如图 12-64 所示。

```
#center{
    width: 370px;
    height: auto;
    overflow: hidden;
    padding-top: 20px;
    float: left;
    background-image: url(../images/12207.png);
    background-repeat: no-repeat;
    margin-left: 20px;
}
```

图 12-63　CSS 样式代码

图 12-64　页面效果

11 光标移至名为 center 的 Div 中，将多余文字删除，插入相应的图像，如图 12-65 所示。转换到外部 CSS 样式文件中，创建名为 #center img 的 CSS 样式，如图 12-66 所示。

图 12-65　插入图像

```
#center img {
    margin-top: 15px;
    margin-right: 2px;
}
```

图 12-66　CSS 样式代码

12 返回页面的设计视图中，可以看到该部分内容的效果，如图 12-67 所示。在名为 center 的 Div 后插入名为 right 的 Div，转换到外部 CSS 样式文件中，创建名为 #right 的 CSS 样式，如图 12-68 所示。

图 12-67　页面效果

```
#right{
    width: 235px;
    height: auto;
    float: left;
    margin-left: 20px;
    background-image: url(../images/12211.png);
    background-repeat: no-repeat;
    padding-top: 20px;
    line-height: 27px;
}
```

图 12-68　CSS 样式代码

13 返回页面设计视图中，光标移至名为 right 的 Div 中，将多余文字删除，输入相应的文字，如图 12-69 所示。转换到外部 CSS 样式文件中，创建名为 .font01 的类 CSS 样式，如图 12-70 所示。

图 12-69　输入文字

```
.font01{
    color: #999999;
}
```

图 12-70　CSS 样式代码

14 返回网页HTML代码中，为相应的文字应用名为font01的类CSS样式，如图12-71所示。返回设计视图，可以看到该部分内容的效果，如图12-72所示。

```
<div id="right">
    客服地址：<span class="font01">长江路58号贝多芬广场6楼</span><br>
    客服电话：<span class="font01">000-52888888</span><br>
    邮政编码：<span class="font01">200200</span>
</div>
```

图12-71　应用类CSS样式

图12-72　页面效果

15 在名为right的Div之后插入名为next的Div，转换到外部CSS样式文件中，创建名为#next的CSS样式，如图12-73所示。返回设计视图，光标移至名为next的Div中，删除多余的文字，插入图像"源文件\第12章\images\12212.png"，效果如图12-74所示。

```
#next{
    position: absolute;
    width: 24px;
    height: 72px;
    left: 982px;
    top: 25px;
}
```

图12-73　CSS样式代码

图12-74　页面效果

16 在名为main的Div之后插入名为bottom的Div，转换到外部CSS样式文件中，创建名为#bottom的CSS样式，如图12-75所示。返回设计视图中，可以看到名称为bottom的Div的效果，如图12-76所示。

```
#bottom{
    position: absolute;
    width: 100%;
    height: 118px;
    top: 620px;
    background-image: url(../images/12213.jpg);
    background-repeat: repeat-x;
}
```

图12-75　CSS样式代码

图12-76　页面效果

17 光标移至名为bottom的Div中，删除多余的文字，在该Div中插入名为link的Div，转换到外部CSS样式文件中，创建名为#link的CSS样式，如图12-77所示。返回设计视图中，将光标移至名为link的Div中，将多余的文字删除，输入相应的文字，效果如图12-78所示。

```
#link{
    width: 947px;
    height: 28px;
    margin: 0px auto;
    padding-top: 13px;
}
```

图12-77　CSS样式代码

图12-78　输入文字

18 转换到网页HTML代码中，为该部分文字添加项目列表标签，如图12-79所示。转换到外部CSS样式文件中，创建名为#link li的CSS样式，如图12-80所示。

```
<div id="bottom">
    <div id="link">
        <ul>
            <li>首页</li>
            <li>走进绿地</li>
            <li>标志项目</li>
            <li>绿地产业</li>
            <li>综合产业</li>
            <li>人力资源</li>
            <li>企业文化</li>
            <li>客户服务</li>
        </ul>
    </div>
</div>
```

```
#link li{
    list-style-type: none;
    width: 105px;
    line-height: 28px;
    color: #003824;
    float: left;
    text-align: center;
}
```

图 12-79　添加项目列表代码　　　　　　　　　　　图 12-80　CSS样式代码

19 返回页面设计视图中，可以看到该部分内容的效果，如图 12-81 所示。使用相同的制作方法，可以完成页面版底信息部分内容的制作，如图 12-82 所示。

图 12-81　页面效果

图 12-82　页面效果

20 完成该网站页面的制作，保存页面和外部CSS样式表文件，在浏览器中预览页面，效果如图 12-83 所示。

图 12-83　在浏览器中预览页面效果

▶▶▶ 12.3　儿童教育网站

在设计制作儿童类网站页面的过程中，页面的布局尤为重要，决定页面整体美观性的因素除了页面的色调、风格外，还有页面的布局。同时使用一些卡通动画及图片进行搭配，尽量使页面整体营造出一种生命的活力与朝气的氛围，这样才能够真切地表现出儿童世界的欢乐与纯真。

12.3.1　设计分析

随着社会的发展，越来越多的关于儿童方面的网站受到家长们的关注与青睐，本实例网站页面以暖色调为主，营造了一个温馨、舒适的视觉效果。在页面设计中大量使用了儿童比较感兴趣的插画和文字作为页面的主要构成元素，通过图文的巧妙组合给人一种亲近感，使整个页面洋溢着和谐、快乐的气息。

12.3.2 布局分析

本案例所制作的儿童教育网站为了能够快速吸引受众的视线，页面整体采用了居中的布局方式，页面内容同样可以划分为上、中、下3个部分。顶部通过大幅的卡通背景突出表现页面的主题和导航菜单；中间部分为页面的主体内容区域，该部分通过背景图像的设计划分为3行，而每行中又根据不同的栏目划分不同的列，使每部分内容都清晰、易读；底部为页面的版底信息内容。页面的整体结构简约、大方，很大程度上抓住了浏览者倾向简单、舒适的心理。

实战 　　**制作儿童教育网站页面**
　　　　　最终文件：最终文件\第12章\12-3.html　　　　视频：视频\第12章\12-3.mp4

01 执行"文件>新建"命令，弹出"新建文档"对话框，新建一个空白的HTML页面，如图12-84所示，将其保存为"源文件\第12章\12-3.html"。新建外部CSS样式表文件，如图12-85所示，将其保存为"源文件\第12章\style\12-3.css"。

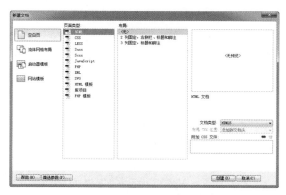

图12-84　新建HTML页面

图12-85　新建CSS样式表文件

02 转换到HTML页面中，在\<head\>与\</head\>标签之间添加\<link\>标签链接到外部CSS样式表文件，如图12-86所示。转换到该网页所链接的外部CSS样式表文件中，创建通配符和\<body\>标签的CSS样式，如图12-87所示。

```
<!doctype html>
<html>
<head>
<meta charset="utf-8">
<title>儿童教育网站页面</title>
<link href="style/12-3.css" rel="stylesheet" type="text/css">
</head>

<body>
</body>
</html>
```

图12-86　添加链接外部CSS样式表代码

```
* {
    margin: 0px;
    padding: 0px;
}
body {
    font-family: 微软雅黑;
    font-size: 14px;
    color: #777777;
    line-height: 20px;
    background-image: url(../images/12301.gif);
    background-repeat: repeat;
}
```

图12-87　CSS样式代码

03 返回页面设计视图，可以看到页面的背景效果，如图12-88所示。在页面中插入名为top-line的Div，转换到外部CSS样式表文件中，创建名为#top-line的CSS样式，如图12-89所示。

图12-88　页面效果

```
#top-line {
    width: 100%;
    height: 3px;
    background-image: url(../images/12302.gif);
    background-repeat: repeat-x;
}
```

图12-89　CSS样式代码

04 返回网页设计视图，将名为box-line的Div中多余文字删除，效果如图12-90所示。在名为top-line的Div后插入名为box的Div，转换到外部CSS样式表文件中，创建名为#box的CSS样式，如图12-91所示。

图12-90　页面效果

```
#box {
    width: 1040px;
    height: auto;
    overflow: hidden;
    margin: 0px auto;
}
```

图12-91　CSS样式代码

05 返回网页设计视图，可以看到名为box的Div的效果，如图12-92所示。光标移至名为box的Div中，将多余的文字删除，插入名为top-bg的Div，转换到外部CSS样式表文件中，创建名为#top-bg的CSS样式，如图12-93所示。

图12-92　页面效果

```
#top-bg {
    width: 100%;
    height: 537px;
    background-image: url(../images/12303.jpg);
    background-repeat: no-repeat;
    background-position: 42px top;
}
```

图12-93　CSS样式代码

06 返回网页设计视图，可以看到名为top-bg的Div的效果，如图12-94所示。光标移至名为top-bg的Div中，将多余文字删除，插入名为top-link的Div，转换到外部CSS样式表文件中，创建名为#top-link的CSS样式，如图12-95所示。

图12-94　页面效果

```
#top-link {
    width: 216px;
    height: 25px;
    margin-top: 7px;
    margin-left: 783px;
}
```

图12-95　CSS样式代码

07 返回网页设计视图，可以看到名为top-link的Div的效果，如图12-96所示。光标移至名为top-link的Div中，将多余的文字删除，依次插入相应的图像，效果如图12-97所示。

图12-96　页面效果

图12-97　插入图像

08 在名为top-link的Div后插入名为menu的Div，转换到外部CSS样式表文件中，创建名为#menu的CSS样式，如图12-98所示。返回到设计视图，可以看到名为menu的Div的效果，如图12-99所示。

```
#menu {
    width: 936px;
    height: 36px;
    background-image: url(../images/12308.png);
    background-repeat: no-repeat;
    margin: 34px auto 0px auto;
    padding: 8px 30px 18px 30px;
}
```

图12-98　CSS样式代码

图12-99　页面效果

09 光标移至名为menu的Div中，将多余文字删除，输入文字，如图12-100所示。转到网页HTML代码中，为刚输入的文字添加项目列表标签，如图12-101所示。

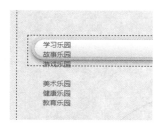

图12-100　输入文字

```
<div id="menu">
  <ul>
    <li>学习乐园</li>
    <li>故事乐园</li>
    <li>游戏乐园</li>
    <li> </li>
    <li>美术乐园</li>
    <li>健康乐园</li>
    <li>教育乐园</li>
  </ul>
</div>
```

图12-101　添加项目列表标签

10 转换到外部CSS样式表文件中，创建名为#menu li的CSS样式，如图12-102所示。返回到设计视图，可以看到导航菜单的效果，如图12-103所示。

```
#menu li {
    list-style-type: none;
    float: left;
    width: 133px;
    text-align: center;
    font-weight: bold;
    font-size: 16px;
    line-height: 36px;
    color: #333;
}
```

图12-102　CSS样式代码

图12-103　页面效果

11 在名为menu的Div后插入名为logo的Div，转换到外部CSS样式表文件中，创建名为#logo的CSS样式，如图12-104所示。返回到设计视图，光标移至名为logo的Div中，将多余文字删除，插入图像"源文件\第12章\images\12309.png"，如图12-105所示。

```
#logo {
    position: relative;
    width: 199px;
    height: 160px;
    top: -120px;
    margin-left: auto;
    margin-right: auto;
}
```

图12-104　CSS样式代码

图12-105　页面效果

12 在名为top-bg的Div后插入名为main-bg的Div，转换到外部CSS样式表文件中，创建名为#main-bg的CSS样式，如图12-106所示。返回设计视图，可以看到名为main-bg的Div的效果，如图12-107所示。

```
#main-bg {
    width: 940px;
    height: 619px;
    background-image: url(../images/12313.gif);
    background-repeat: no-repeat;
    padding-top: 16px;
    padding-left: 50px;
    padding-right: 50px;
}
```

图12-106　CSS样式代码

图12-107　页面效果

13 光标移至名为main-bg的Div中，将多余文字删除，在该Div中插入名为rank的Div，转换到外部CSS样式表文件中，创建名为#rank的CSS样式，如图12-108所示。返回设计视图，可以看到名为rank的Div的效果，如图12-109所示。

14 光标移至名为rank的Div中，将多余文字删除，在该Div中插入名为rank-title的Div，转换到外部CSS样式表文件中，创建名为# rank-title的CSS样式，如图12-110所示。返回设计视图，将名为rank-title的Div中多余文字删除，插入相应的图像，效果如图12-111所示。

15 在名为rank-title的Div之后插入名为rank-text的Div，转换到外部CSS样式表文件中，创建名为# rank-text的CSS样式，如图12-112所示。返回设计视图，可以看到名为rank-text的Div的效果，如图12-113所示。

```
#rank{
    width:307px;
    height:190px;
    float:left;
}
```

图 12-108　CSS 样式代码

图 12-109　页面效果

```
#rank-title {
    height: 25px;
    background-image: url(../images/12314.gif);
    background-repeat: no-repeat;
    background-position: left 10px;
    padding-top: 15px;
    text-align:right;
}
```

图 12-110　CSS 样式代码

本周**热点**　　　　　　　　　　MORE+

图 12-111　页面效果

```
#rank-text {
    width: 100%;
    height: auto;
    overflow: hidden;
}
```

图 12-112　CSS 样式代码

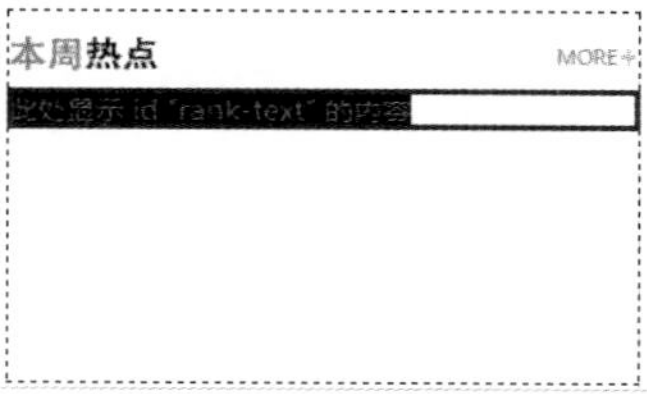

本周**热点**　　　　　　　　　　MORE+

此处显示 id "rank-text" 的内容

图 12-113　页面效果

16 光标移至名为 rank-text 的 Div 中，将多余文字删除，输入文字，如图 12-114 所示。转换到网页 HTML 代码中，为刚输入的文字添加定义列表标签，如图 12-115 所示。

图 12-114　输入文字

```
<div id="rank-text">
    <dl>
        <dt>爱孩子要智爱不要溺爱</dt><dd>2017.6.1</dd>
        <dt>父爱对孩子智力的影响比母爱更大</dt><dd>2013.6.6</dd>
        <dt>让宝宝怎样爱上白开水</dt><dd>2017.6.9</dd>
        <dt>可以让孩子更耐寒的食品</dt><dd>2017.6.12</dd>
    </dl>
</div>
```

图 12-115　添加定义列表标签

17 转换到外部 CSS 样式表文件中，创建名为 #rank-text dt 和 #rank-text dd 的 CSS 样式，如图 12-116 所示。返回设计视图，可以看到该部分新闻列表的效果，如图 12-117 所示。

18 在名为 rank 的 Div 之后插入名为 business 的 Div，转换到外部 CSS 样式表文件中，创建名为 #business 的 CSS 样式，如图 12-118 所示。返回到设计视图，可以看到名为 business 的 Div 的效果，如图 12-119 所示。

19 使用相同的制作方法，可以完成该 Div 中内容的制作，效果如图 12-120 所示。在名为 business 的 Div 之后插入名为 right 的 Div，转换到外部 CSS 样式表文件中，创建名为 #right 的 CSS 样式，如图 12-121 所示。

20 返回到设计视图，可以看到名为 right 的 Div 的效果，如图 12-122 所示。光标移至名为 right 的 Div 中，将多余文字删除，在该 Div 中插入名为 login 的 Div，转换到外部 CSS 样式表文件中，创建名为 #login 的 CSS 样式，如图 12-123 所示。

```
#rank-text dt {
    float: left;
    width: 220px;
    padding-left: 20px;
    line-height: 30px;
    background-image: url(../images/12315.gif);
    background-repeat: no-repeat;
    background-position: 5px center;
    border-bottom: #bde0da dashed 1px;
}
#rank-text dd {
    float: left;
    width: 67px;
    line-height: 30px;
    border-bottom: #bde0da dashed 1px;
}
```

图12-116 CSS样式代码

图12-117 页面效果

```
#business {
    width: 287px;
    height: 190px;
    float: left;
    margin-left: 20px;
}
```

图12-118 CSS样式代码

图12-119 页面效果

图12-120 页面效果

```
#right {
    width: 304px;
    height: 190px;
    float: left;
    margin-left: 22px;
}
```

图12-121 CSS样式代码

图12-122 页面效果

```
#login {
    width: 268px;
    height: 115px;
    padding: 0px 7px 0px 29px;
}
```

图12-123 CSS样式代码

21 返回设计视图,可以看到名为login的Div的效果,如图12-124所示。转换到网页HTML代码中,在该Div中编写登录表单的HTML代码,如图12-125所示。

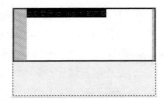

图12-124 页面效果

```
<div id="right">
  <div id="login">
    <form id="form1" name="form1" method="post" action="">
      <input type="image" name="button" id="button" src="images/12322.gif">
      <input name="uname" type="text" id="uname" placeholder="请输入用户名">
      <br>
      <input name="upass" type="password" id="upass" placeholder="请输入密码">
      <br>
      <input name="checkbox" type="checkbox" id="checkbox">
      记住密码 <img src="images/12323.png" width="10" height="10" alt="记住密码
小图标" /> 注册账号<img src="images/12323.png" width="10" height="10" alt="忘记密码
小图标" /> 忘记密码
    </form>
  </div>
</div>
```

图12-125 编写登录表单HTML代码

22 返回网页设计视图，可以看到该部分登录表单的默认效果，如图12-126所示。转换到外部CSS样式表文件中，创建名为#uname,#upass和#button的CSS样式，如图12-127所示。

图12-126 页面效果

```
#uname,#upass{
    width: 142px;
    height: 30px;
    background-image: url(../images/12321.gif);
    background-repeat: no-repeat;
    padding-left: 15px;
    padding-right: 15px;
    line-height: 30px;
    color: #A3A687;
    margin-top: 5px;
    margin-bottom: 5px;
}
#button {
    float: right;
    margin-top: 2px;
}
```

图12-127 CSS样式代码

23 返回设计视图，可以看到该部分登录表单的效果，如图12-128所示。转换到外部CSS样式表文件中，创建名为.img01和.img02的类CSS样式，如图12-129所示。

图12-128 页面效果

```
.img01{
    margin-left: 25px;
    margin-right: 5px;
}
.img02{
    margin-left: 7px;
    margin-right: 5px;
}
```

图12-129 CSS样式代码

24 返回网页HTML代码中，为相应的图片分别应用名称为img01和img02的类CSS样式，如图12-130所示。返回设计视图，可以看到该部分登录表单的效果，如图12-131所示。

图12-130 为图片应用类CSS样式

图12-131 页面效果

25 在名为login的Div后插入名为pic03的Div，转换到外部CSS样式表文件中，创建名为#pic03的CSS样式，如图12-132所示。返回设计视图中，将名为pic03的Div中多余文字删除，依次插入相应的图像，效果如图12-133所示。

26 转换到外部CSS样式表文件中，创建名为#pic03 img的CSS样式，如图12-134所示。返回设计视图，可以看到该部分内容的效果，如图12-135所示。

27 使用相同的制作方法，可以完成其他内容的制作，效果如图12-136所示。在名为main-bg的Div后插入名为bottom的Div，转换到外部CSS样式表文件中，创建名为#bottom的CSS样式，如图12-137所示。

```
#pic03{
    width: auto;
    height: auto;
    overflow: hidden;
    padding-top: 15px;
    text-align: center;
}
```

图12-132 CSS样式代码

图12-133 页面效果

```
#pic03 img {
    margin-left: 8px;
    margin-right: 8px;
}
```

图12-134 CSS样式代码

图12-135 页面效果

图12-136 页面效果

```
#bottom {
    width: 860px;
    height: 90px;
    margin: 10px auto;
    color: #9B9890;
    line-height: 25px;
}
```

图12-137 CSS样式代码

28 返回到设计视图，可以看到名为bottom的Div的效果，如图12-138所示。使用相同的制作方法，可以完成版底信息内容的制作，效果如图12-139所示。

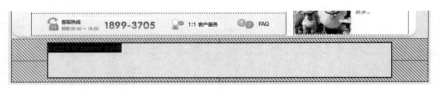

图12-138 页面效果

图12-139 页面效果

29 完成该儿童教育网站页面的设计制作，保存HTML页面和外部CSS样式表文件，在浏览器中预览该页面，最终效果如图12-140所示。

图 12-140　在浏览器中预览页面效果

▶▶▶ **12.4 本章小结**

　　本章通过3个不同类型的商业网站案例的制作，全面展示了使用CSS样式对网页进行布局的制作方法和技巧。要想能够熟练地使用CSS样式设置页面元素及对页面进行布局制作，最重要的还是需要多加练习。学习完本章的内容后，读者还需要通过案例的制作练习来逐步提高CSS样式的应用水平。